U0384569

本教材获深圳技术大学教材出版资助

本教材获深圳技术大学新引进高精尖缺人才科研启动项目(编号 GDRC202325)资助

高等院校立体化创新教材系列

物理学概论
(第 2 版)

吴海娜　于永芹　编　著

清華大學出版社
北 京

内 容 简 介

本书对物理学基本规律和基本结论进行了系统的阐述，采用具体的概念式方法，重点勾勒出物理学的重大成就以及物理学在现代科技前沿中的主要应用。以立德树人为根本任务，从提高学生的科学素养和创新能力出发，结合物理学中的科学思想、科学方法，重点介绍物理学基本规律，并融合物理知识和前沿应用。行文力求深入浅出、通俗易懂、生动有趣，增强了实践环节，采用了以案例带动理论教学的创新写作模式。

本书既可以作为普通高等院校非物理学类理工科专业及文科类学生的科学素养通识课教材，也可以作为广大教师和一般读者了解物理学基本规律及最新前沿应用的参考读物。

图书在版编目(CIP)数据

物理学概论 / 吴海娜，于永芹编著. -- 2 版.

北京 ：清华大学出版社, 2024. 7. -- (高等院校立体化创新教材系列). -- ISBN 978-7-302-66439-0

Ⅰ. O4

中国国家版本馆 CIP 数据核字第 2024F3R664 号

责任编辑：陈冬梅
封面设计：李　坤
责任校对：吕春苗
责任印制：宋　林
出版发行：清华大学出版社
　　　　　网　　　址：https://www.tup.com.cn, https://www.wqxuetang.com
　　　　　地　　　址：北京清华大学学研大厦 A 座　　　邮　　编：100084
　　　　　社 总 机：010-83470000　　　　　　　　　邮　　购：010-62786544
　　　　　投稿与读者服务：010-62776969, c-service@tup.tsinghua.edu.cn
　　　　　质量反馈：010-62772015, zhiliang@tup.tsinghua.edu.cn
　　　　　课件下载：https://www.tup.com.cn, 010-62791865
印 装 者：三河市龙大印装有限公司
经　　销：全国新华书店
开　　本：185mm×260mm　　**印　张**：15.75　　　　**字　数**：374 千字
版　　次：2018 年 7 月第 1 版　2024 年 7 月第 2 版　**印　次**：2024 年 7 月第 1 次印刷
定　　价：49.80 元

产品编号：101938-01

前　　言

　　《物理学概论》自第 1 版出版发行至今已过近六年。当前，科技革命和产业变革蓄势待发，经济和社会形态将发生根本性变化，世界进入以创新为主导的发展时期。国家对高等教育提出了新的目标与要求，2019 年教育部发布了《关于深化本科教育教学改革　全面提高人才培养质量的意见》，要求"以新工科、新医科、新农科、新文科建设引领带动高校专业结构调整优化和内涵提升"。2021 年 4 月，习近平总书记在清华大学考察时强调"推进新工科、新医科、新农科、新文科建设"，这一重要讲话精神指出"四新"不仅是人才类型的增多和培养模式的转变，更有引领国际科技产业前沿的重要意义。物理学作为自然科学的一门重要基础学科，是人类追求真理、探索未知世界奥秘的有力工具，也是哲学观和方法论的重要组成部分，对于培养新时代高素质人才科学文化素质具有重要作用。

　　本书以培养学生科学素养和创新能力为目标，采用案例贯穿式教学法来介绍物理学基础理论知识，结合案例讲解，注重教材内容的科学性、趣味性、实用性与科学价值观的有机结合，让学生在学习的过程中结合科学史，了解物理学家们的创造性思维，学习他们承前启后、勇于创新的精神以及对科学事业的奉献精神；结合理论和高科技应用，扩大知识面并开阔眼界；通过了解物理现象及其变化和发展的物理概念和规律，探讨物理学基本规律与现代科技及社会发展之间的关系，以培养学生综合科学素养。本书还引入了新型技术，实现了教材真正的立体化。借助二维码技术，通过"扫一扫"方式，方便学生手机学习，实现了教学中的"互联网+"概念，每章设置一个二维码，里面有本章重要内容的视频讲解，对正文作进一步的补充。

　　本书第 2 版保留了第 1 版的主要内容和特点，继承了国内立体化教材特色，结构清晰，表述精练；同时又充分借鉴了国外优秀物理教材的编写思想，具有内容通俗易懂而不乏趣味性等特点。编者广泛收集第 1 版使用期间来自多个用书单位的教师给予的宝贵建议，并结合自己多年教学改革过程中积累的经验和想法，形成了此次修订的基础。又结合教育部高等学校大学物理课程教学指导委员会编制的《理工科类大学物理课程教学基本要求(2023年版)》进行了如下修订工作。

　　(1) 更新了案例导读及相关内容，紧跟时代发展，介绍近年来物理学的一些新发展、新技术，突出物理学知识与现代生活、前沿科技的结合，使教材保持先进性和适用性，更具时代感。以二维码的形式增加了 40 个拓展阅读文本，其中包括第 1 版中的部分非主干内容，对相关内容作进一步的补充。

　　(2) 对正文、实训案例、实训课堂和复习思考题中的部分内容做了适当的调整，删去了部分常规题目，增加了思维导图以及物理思想性强、开放性的思考题，修正了部分图片，使内容不仅更加贴合学习者的学习认知，还有助于批判思维和创新能力的培养。

　　(3) 增添了涉及中国传统文化的内容，科学与人文密不可分，科技创新呼唤文理兼通的高素质人才。从中华传统文化中的物理学知识和方法中理解科学内涵，增强文化自信，体现物理课程的育人功能和价值。

　　本版是由吴海娜和于永芹主编，并得到了清华大学出版社尹苗爽等编辑的倾力协助，他们严格把关，付出了大量的辛勤劳动，对此我们表示诚挚的感谢。本书在成书过程中还得到了深圳技术大学新引进高精尖缺人才科研启动项目(编号 GDRC202325)的支持，我们表示衷心的感谢，感谢你们给予的支持，这也是我们做好教材、回馈社会的重要动力。

　　由于编者学识有限，书中难免会有不妥之处，我们恳请读者和同行给予批判指正。

编　者

目 录

高等院校立体化创新教材系列

第一章 导 论

核心概念

科学 物理学 科学思想 人文精神 科技 人类的未来

引导案例 1-1

未来的竞争将是科技的争夺

历史上，任何一个国家的科技大发展，都必然带来该国生产力的巨大提升。科学技术是第一生产力，国家间的较量，表面看是国力的比拼，深层次实则是生产资料与生产力的比拼。回顾近现代史，不难发现科技创新早已成为国际战略博弈的主战场。各主要大国都把科技作为本轮战略博弈的核心，以物理空间和虚拟空间为竞技场，全球科技竞争堪称残酷，其激烈程度前所未有。在科技竞争中落后的国家，未来在国际竞争中将处于极为被动的位置。

当今世界，正处于百年未有之大变局中。受科技推动，人类社会的生产、生活、创造、治理，以及人类自身、人与自然的关系等都处在重大变革的前夜。智能化社会使得大量传统职业消失、新型职业涌现，跨界人才越来越抢手，技术精英与普通工人之间的收入差距将不断拉大。新一轮科技革命正以量子技术为制高点，量子计算以其高速运算能力，与人工智能、生物技术及地球空间科学等领域交叉融合，推动社会向量子时代迈进，加速科技创新的步伐。

未来一段时期，既是中国加快科技发展、实现创新飞跃的机遇期，也是世界各主要国家科技竞争的决战决胜关键期，以科技为核心的新一轮综合国力竞争的大幕已拉开。在新一轮科技革命的浪潮中，我们定将只争朝夕、奋发有为，抓住硬科技，赢得未来！

（资料来源：本书作者整理编写）

案例导学1-1

　　15、16世纪是欧洲文学与艺术复兴的时代，而17世纪则是哲学与科学兴盛的时代，在那之前的西欧，基督教义尤其是天主教义被认为是真理的最终来源。1543年波兰数学家、天文学家和地动学说的创始人尼古拉·哥白尼(Nikolaus Copernicus)出版了著作《天体运行论》，断言宇宙的中心是太阳而不是地球；比利时的医生、生物学家、近代人体解剖学的创始人安德烈亚斯·维萨里(Andreas Vesalius)出版了《人体的构造》，冲破了旧权威臆测的解剖学理论，建立了科学的解剖学；英国生物学家、进化论的奠基人查尔斯·达尔文(Charles Darwin)1859年出版了《物种起源》，提出了生物进化论，摧毁了各种唯心的神造论以及物种不变论，从而掀起了一场科学革命。

　　科学革命的本质是科学思维方式的革命，英国唯物主义哲学家、实验科学和近代归纳法的创始人弗朗西斯·培根(Francis Bacon)对科学方法进行系统的阐述，被称为现代科学之父。培根最重要的著作是《新工具》(发表于1620年)，他提出人们应采用实验调查法。知识不是推论中的已知条件，而是从条件中归纳出要达到目的的结论。人们要想了解世界，必须采用直接观察法来发现世界的真相。培根的归纳法成为科学家们一直所采用的核心方法，极大地丰富了人们对世界的认识，并提高人们观察自然和发现自然规律的能力。

(资料来源：本书作者整理编写)

第一节　关　于　科　学

一、科学及科学方法

　　"科学"(science)一词来源于中世纪拉丁文 scientia，指知识。科学是是反映自然社会、思维等的客观规律的分科的知识体系。科学也代表人类共同的探索、发现及智慧持续的发展，它通过观察和测量的事实(科学家称为数据)整理并提炼出可供检测的规律和理论。科学以直接经验和对这种经验进行组织与理解的理性思维为基础，在有历史记录之前，当人们第一次发现自然规律时，比如太阳每天都会从东边升起、午后彩虹出现在东方等，科学就开始了。从这些自然规律中，人们学会了如何作出预测并对周围环境实施某种控制。科学以经验和理性为基础的这种特性将它与基于信仰、直觉、个人权威等其他性质的知识区分开来。

小贴士

"科学"一词的发展

　　从"科学"的严格意义上来说，中国传统文化中没有完全与之对应的词语。最早在《易经》中，"刚柔交错，天文也""观乎天文以察实变"中的"天文"，指自然的运行法则，与科学有相似之处，但还停留在观察阶段。中国儒家经典《礼记·大学》里说：
"物有本末，事有终始，知所先后，则近道矣"，"致知在格物，物格而后知至。"现代
汉语将"格物致知"解释为推究事物的原理，从而获得知识。这种认识事物的方式和科学
的认知过程是类似的。1893 年，康有为首次使用"科学"这个术语，是指作为一种分支学
科的学问，即西方的 science，这与中国儒学对于知识不分类的通识表述方式存在一定差
异。民国初年，"科学"一词在国内广泛应用。1914 年，留美学生任鸿隽、赵元任、秉
志、胡明复、周仁和杨铨等在美国康奈尔大学创办了综合性科学刊物《科学》，在当时颇
具影响力。

(资料来源："科学"的起源及其在清末的传播
[OL]https://baike.baidu.com/tashuo/browse/content?id=d967b9032ebd8a4e4b3982e3 (2017-08-29)

　　美国国家科学基金会组织的一项研究表明，虽然大多数美国人意识到生活中的方方面
面都是科学研究的成果，但只有 30%的受调查者表示了解科学方法。超过半数的受调查者
对科学过程并不清楚。的确，置身于山峦之中，难以看到山的全貌。同样，由于人们的生
活是如此之深地沉浸在科学技术之中，也就难以对科学方法有一个清晰的认知。科学其实
并不仅是一堆知识，而是一条途径，或者说，是一种学习方法。

　　一提到科学方法，很多人直觉地认为是科学家从事科学研究时所采用的规划和手段，
比如观察、假设、推理和实验等。实际上，每当你用自己的经验来研究问题时，你其实已
经用到了科学方法的某一个或多个方面。只要你观察周围并基于观察到的现象产生一些想
法，你就是在像科学家一样思考。科学本质上是对日常想法的提炼和概念化，在科学及日
常生活中的差别不是根本性的，而仅在于科学对概念和结论的定义更精确，对实验材料的
选择更为精心和系统，以及科学的逻辑体系更宏大。因此，科学方法绝不仅限于自然科
学，发生在社会中的各种现象，也能透过这种科学方法找出其背后的原因。

　　科学方法虽然细分起来有多种分支，但基本步骤只有 5 个(如图 1.1 所示)。

图 1.1　科学方法的基本步骤

　　(1) 细心观察，识别问题。科学方法要求对需要研究的问题进行识别，这需要一定的
观察技巧、提出疑问以及找到问题原因的探究精神。例如，人类学家在研究南海的一个部
落时，发现岛上的健康居民几乎都有体虱，但许多病人却没有体虱，于是提出一个问题：
体虱的存在和健康状态之间是不是存在什么因果关系？因此只要注意观察，每个普通人都

高等院校立体化创新教材系列

有可能提出一个新问题，以此来促进科学的进步和发展。

(2) 归纳规则，提出假设。问题一经识别，科学方法的下一步就是提出一个有效假设。用假设来表示一个合理的但未得到证实的猜测，作为进一步研究的出发点。对于体虱和健康之间存在的一种正相关性关系，科学家们提出了几个假设。一些研究者猜测体虱可以促进新陈代谢，因此拥有体虱可以使人健康。但这种假设很快被否定，进一步研究发现，体虱更喜欢健康有活力的身体，而不是患病的身体。且当人体的体温超过正常体温时，体虱就会离开病体去寻找低温的健康身体。提出的假设是试探性的，会随着进一步的观察发生变化，最后通过归纳方法得到一个被充分证实的思想框架即科学理论来对人们的观察进行解释。

对科学理论的一个错觉是认为它们是绝对可靠的，其实不然。例如，德国天文学家开普勒(Kepler)最初尚未证实的设想是行星可能在椭圆轨道上运动，这个假设被丹麦天文学家第谷(Tycho)和其他人的数据证实了，归纳为椭圆轨道原理。但现在高度精确的观察结果发现，行星运动的轨道有些偏离精确的椭圆，主要原因是各个行星之间还存在引力。尽管如此，科学家还是保留了开普勒理论，因为它是一个有用的近似。美国物理学家理查德·费曼(Richard Feynman)认为，如果一个人认为科学是确定的，那么只是他个人的一己之念而已。科学理论可以是有用的，但非绝对正确。

环境提供的数据多种多样，假设可以帮助引导人们在观察中需要关注哪些信息，忽略哪些信息。在进一步的观察及搜集信息的过程中，最初的假设有可能被修改。在搜集信息的过程中要尽量确保证据的可靠性和准确性。由于受到实验条件、认知能力等的限制，人们进行的观察也有可能是片面的。例如，科学家在寻找地球及地球以外的新生命形式时，使用的仪器只能检测是否存在 DNA(脱氧核糖核酸)，但对其他 RNA(核糖核酸)之类的生命形式却探测不出来。因此通过这种检测你无法判断是否存在新生命形式。

(3) 检验假设，提炼为理论。检验和实验是科学方法中的关键步骤，如果一个理论不能通过实验的验证，它就不能告诉我们有关这个世界的可靠信息。因为有些我们认为是正确的假设，在实际中可能很难经得起检验。例如，古希腊哲学家亚里士多德(Aristotle)认为力是维持物体运动的原因，但直觉告诉我们，当你在地面上推动箱子时，你必须对箱子施力，才能使箱子运动，若你不对箱子施力，箱子就会停下来。之后法国物理学家、哲学家、科学家笛卡儿(René Descartes)发现力是使物体运动改变的原因，意大利物理学家伽利略(Galileo Galilei)发现，如果没有外力，物体将保持静止或匀速运动状态，这被称为惯性定律。

(4) 进一步实验，验证假设。新的数据与已有理论发生矛盾的可能性总是存在的。这时，旧的假设或理论就有可能被修改或推翻，被更具有说服力的新假设所替代。美国哲学家威廉·詹姆斯(William James)说过，今天必须根据我们所能认识的真理来生活，还得准备好在明天称它为谬误。例如，实验表明牛顿运动定律和牛顿时空观在高速情况下失效，应该被相对论所取代。

(5) 以检验和实验结果为基础，评价假设。若实验结果不支持该假设，则回到科学方法的第(2)步，提出一项新假设，然后重复这一过程。

虽然这些步骤看上去很吸引人，但科学的许多发展和进步还是来自试错法，或者来自没有假设的意外实验发现。科学的成功依靠科学家们一种共同的态度，而不是某种特定的方法，这种态度就是质疑、完善并谦逊地勇于承认错误。总之，观察和理论化的科学方法与人们日常生活中所用到的方法并没什么不同，在生活中，如同在科学中一样，人们从观察出发，通过对经验的仔细思考来学习。

 引导案例 1-2

科学不仅是知识，也是态度

在科学研究的训练中，最重要的是要承认不知道的就是"不知道"。当我们回答说自己知道时，要能清楚地说明那是什么意思，有什么客观证据。这种态度称为科学的态度。从这一点上来说，科学不仅是知识的集合，也是一种对待世界的态度。

科学是基于物质性证据得出结论的态度。没有证据，只靠逻辑推理的理论或主张，不是科学；试图用理论来说明没有通过验证的事情，也不是科学。

科学是一种不确定的态度。如果没有充分的物质性证据，就只能进行不确定性的预测。科学真正的意义不是源于对结果的准确预测，而是源于承认结果的不确定性。即科学不是确信，而是怀疑；不是权威，而是平权。期待对科学的关注，能使我们社会朝着更加理性、平权的方向前进。因此，科学不仅是知识，也是态度。

(资料来源：本书作者整理编写)

 案例导学 1-2

最新证据证实，地球生命起源时间至少提前 3 亿年

新闻报道，以往的观点认为地球形成于 46 亿年前，是一个由金属溶液和岩石构成的旋转球体，大约过了 7 亿年，地球冷却到海洋可以凝结成浓厚大气的温度。因此，预测最早的生命出现在 38.3 亿年前。澳大利亚杰克山附近曾经发现距今 44 亿年的锆石，是一种决定岩石年龄常用的矿石，被称为时间胶囊。科学家们的最新研究发现，其中 79 块锆石可能含有石墨物质，对石墨碳同位素的分析可以推测地球早期生命的演化进程。科学家继续对同位素锆石中铀和铅的比例进行了分析，其中碳-12 和碳-13 的高比率暗示这是一个生物源，因为早期生命可以利用太阳的能量把二氧化碳转化为碳。研究发现这些锆石实际形成于 41 亿年前，这表明地球生命在此时已经启动。这项新发现将地球生命起源的时间提前了 2.7 亿年。

下面用科学方法的基本步骤来具体分析。

(1) 提出问题。地球上的生命进程到底是从什么时候开始的？

(2) 提出假设。之前的数据指出"大约过了 7 亿年，地球冷却到海洋可以凝结成浓厚

高等院校立体化创新教材系列

大气的温度"。预测最早的生命出现在38.3亿年前。

(3) 检验假设,用距今44亿年的锆石,来测定岩石的年龄。

(4) 进一步实验,验证假设。科学家们的最新研究发现,其中79块锆石可能含有石墨物质,对石墨碳同位素的分析可以推测地球早期生命的演化进程。科学家继续对同位素锆石中铀和铅的比例进行了分析,其中碳-12和碳-13的高比率暗示这是一个生物源,因为早期生命可以利用太阳的能量把二氧化碳转化为碳。研究发现这些锆石实际形成于41亿年前。

(5) 否定假设,进一步得到修正后的结论,地球上的生命进程开始的时间更早。

(资料来源:本书作者整理编写)

二、科学与伪科学、文化、艺术及宗教

科学遵循自然规律,科学对自然的解释是基于系统的观察、推理、归纳和检验等科学方法,科学方法在很大程度上已经取代了对超自然的盲目崇拜。但在近代科学发展过程中,陈旧的观念还是在科学进步的过程中生存了下来,并伪装成科学,这就是伪科学(pseudoscience)。伪科学指伪装成科学并试图证明自身合理性的解释或假设,其特点是缺乏关键证据且经不住科学的检验。比如占星术、读心术等都是伪科学的例子。它们对问题的描述非常模糊,对任何人都适用,且没有相应的检验或者实验来证明其正确性,不能进行重复性实验。

一个伪科学的例子是能量倍增机器,骗子宣称发明了一种能够输出比输入能量更多的机器,吹嘘此项科技尚处于设计阶段,需要资金进一步开发,将股权卖给无知的、幻想一夜暴富的人。尽管这些骗子的吹嘘缺乏科学性,但骗子屡屡得手的现象却普遍存在。经过艰辛的努力,人类才获得了科学知识,推翻了迷信,因此我们应该应用科学方法来独立判断哪些是伪科学,在没有理解这些想法真正的来龙去脉时,不要轻易相信那些人云亦云的思想。

案例导学1-3

"千滚水"能经常饮用吗?

现在很多场所都安装了自动烧水机,比如机场候机厅、火车站候车厅及各个学校的教学楼里都随处可见自动烧水机。自动烧水机会不停地把水煮沸,那么,这种"千滚水"能经常饮用吗?

伪科学认为,长期饮用"千滚水"会致癌。因为研究表明水中含有少量硝酸盐与亚硝酸盐,反复煮开的水会使硝酸盐经过化学反应后形成亚硝酸盐。亚硝酸盐进入血液后,会与血红蛋白结合变为高铁血红蛋白,使人中毒并致癌。

科学研究人员模拟烧水炉中反复烧水的情况并作了详尽研究。实验表明,反复煮沸的水或长时间保存的开水中确实会有微量的亚硝酸盐,但按每人每天从长时间加热的饮水机中摄入1.5~1.7L的水来计算,摄入的亚硝酸盐约为0.26毫克,仅占每日允许摄入量的

5.8%。肉类罐头的亚硝酸盐含量则高达 50 毫克每千克。

结论："千滚水"确实会产生有毒性及致癌性的亚硝酸盐，但饮水中获取的亚硝酸盐对人体影响非常小，远没有从其他食物中获得的多。

（资料来源：水反复烧开会产生有毒物质吗？
[OL]https://www.zhihu.com/question/39731769/answer/2431405654?utm_id=0)

人类采取不同的方式来寻找周围世界的规律和意义。而文化从总体上包含了人类的知识体系、价值观念、生存方式以及由它们构成的观念形态和人类所创造的物质形态等内容。按照人类活动探究的领域和范围来划分，文化可以分为科学文化和人文文化。科学文化探求自然的本质，人文文化探求人与社会、人与人之间的关系，探讨人类社会的思维和行为方式。文化的本质是诠释宇宙间各种事物形式背后的本性所在，即"释本"。艺术是表现人文文化的一种形式，是对历史生活各种事物现象的描述、演示与传播，即"演形，传本"。科学与艺术共同影响着人类对世界的观察和选择，二者协同将人类从自然野蛮引向现代文明。

案例导学 1-4

空与形

经典力学的宇宙观认为，物质由在空虚的空间中运动着的不可消灭的致密粒子组成。近代物理学对这种描述作了根本的修正，提出关于粒子的全新概念。量子场被看作基本的物理实体，是一种在空间中到处存在的连续介质。粒子只不过是场的局部凝聚。爱因斯坦认为："物质是由场强很大的空间组成，在这种新物理学中并非既有场又有物质，因为场才是唯一的实在。"物理学中把物质和现象看作潜在的基本实体的暂时表现，和东方神秘主义的直觉十分相似。东方神秘主义者用潜在的终极实在来解释自己对世界的体验。物理学家试图把各种不同的场统一为单一的基本场，它们常被形容成"无形""无"或"空"，但这种"无"不是空无一物，而是一切形式的本质，是一切生命的源泉。道家把终极的实在称为"空"，是充满生气的空，由此产生可以感知世界的一切形式。《管子》一书中说："虚而无形谓之道"，把"道"比作空，包含无限多事物的潜势。

近代物理学提出场是一种连续体，它在空间中无处不在，但是从它表现为粒子性方面来说，它又是不连续的"颗粒状"结构。这两个对立的属性，可以看成同一实在的两个不同侧面。

（资料来源：本书作者整理编写）

科学使人们建立起关于自然世界的知识体系。但是对于人类的日常生活而言，有些重要的思想和概念却常常是不科学的，因为它们不能在实验室里来证明。通常，人们都认为自己的想法是正确的，而那些持有不同观点的人的想法是错误的，即使能找到反对对方的理由和论点，但也不能绝对地认为自己的观点是正确的。为什么会这样？笛卡儿认为，外在世界只是人类大脑中的一个观念，但是怎么证明"外在"的世界是真实存在的呢？科学

高等院校立体化创新教材系列

的起点是物质世界，而物质世界的存在性无法得到经验的证明。此外，一些哲学家认为，单纯的观察并不能从逻辑上确定接连发生的两起事件之间有必然的因果关系。因果不是外部世界的一种属性，而是人类头脑的一种产物。量子力学对可预测性及物质现实提出了质疑，在宇宙中，除了严格的物理定律之外，也许还有其他力量发挥着重要作用。科学理论并不是绝对可靠的，总是暂时的、非教条的，所有的科学完全依赖于证据。这一事实既是科学的弱点，也是科学的力量，促使科学家们对未知的事物持续保持高昂的兴趣。

 **引导案例 1-3**

"不可能"是相对的

具有讽刺意味的是，对不可能的事物的认知研究常会开拓出富饶并完全出人意料的科学疆域。例如，几个世纪以来，人们对"永动机"的制造徒劳无功，使得物理学家们得出结论——这样的机器是不可能存在的，于是科学家提出能量守恒定律和热力学三大定律。如此一来，对制造永动机的徒劳探索开启了热力学的全新领域，在某种程度上为蒸汽机、机械时代和现代工业社会奠定了基础。

我们对不可能事物的忽略会给自己带来危险。20世纪20~30年代，现代火箭技术之父罗伯特·戈达德(Robert Hutchings Goddard)认为火箭永远无法在太空运行，他的理论曾遭到一些人的质疑。1921年，《纽约时报》这样批评戈达德缺乏基础知识："戈达德教授不知道作用力与反作用力之间的联系，也不知道必须有一些比真空更合适的事物用来进行反作用。他似乎缺乏高中的基础知识。"因为在太空中没有可以用以推进的空气。但阿道夫·希特勒(Adolf Hitler)切实理解了戈达德的"不可能的"火箭意味着什么。第二次世界大战期间，德国先进得不可思议的 V-2 火箭如雨点般在伦敦落下，造成众多死亡和巨大毁坏，几乎使伦敦屈服。

对不可能的事物的研究也改变了世界的历史进程。20世纪30年代，人们广泛认为原子弹是"不可能的"。根据爱因斯坦的方程 $E=mc^2$，原子核的深处蕴含巨大的能量，但单个原子核释放的能量微不足道。不过，美国核物理学家利奥·西拉德(Leo. Szilard)在 1933 年碰巧产生了一个通过链式反应放大单个原子能量的构想，分裂一个铀核产生的能量可以被放大几万亿倍。西拉德随即开始一系列关键性实验，并协助爱因斯坦致信富兰克林·罗斯福(Franklin Roosevelt)总统，促成了美国实施"曼哈顿工程"。

一次又一次，我们看到，对不可能的事物的探索打开了全新的视野，拓展了科学的疆界，并迫使科学家们重新对自己所说的"不可能"下定义。正如现代医学之父威廉·奥斯勒(William Osler)爵士所言："一个时代的信仰在下一个时代可能成为谬误，过去的荒唐在下一代可能成为睿智。"

(资料来源：本书作者整理编写)

第二节 关于物理学

一、物理学的概念

随着你打开电灯，使用手机或计算机，你每天都在使用科学的力量。美国科学家和作家艾萨克·阿西莫夫(Isaac Asimov)说过，世界面临的每一个危险都能追究到科学，而拯救世界的每一种手段也都将来自科学。科学这个总领域包括生命科学和自然科学。生命科学包括生物学、动物学和植物学等。自然科学指化学、地质学、天文学、海洋学、气象学和物理学等。

物理学研究基本物质的本质以及决定物质行为的各种相互作用，被普遍认为是最基本的科学，也是所有学科的基础。物理学探究自然的最基本特性，构建关于自然的基本原理、基本定律和基本法则，其理论知识系统和思想方法体系都具有普遍性和基本性，对其他学科的创立和发展产生重大影响。物理学对我们理解周围的世界、体内的世界以及我们之外的世界都发挥着至关重要的作用，是最为根本和基础的科学。物理学以相对论和弦理论等概念挑战着我们的想象力，它也带来了计算机和激光等改变日常生活的伟大发现。物理学涵盖了对宇宙从最大的星系到最小的亚原子粒子的研究，是包括化学、生物学、海洋学、地震学和天文学等在内的许多其他学科的基础。例如，物理学中建立的能量概念被广泛用于化学、生物学和其他学科中，近代化学用量子力学的物理理论来解释原子如何组合并构成分子。

物理学是一门非常实用的科学。它不仅解释了事物运作的原理，也解释了事物为何会无法运作。它还提供了有关创造、改进和修复这些事物的深刻见解。物理学和真实物体之间存在着重要的关系，所以物理学从本质上说可以是一本"用户手册"，介绍我们生活的世界。

物理学的发展

物理学的发展经历了漫长的历史时期。一般分为三个阶段：古代物理学、经典物理学和现代物理学。

古代物理学时期大约从公元前 8 世纪至公元 15 世纪，是物理学的萌芽时期，主要研究物质本源、天体运动、静力学和光学等方面的知识。在长达近 8 个世纪的时间里，欧洲由于受到教会权威的限制，其古代物理学发展非常缓慢。14 世纪发端于意大利随后波及整个欧洲的文艺复兴创造了近代古典文学和艺术，并为近代自然科学的诞生创造了有利的文化氛围。

经典物理学时期指公元 16 世纪至 19 世纪，是经典物理学的诞生、发展和完善时期。在意大利和地中海沿岸城市，在手工工厂中开始进一步改进技术和使用机器，资本主义开

高等院校立体化创新教材系列

始萌芽。中国等东方国家的科学技术陆续传入，激励了欧洲航海探险事业的快速发展，为资本主义创造了丰富的原始积累。近代自然科学在这种历史条件下诞生了，首先从天文学的突破开始。16世纪初开普勒分析了第谷大量精确的天文学数据，提出行星运动三定律。近代物理学之父伽利略，用自制的望远镜观测天文现象，提出落体定律和惯性运动的概念。伽利略的发现以及他所用的科学推理方法被称为人类思想史上最伟大的成就之一，标志着物理学的真正开端。牛顿提出力学的三大运动定律和万有引力定律，完成了经典力学的体系构建。之后麦克斯韦在法拉第研究的基础上完成了电磁学的大统一。与此同时，热力学和光学也迅速发展，经典物理学逐渐趋于完善。

近代物理学时期指公元19世纪末至今。量子力学与相对论的建立是现代物理学的主要标志，其研究对象从宏观低速物体到微观高速物体。对宏观世界的结构、运动规律及微观世界的运动规律的认识，导致了整个物理学的巨大变革，这也为现代高科技的创新和发展提供了强有力的理论基础。

二、物理学的分支

物理学是一门基础学科，它向物质世界的深度和广度进军，探索物质世界的本源及其运动的基本规律。物理学犹如一座基础雄厚的大厦，是由力学、热学、电磁学、光学、相对论、量子力学、核物理学、粒子物理学、凝聚态物理学和天体物理学构成坚实的主体。物理学又像一棵参天大树，从根基长出树干，从树干向外生出茂密的树杈，树杈上又开出朵朵鲜花，结出累累硕果。物理学还是一门不断发展着的科学，最新的实验结果和观察数据一直为物理学的发展补充着新鲜的血液。

物理学是对物质的基本特征和相互作用的研究，许多其他学科都是建立在物理学的概念之上。现今物理学按成熟的发展历程分为经典物理学和近代物理学。力学研究力和运动，热力学研究温度、热量和能量，电磁学研究电力、磁力和电流，光学研究光，这几个分支的理论在19世纪末已经发展得比较完善和成熟，归为经典物理学。原子物理学研究原子的结构和行为，粒子物理学研究亚原子粒子(夸克等)，凝聚态物理学研究固体和液体物质性质，量子力学研究微观物质运动规律，相对论描述高速运动物质规律，这些是20世纪之后开始发展成熟的，把它们归于近代物理学。

物理学是人类在认识自然规律和生产实践活动中产生和发展的。物理学的规律有极大的普遍性，在日常生活及工程技术中起着重要的作用。跨学科的物理分支分类越来越广泛和细致，比如生物物理学、地质物理学、金融物理学、社会物理学、地球物理学和物理化学等。如今大数据物联网给人类的工作和生活带来一场新的信息革命，广泛用于移动设备、家用电器、医疗设备、监控摄像头、汽车以及服装等。机器人和自动化系统不断升级，自动驾驶汽车会使交通更加安全高效，机器人负责日常生活中的大量任务，把人类从重复性劳动中解放出来。利用新材料和新设计建造智能建筑来提高空调和照明系统的效率，减少浪费。量子计算机将为药物研究及材料学科带来巨大进步。虚拟现实(VR)和增强现实(AR)技术已在消费电子市场激发了用户极大的热情。AR眼镜把实时相关的信息投放

在现实中，通过融合视觉、听觉、嗅觉和触觉来使用户实现深度沉浸的体验。

在图书馆随便翻开一本物理学的书，会发现有许多数学符号和公式，光是这些抽象的公式就让你对物理学望而却步了，因为看不懂。其实即便是很多物理学专业的人，如果不是相关领域内的专家，也不一定就完全明白其中的符号和定义，或者完全把它推导出来。那么，为什么物理学家要在物理工作中如此大量地使用繁杂的数学公式呢？数学知识真的对理解物理学概念是必备的吗？其实不然，所有的物理公式都可以用语言文字叙述出来，数学只是一个工具，是非常简约清晰地表述物理思想的语言，它可以让人们更加容易、快捷和准确地描述和处理物理学中各个物理量之间的定量关系。

对于非物理专业的人来说，不局限在通晓各门学科知识点或技能上的学习，不需要掌握以数学运算为基础的解题技巧，而应该注重各门学科的思想观念及文化精神的认知。经典物理学规律和牛顿物理观念在日常生活中随处可见，而近代物理学的研究成果对人类社会的影响已不局限于科学和技术方面，它已延伸到思想和文化领域，导致人们对世界观的根本修正。例如，关于物质、空间、时间和因果关系等的基本概念和传统的意识截然不同，而这些概念在人们观察世界时具有根本性的意义。

第三节　物理学中的科学思想及人文精神

一、物理学中的科学思想

把物理学仅仅看成一门专业性的自然科学是不全面的。物理学在创造物质文明的同时，其科学文化也使人类文化价值的理念不断更新。物理学在思想上以科学的思维方式认识世界，深刻的思想可以使人的思维和行为更加有效，拿破仑曾经说过："世上只有两种力量：利剑和思想。从长而论，利剑总是败在思想手下。"一个真正有思想的人，才是拥有无穷力量的人。

科学思想是在各种科学认识和研究方法的基础上提炼出来，能够发现和解释更多事物的合理观念和推断法则，包括人类在各种活动中体现出来的科学意识和科学精神。科学思想可以拓展和激发创新思维。例如，人们通过对经典力学的深入思考，形成了规律性和统一性的科学思想，即自然界的运动都应存在相应的统一性规律。物理学家在经典力学思想的基础上，发展了热力学、统计物理学和电磁学等经典物理学科。如果没有科学思想，科学知识本身便不会突显出规律的意义。"博学不等于智慧"，重要的是推理和质疑的思想。

物理学研究"物"之"理"，从一开始就遵循唯物主义的思想，坚持"实践是检验真理的唯一标准"，主张普遍联系、尊重规律的科学思想，站在问题的原始起点上，养成严谨的科学态度。物理学中的守恒定律揭示了自然界中操作的对称性和秩序的和谐性。在微观世界里，不能同时精确地测量粒子的速度和位置，这个不确定关系使因果律上升为概率因果律。物理学中的许多重要思想、理念和方法极大地丰富了人类的思维方式，使人类的心智更加成熟，思维更加敏锐。

展望 21 世纪的物理学，在医学、计算机、人工智能、纳米技术、新能源生产和航天

高等院校立体化创新教材系列

技术等领域取得了一系列重大的突破性成果，充分显示了科学家创造性思维及科学方法应用的正确性。物理学能取得如此辉煌的成就是因为物理学研究中一直贯穿着以下 3 个重要的科学方法。

(1) 模型法。实际问题是非常复杂的，可以先抓住主要矛盾，忽略次要矛盾，设计一个理论"模型"。弄清主要矛盾后，一级级地考虑次要矛盾，使模型尽可能逼近实际。比如将太阳表面当作"黑体"的表面，用黑体辐射规律来描述太阳的辐射是一个很好的近似，由此估算出的太阳表面温度和辐射功率与实际情况基本相符。

(2) 提出科学假说。发现问题并提出问题是科学假说产生的前提。爱因斯坦说："提出一个问题往往比解决一个问题更重要。"因为解决一个问题也许只需用到数学或实验上的技能，但提出一个新问题，却需要创造性的想象力。因此，经过充分思考进而提出科学假说，才能够真正推动科学进步。例如对光本性的认识，牛顿首先提出光的"微粒说"，认为光是由微粒组成的，由此可以解释光的反射和折射现象，却不能解释光的衍射和干涉现象。之后惠更斯等人提出光的"波动说"，可以解释上述全部现象。19 世纪末麦克斯韦和赫兹更是肯定了光是电磁波，但到了 20 世纪初，为了解释光电效应，爱因斯坦提出了"光量子"假说，认为光具有波粒二象性的本质，这些假说也在一系列实验中得到了验证。科学假说对验证性实验的设计有导向作用，历史上不少成功验证科学假说的实验都获得了诺贝尔物理学奖。

(3) 类比方法。根据两个对象之间某些方面的相似性，推断两者之间在其他方面也可能相似，这种类比方法在物理学的发展中起着重要作用。电和磁有相似的公式和定律，法拉第正是从电与磁的对称性出发，由电可以产生磁大胆类比，猜想反过来磁也可以产生电，终于发现了电磁感应现象，继而得到了电磁感应定律。而德布罗意也是在光具有波粒二象性的基础上，认为很久以来，对于光来说，是过多地关注到它的波动性而忽略了光的粒子性，那么反过来，对于实物粒子来说，是不是过多地关注到粒子性而忽略了波动性呢？他提出实物粒子也具有波粒二象性，获得了 1929 年的诺贝尔物理学奖。

物理学不仅为人类社会的发展创造了高尚的物质文明，还提炼出物理学的科学思想方法，对人类的文化理念变迁产生了深远的影响，已经发展成为一门应用性极强的学科，继续向其他学科渗透。

二、物理学中的人文精神

人生的追求、目的、理想、信念、道德和价值等，都是推动人类不断发展进化的动力，这些也构成了人们常说的人生观和价值观。人文精神是人文传统的精髓，其核心是在人类活动过程中生成的内在动力与总体风貌的内在表现。从某种意义上说，人之所以是万物之灵，就在于有自己独特的精神文化。

人文精神的孕育和提升是以科学文化为基础的。随着物理学对自然奥妙的揭示，新科技提高了人类生活品质，反过来物理学理论和新科技也促进哲学对自然的理性思考。21 世纪科学技术的飞速发展给人类带来了巨大的福利，也产生了许多严重的负面影响，需要人文精神为科学引导方向。与此同时，科学创造与求真都需要坚定执着的信念和崇高的奉献精神，需要人文精神为科学提供动力。此外，科学发现与发明中还需要来自人文感悟和艺术理念中的直觉、灵感和想象力，人文精神为物理学开辟原创性源泉。

现代社会在科学技术的不断发展中变得物质发达，"仓廪实而知礼节"，在满足物欲所需的同时，我们还应追求自由高尚的自我与社会的全面关怀，构建和谐社会。科学的发展离不开人文精神的指引。科学是一把双刃剑，既可以造福人类，也可以毁灭地球，这取决于持剑人的人文精神取向。物理学的科学素养教育可以使学习者从多方位、多层面去认识自然、认识社会以及认识自我，使眼界更加开阔，心智更加成熟，思想更加敏锐，成为既具有扎实专业学识又具有高尚人文修养的高素质人才。

案例导学1-5

1952年11月1日，美国科学家研制成功了世界上第一个热核聚变装置。用两个氢原子核聚变生成氦原子，输出的能量大约是10.4兆吨TNT当量，是广岛原子弹释放能量的几千倍，是第二次世界大战中全部作战人员释放总爆炸能量的两倍。大约9个月后，苏联也试验成功了一颗热核聚变炸弹。可以看到，各国之间的核军备竞赛从来没有停止过，每一方的军事武器升级都是为了威慑对方。英国首相撒切尔夫人说："一个没有核武器的世界对我们所有人都是更不稳定和更危险的。"爱因斯坦等一些有见识的物理学家忠告青年要"关心人本身及其命运"。

(资料来源：本书作者整理编写)

第四节　物理学决定人类的未来

镭的发现无疑是科学史上一件影响深远的大事，居里夫妇围绕镭开展了大量放射性的研究，于1903年和贝克勒等共同获得诺贝尔物理学奖。居里夫人又于1911年被授予诺贝尔化学奖，以表彰其发现钋和镭这两种元素。发现镭之后，居里曾亲身实验镭对人体的作用。她发现利用镭的放射性可以杀死病变部位的细胞。后来，人们将这种治疗方法命名为"放射治疗"。

从镭被发现之日起，人们普遍认为镭是一种可以拯救生命的化学元素。人们围绕镭进行各种开发利用。因为镭具有强烈放射性，它自身放出绿光，也可以激发荧光材料发光。商人们利用镭的这一特性，研发出夜光表、夜光仪表盘及儿童玩具等一系列商品。然而，当时人们并不知道，这种美丽荧光背后，蕴含着无声无息的杀机。镭进入体内，会时刻释放出大量放射性粒子，对周围的正常组织造成持续的伤害。1934年，居里夫人因长期接触放射性物质，死于白血病，美国镭业公司的始作俑者索科基也因镭辐射病逝。

爱因斯坦曾在加利福尼亚理工学院的演讲中谈道："关心人的本身，应当始终成为一切科学技术奋斗的主要目标，关心怎样组织人的劳动和产品分配这样一些至今尚未解决的重大问题，用以保证我们科学思想的成果会造福人类，而不致成为祸害。"

随着科技的迅猛发展，我们每个人都享受着科技带来的便利。然而，在新科技的发展

高等院校立体化创新教材系列

过程中一些人因"滥用"和"误用"科技的力量。镭的故事依旧警醒我们，如何利用好科技这把双刃剑，或许是人类面临的永恒考验。

人机之战

2022年底，美国人工智能研究实验室OpenAI开发的一种全新聊天机器人ChatGPT成为市场的关注焦点，凭借与用户聊天过程中"类似人类"的智能化表现，上线仅2个月，其活跃用户就突破一亿，创下增速纪录，一时间，ChatGPT的走红在全球范围内引发了一场AI热潮。ChatGPT拥有强大的信息整合能力、自然语言处理能力，可谓"上知天文，下知地理"，还能根据要求进行聊天、撰写论文、创作诗歌，就连生成游戏剧本、编写程序代码、检查程序错误等都易如反掌。科技研究公司Gartner预测，到2027年，聊天机器人将成为约25%的公司的主要客户服务渠道。

人机之间自古以来就有合作。但发展到今天两者之间的竞争却越来越激烈，机器自动化已消灭了大量工作岗位。按国际劳工组织2016年报告，2015年的失业人数高达1.917亿，比2014年多100万。从事高度不稳定的脆弱就业人数高达15亿，占总就业人口的46%以上。这些数字反映了什么问题呢？说明就业质量在逐年恶化。如今机器新时代是技术性失业的诱因。机器日益智能，取代了大量一般性的工作，自动售票机、自动贩卖机和无人驾驶机等随处可见。所有流水线上的操作工人、服务员、会计师、保险公司行政人员等这些工作都将被机器人所取代。而具有常识和模式识别的创造性工作如心理分析师、律师、设计师和管理人员等不能被机器人代替的工作将继续保留下来。

世界人口不断增加导致必须提供新的工作岗位来满足全球就业人口的需要，这可能会催生新的经济和社会领域，即第四产业。钱学森认为："庞大的情报信息事业可称为第四产业。"第四产业不同于前三种产业(农业、工业和服务业)所生产的有形产品，第四产业生产是知识性、创造性的产业，包括信息技术和决策设计等，是需要高度脑力劳动的新型服务业。当然，机器人不会在很短的时间内就取代人类，人类仍然有时间让自己适应这种变化。与其担心工作被AI取代，不如发挥主观能动性和创造性，利用好新技术、新工具提高工作效率和生活质量，从现在开始确立不会被机器人替代的未来方向。简言之，人工智能只是人的延伸，社会真正的主角仍然是你我。

(资料来源：本书作者整理编写)

一、关于人类

人类，也就是"我们"，处于一切经济和工业活动的中心，用最杰出的大脑不断想出新办法来提高劳动效率和生产力。倘若世界是空间和物质构成的量子系统，那么，人类是什么呢？是否也由粒子或量子构成呢？众所周知，科学思想得益于以新方式看待事物的能力。例如，几千年来人们对宇宙的结构认识为天在上，地在下。之后发现月亮围着地球转，于是认识到地球浮在空中，天包围着地球。再后来，亚里士多德用强有力的科学论述证明地球是圆的，最后哥白尼在临终前发表日心说，否定了地球是宇宙的中心，开启了一场轰轰烈烈的科学大革命。现在借助不断改进的科学仪器发现，地球只不过是浩瀚银河系中的沧海一粟而已。人类必须接受自己只是宇宙中渺小的一员这个事实，依靠参照别的物体来认识自己。

引导案例1-5

预测未来

丹麦物理学家尼尔斯·玻尔(Niels Bohr)说："做预测困难重重，尤其是事关未来。"现如今，物理的基本定律几乎被全部知晓，物理学家可以怀着适当的自信陈述未来科技的大概面貌，并更好地区分那些未必可能和真正不可能的科技。

可以将不可能的事物分为三个类别。第一类为如今不可能，但不违反已知物理定律的科技。它们可能在21世纪或22世纪以改良后的形式成为可能，例如隐形传送、反物质发动机、某些形式的心灵感应、意志力和隐身等。第二类为游走在物理世界认知边缘的科技，或许在未来数千年到数百万年的时间内实现，例如时间机器、超空间旅行的可能性和穿越虫洞。第三类违反已知物理定律的科技，一旦它们被证明确实可能，就将标志着我们对于物理学的认识发生了根本转变。

(资料来源：加来道雄. 物理学的未来[M]. 伍义生，杨立盟，译. 重庆：重庆出版社，2012.)

二、科技文明中人类的未来

人类永远生活在希望中，在不知不觉中人类习惯于把对生活中的一切希望，从寄托于上天或者来世转移到了对未来的幻想。今天的我们不再生活在科学的黑暗年代，人类拥有了巨大进步，对自然规律了解得更为透彻。人类抓住了自然界中驱动宇宙的四种基本力：引力、电磁力、弱力和强力。每当完全理解一种力时，就改变了人类的生活。技术突破是这个时代的特征。在睿智勤奋的科学家、工程师和艺术家的努力下，人类已经建造了可以遨游星际的太空飞船，能够"看透"人体的磁共振成像扫描仪，能够和地球上任何人联系的手机和互联网。当今这个时代里，科学正发生着深刻的巨变，新发现以指数方式爆炸性地呈现。科学论文的发表数量约10年就会翻一番。可能用不了多久，人类也许就可以实现像神话中的神那样，用心力操控物体，人工智能机器人默默地识别人类的想法并实现其愿望。科学在医学上的飞跃，使我们能够创建完美的身体并延长生命。尽管现在看来这些能力有些不可思议，但历史告诉我们，在预测未来的时候，人类总是低估了科学发展的速度。相信未来，痴迷于未来，甚至研究未来，是人类与生俱来的潜能。因为人类科技的发展一直处于加速之中，即使是10年前，人们都难以想象当今习以为常的互联网和人工智能会如此深入并广泛地介入人类生活的方方面面，而且越发变得不可想象。

对科学的理解总是从对物理学的理解开始的，当今的物理学绝不仅仅是少数物理学家关起门来埋头研究的专门学问，而是生机勃勃地向一切科学技术、人文社科以及金融管理方向渗透的一种力量。物理学技术使各种梦幻般的想象正徐徐变为现实，知识已成为长期可持续竞争优势的唯一来源。在过去的几十年里，经济强国的制造业份额开始大幅下降，但涉及知识资本主义的行业，比如电影、音乐、视频游戏和社交软件等开始迅速上升，这是从商品资本主义到知识资本主义渐进的一个过程，基本上每 10 年加快发展一次。据统计，从 20 世纪 70 年代中期到 20 世纪 90 年代中期，自然资源的价格已下降近 60%。法国作家乔治·贝纳诺斯(George Bernanos)自信地宣言："未来是可以战胜的，我们不坐等未来，我们创造未来。"

【拓展阅读 1-1】自生长见右侧二维码。

自生长.docx

本章思维导图

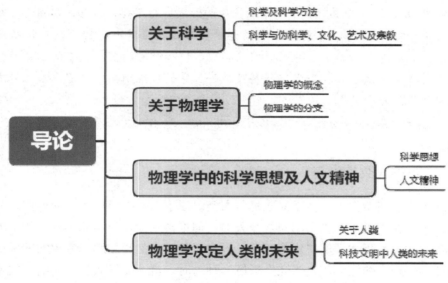

本章小结

(1) 科学和科学方法：科学是由可观测的事实推理得出可供检测的解释。科学方法指识别问题，然后通过严格、系统的实验法及科学推理来检验对该问题的解释是否合理。

(2) 物理学：物理学研究基本物质的本质以及决定物质行为的各种相互作用，被普遍认为是最基本的科学。物理学在思想上以科学的思维方式认识世界，科学技术决定人类的未来。

 **实训案例**

基本案例

这是一个繁忙的周三的下午，当你想喝一杯自己煮的咖啡来提神时，突然发现咖啡壶不能正常工作了。你会采取下述哪种解决方案呢？

A. 拍打咖啡壶；B. 寻找早已不知去向的说明书；C. 向可能有相关经验的朋友请教；D. 运用科学的方法来解决问题。

上述方案都有成功的可能性。有据可查，方案 A 对电子或机械产品是可行的，方案 B 和 C 都是诉诸权威，也可以得到结果，方案 D 可能是最有效和最快速的(除非方案 A 成功)。运用科学方法如何来解决该问题呢？第一步观察故障情况，如果不论打开或关闭开关多少次，咖啡壶都拒绝加热，得到第二步中的简单概括。第三步对故障原因提出可能的假设：

咖啡壶未接通电源；外部断路或保险丝烧断；房间停电了；咖啡壶的保险丝烧断了；咖啡壶内电子元件故障。前三个假设可以自行快速验证，后两个假设需要更多的时间和专业知识。

案例点评

不管最后结果如何，这种系统的、合理的解决问题的方法可能比其他方法更有效和令人满意。如果这样做，故障排除就是将科学方法小规模地用于解决实际普通问题的一个例子。科学过程始于并返回对自然现象的观察或实验。从观察提出经验法则后，这些概括就可以被纳入更全面的假设，继而通过更多的观察或控制实验来验证这个假设，最后形成一个理论。科学家的工作通常涉及其中的一项或多项活动，而我们在解决日常生活中的问题时要用到科学方法。

思考讨论题

(1) 什么是科学，它最重要的特点是什么？
(2) 应该如何呈现科学？
(3) 分享你在日常生活中用科学方法解决问题类似的经验。

(资料来源：本书作者整理编写)

 **实训课堂**

基本案情

光到底是什么，这一问题贯穿了整个经典物理学的发展，早期很多人认为光是一种非常细小的粒子流，即光的微粒说，能够解释光的直线传播、反射和折射等现象。后来托马

高等院校立体化创新教材系列

斯·杨设计出精妙简单的双缝干涉实验,发现光通过双缝后出现明暗相间的条纹,这是典型的波的特征,菲涅耳提出衍射理论,可以很好地解释光的衍射现象,支持光的波动说。但是,著名的物理学家泊松,利用菲涅耳的理论计算圆盘衍射时,提出阴影中会出现一个光斑。结果,实验表明,阴影中真的出现了一个亮斑,这证明菲涅耳的理论完全正确。为了纪念这一戏剧性的事件,后人便将这一光斑称为泊松亮斑。

思考讨论题

(1) 如何证明菲涅耳提出的衍射理论是正确的?

(2) 人们能够证明一个科学理论肯定是正确的吗?

分析要点

(1) 所有的科学完全依赖于证据。

(2) 实践是检验科学理论真理性的标准,也是科学理论产生与发展的源泉和动力。

复习思考题

一、基本概念

科学　物理学　科学方法　科学思想　人文精神　伪科学　理论　模型　假说

二、复习题

(1) 什么是科学?

(2) 什么是物理学?

(3) 科学方法的基本步骤是什么?

三、单项选择题

(1) 物理学最显著的特征是( )。

　　A. 采用精确的数学关系式　　　　B. 准确详尽的观察

　　C. 物理定律的绝对正确　　　　　D. 理论和观察之间的互动

　　E. 上述答案都正确

(2) 小明认为某个科学原理是绝对正确的,这说明( )。

　　A. 这个科学原理正确　　　　　　B. 这个科学原理错误

　　C. 小明是讲科学的　　　　　　　D. 小明是不讲科学的

四、简答题

(1) 描述一个科学理论的几个显著特征。

(2) 哲学家伏尔泰嘲笑法国科学院探险队去北极圈测量地球的形状说:"你们历经千难万险,就是为了发现牛顿在家里就知道的情况。"这种嘲讽有道理吗?试给出解释。

五、论述题

假设你的微信中并未显示收到朋友的视频聊天邀请，但朋友却说给你发送过多次视频聊天邀请。提出两个假设来解释未收到视频聊天通知的原因，并且说明如何验证这些假设。

高等院校立体化创新教材系列

第二章　运动的描述

物体怎样运动.mp4

核心概念

亚里士多德物理学　速率　速度　加速度　惯性　合力　落体运动　抛体运动

引导案例 2-1

百米赛跑

百米赛跑是田径体育运动中最古老的运动之一，一般认为，百米赛跑是由无氧代谢方式提供能量的高强度工作项目。短跑要求全身配合，高灵活性和快反应能力。历届奥运会百米赛跑成绩都在 10 秒左右完成。比赛开始时，参赛选手蹲在同一条起跑线前，直到选手冲过终点线结束，比赛成绩由计时员的计时器记录。在比赛过程中参赛选手的运动状态都是什么样的？能够预测每位参赛选手的比赛成绩吗？选手应该采取的策略是什么？哪些因素起决定性作用？

(资料来源：本书作者整理编写)

案例导学 2-1

要想了解自然界，首先必须细心地观察它。如果设定了观察的条件，那么接下来所做的就是设计一个实验，通过实验来验证各种想法并进而解释物体的运动。

一旦利用上述步骤，其实就是在使用科学方法。首先通过观察提出问题，然后设计实验以检查提出的假说。接着针对现实条件设计模型，突出主要因素，忽略次要因素，一次只考虑一个变量来限制研究范围，这也是伽利略最早提出的科学认知实践过程。日常生活中人们也是在向经验和理性思维学习，这可使科学本身强劲有力，并经得起时间的考验。

(资料来源：本书作者整理编写)

第一节 亚里士多德的运动

一、对运动常识性的看法

公元前 3 世纪，古希腊最杰出的哲学家和科学家亚里士多德试图通过分类来弄清运动的规律。他认为世界本源是两种不同的实体，其一是地球上的物体，由土、木、气、火四种元素所组成，有重量且会腐朽，并有各自天然的位置。其二是天上的东西，由没有重量、不会腐朽、透明的以太(以太一词由亚里士多德提出，它是一种虚拟物质，看不见摸不着，感觉不到)组成，他提出地上物体的运动可以分为两类。①自然运动。物体向上或向下运动时无须借助其他帮助即可维持，为达到静止状态而做自然运动。例如，松开手向下落的一块石头，在没有其他帮助的情况下向地面落下。水向低处流、火苗上升等都属于自然运动。②强迫运动。物体在水平方向运动时必须借助外力才能运动。例如，水平抛出的石头和马拉车等，必须有外力推或拉才可以运动，否则继续保持静止。天上物体的运动不同于地上物体的运动。

亚里士多德的物理学符合人们的直觉，他的运动理论确实能解释许多观察结果，并得到了检验。人们的确看到，石头自然下落，水平运动的小车需外力推动，天上的运动和地上的运动大不相同。亚里士多德从对经验的考察中试图找出运动的本性和原因。上述理论也称为亚里士多德物理学。

【拓展阅读2-1】亚里士多德形式逻辑学确立见右侧二维码。

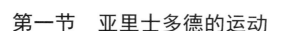

亚里士多德形式
逻辑学确立.docx

二、亚里士多德运动的局限性

亚里士多德关于运动的陈述是科学思想的开端，在之后两千多年里人们都默认物体的正常状态是静止。伽利略是第一个通过观察和实验提供有力的反证来驳斥亚里士多德的落体假说的科学家。现在可以用一个简单的实验来证明亚里士多德的理论是否客观。扔一张纸到地上，然后把同一张纸揉成一团再以同一力度扔到地上，哪种情况下纸落得更快呢？肯定是后者。但按照亚里士多德理论，两者重量相等，下落速度应该相同。再来回顾一下亚里士多德对地上物体强迫运动的概念，例如弯弓射出一支箭，箭在弓弦的作用下离开弓弦，在这之后，箭要在空中飞行一段时间后下落。在箭离开弓弦飞行的这段时间里，是什么在强迫箭运动呢？亚里士多德运动理论很难解释这个事实。

现在知道，由于空气阻力，使一张纸下落得比较慢。运动总包含有阻力的介质，比如空气或水，但由于当时科技水平低下，没有适当的仪器设备认识并排除无处不在的摩擦和空气阻力等干扰。亚里士多德关于运动的论点，看起来与经验没有明显的矛盾，因此长期以来没有人怀疑。之后在欧洲文艺复兴运动的冲击下，思想得到解放，伽利略和其他科学家开始发现，若没有外力，物体将一直保持直线匀速运动或者静止状态，即惯性。

高等院校立体化创新教材系列

【拓展阅读 2-2】克山病见右侧二维码。

克山病.docx

第二节　惯性定律

一、中世纪的认识

在中国古代，虽然人们对惯性的概念认识得不太深刻，但对于物体因惯性表现出来的一些现象早有了解。先秦时期，人们从生活经验得知，静止的物体不会无缘无故动起来，《吕氏春秋·论威》中说："物莫之能动"，人们还注意到，"马力既竭，辀犹能一取焉"(出自《考工记·辀人篇》)，即马拉着车前进，马累得不走了停下来了，车还能继续前进一段距离。这些记载是关于惯性现象的描述，尽管离惯性定律还十分遥远，但在距今2500 多年前的春秋战国时期，能够观察并记载惯性现象实属容易。

亚里士多德认为，只有在外力作用下，物体才会保持运动，一旦外力停止，物体就会停下来。对射出去的箭，箭在离开弓弦后还会继续运动，亚里士多德解释说，是因为弓弦在对箭用力的同时也使靠近箭附近的空气用力，空气继续对箭作用使箭继续飞行。既然这样，人们不禁要问，空气对运动的物体也会有阻力作用，那么为什么有时推力大于阻力，有时阻力大于推力呢？

公元 6 世纪希腊学者约翰·菲洛彭诺斯(J. Philoponus)曾对亚里士多德的运动说提出怀疑。他认为抛体本身具有某种动力，推动自身前进，直到耗尽才停止运动。这种观点被英国牛津大学的威廉·奥卡姆(William of Ockham)继续研究，他提出物体的运动并不需要外推力，一旦运动就会永远运动下去。

巴黎大学校长让·布里丹(Jean Buridan)也反对亚里士多德的运动说。对于亚里士多德抛体运动的解释，他反问道，空气受什么东西推动呢？他又举例，假设有两支标枪，一支两头都是尖的，另一支一头是尖的，一头是钝的。在投掷过程中并没有发现两头尖的标枪比一头尖一头钝的标枪运动得更快。这些都说明亚里士多德无法解释"空气持续推动抛体"。他提出"冲力理论"，即推动者推动一个物体运动时，会对它施加某种冲力。这些关于运动的早期工作为伽利略和牛顿的研究开辟了新的道路。

伽利略提出，如果运动物体不受干扰，则不需要任何形式的外力就会一直保持直线运动。他用各种物体在多种不同倾角的斜面上运动的实验来验证他的理论。他注意到，球在向下倾斜的斜面上运动速度增加，在向上倾斜的斜面上运动速度减小。由此推断，球在水平面滚动，若没有导致减速的外力作用(比如摩擦力)，则速度不变。物体具有这种抗拒变化的属性称为运动惯性。伽利略认为，与逻辑推理相比，动手实验是检验知识的最好方法。但伽利略的直线运动仅限于水平运动，并没有全面表述惯性定理。

二、笛卡儿的认识

伽利略的上述想法包含一个极端理想化的假设，即不受摩擦和空气阻力以及重力的影响。这种情况其实不容易想象，因为阻力和重力无处不在。笛卡儿最早想象摩擦阻力及重力不存在并理解其后果。他认为，若没有重力、摩擦力及空气阻力，物体将保持其运动状态而无须外界帮助。也就是说，原来静止的物体仍然会保持静止。例如，一个悬在半空的球，把绳子剪断，若没有重力，球会悬浮在半空，这是一个奇怪且有悖于直觉的想法。人们的直觉是，要让物体保持运动，就必须有外力作用在上面。科学家用惯性来表示物体保持其运动状态的倾向。1644 年，笛卡儿在《哲学原理》中明确提出物体将永远保持其静止或直线运动状态，直到有外力作用才改变。笛卡儿虽然是最早完整表达惯性原理的科学前辈，但他也有不足之处，他完全从哲学的角度来考虑这个问题，且把这一切归因于上帝的安排。

小贴士

笛 卡 儿

勒内·笛卡儿(René Descartes，1596—1650)是法国哲学家、物理学家、数学家和神学家。他出生在一个贵族家庭，小时候体弱多病，被允许在床上读书，因此他从小就养成了喜欢安静、善于思考的习惯。1616 年他遵从父亲对他的期望，进入普瓦捷大学学习法律和医学，获得了学士学位。毕业后笛卡儿一直对职业选择不定，游历各地以求世界这本大书中的智慧。笛卡儿被广泛认为是西方现代哲学的奠基人，他第一个创立了一套完整的哲学体系。"我思故我在"，是笛卡儿的名言。笛卡儿依靠天才的直觉和严密的数学推理，在物理学方面作出很多贡献。他发展了伽利略的运动相对性原理，第一次明确提出动量守恒定律。

笛卡儿有一段有趣的爱情故事，他在瑞典时认识了 18 岁的小公主克里斯蒂娜，并成为她的数学老师，彼此日久生情。但公主的父亲国王不同意，把笛卡儿流放回法国。笛卡儿坚给公主写信，但信总是被国王拦截，第十三封信里只有一个公式，国王觉得这不是情书就把信转交给公主，公主看后，立即把方程的图形画出来，是一个心形，这就是著名的心形线，她非常高兴，知道笛卡儿仍然爱着她。

(资料来源：本书作者整理编写)

三、惯性定律的概述

虽然笛卡儿发现了惯性定律，但是牛顿真正明确提出惯性定律，经过一番曲折，牛顿在 1686 年撰写《自然哲学的数学原理》时，将惯性定律作为第一原理正式提出，称为牛顿第一定律。

不受外界影响(也叫外力)作用的物体，若本来静止则将继续保持静止，若本来运动将继续保持匀速直线运动。一切物体都有惯性。

惯性不是某一种力，它是所有物体抵抗运动变化的性质，也可以将惯性想象为另一个词——惰性(或抗拒变化)。如果观察在气垫上沿水平方向滑动的物体，就可以对惯性定律

高等院校立体化创新教材系列

有非常直观的感受。选择水平方向是为了消除竖直方向上地球对物体的重力影响，气垫上滑行是为了消除摩擦因素。如果用高速照相机拍摄等时间间隔时物体的运动，对照气垫边的尺子，可以发现，物体在每两次拍照的时间间隔中移动了相同的距离，即物体以不变的速率做直线运动。再精确测量，会发现物体的运动速率会稍微变慢，但也足够接近伽利略所述的理想状态。

生活中也有很多类似的例子，比如玻璃杯上面放一个光滑的平板，平板上放一个鸡蛋，当把平板迅速弹出时，静止的鸡蛋保持静止状态，会掉入杯中。用温度计测完体温后，一般管内的液体不会自动流回，要用很大的力气去甩温度计，液体才会因惯性下降。有时走在路上，脚不小心被凸起的东西绊了一下，身体由于惯性前倾并摔倒，也是惯性定律的表现。

魔术师会用桌布来变各种戏法，桌子上放满了陶瓷餐具以及一杯盛满酒的酒杯。魔术师说完托词后，把桌布从桌子上迅速撤掉，桌上的餐具及酒杯纹丝不动。但是你在家试图做同样的事情时，得到的结果却截然不同。为什么呢？

分析：这个戏法在物理课上可以作为演示惯性的演示实验。道具和演示手法是关键。表演者一定要非常快速地拉动这块布。如果慢慢拉，桌布的摩擦力会让桌上的餐具和杯子随桌布一起运动。惯性是一个物体(与其质量有关)抵抗改变其运动状态的一种倾向。当物体静止时，不受外力作用下仍然静止。如果把桌布拉得非常快，摩擦力只在很短的时间内对餐具起作用，一旦桌布离开餐具，摩擦力对餐具的作用可使餐具的速度下降，这样餐具基本留在原处不动。

结论：慢慢拉动桌布，餐具将和桌布一起运动，快速拉桌布，物体的惯性可使其保持原地不动。因此适当地练习是必不可少的，魔术表演都需要道具及手法的配合才能成功。

你也可以做一个简单的练习，在桌子上放一张光滑的 A4 纸，纸上放一支钢笔，轻轻将 A4 纸的一端拉到桌子边，并猛地把纸拉出来，你会发现，由于惯性钢笔没跟着纸一起运动，而是几乎留在原处。

(资料来源：本书作者整理编写)

第三节　描述运动的物理量

一、位置

飞机在高空航行时，地面监测中心会实时监测它在每一时刻的空间位置、运动快慢和方向以及运动快慢的变化程度。这样就能全面掌握飞机在航行中的整个运动状况，确保飞机安全、准时地完成飞行任务。因此要描述物体的运动，也应该从这三个方面来引入相应的物理量。

每年的夏末秋初，我国一些沿海城市经常在电视、广播及网络上收到气象部门对台风的预报消息。例如，有一则台风过境预报：台风"天鸽"于今天上午 10 点登陆，其中心位置位于广东省珠海市东南方向大约 620 公里的南海东北部海面上。这则消息给出有关台风的两条信息：第一，以珠海市为参考点的东南方向；第二，距离珠海市 620 公里。据此就可以知道当时台风所在的位置。

选定了参考系之后(一般选地面)，以参考点为坐标原点，画一条有向线段来表示运动物体在空间的位置(如图 2.1 所示)。这条有向线段称为位置矢量(用 $\vec{r}$ 表示)，其大小就是有向线段的长度，方向是从参考点出发，指向物体所在位置的有向线段方向。物体在运动时，其位置是随时间变化而变化的，任意时刻有唯一的位置矢量与其一一对应。物体的位置矢量随时间变化的数学表达式称为物体的运动方程。显然，运动方程 $\vec{r}(t)$ 中的时间 t 是

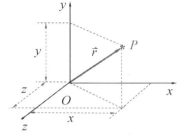

图 2.1 位置矢量示意

参数，从运动方程中消去时间参数 t 即可得到运动的轨迹方程。知道了物体的运动方程，就可以确定物体在任一时刻的位置，自然也就知道了物体运动的轨迹。

传统文化与参考系

很多古诗词展现出一幅幅动态的美景，通过描写物体的相对运动，使读者有种身临其境的感觉，这跟参考系的选取有关。唐代浪漫主义诗人李白性格豪迈，热爱祖国山河，游踪遍及大江南北，写出了大量赞美名山大川的壮丽诗篇，例如《望天门山》："天门中断楚江开，碧水东流至此回。两岸青山相对出，孤帆一片日边来。"这首诗呈现出一幅壮丽美景，李白所乘坐的船向山慢慢靠近，当他在仰望山时，会无意地以自己为参考系，又因自己与山、远处小船的相对位置发生变化，所以李白会产生山和远处的小船向自己靠近的感觉。北宋词人张先的《天仙子·水调数声持酒听》中的"沙上并禽池上暝，云破月来花弄影"，后句前半段写月亮破云而出，后半段描述花在忽明忽暗的月光下形成的影子摇曳不定。其中"月来"以云为参考系观察月亮，"花弄影"所选的参考系则又变成了地面。再如，清朝诗人孙原湘的《西陵峡》："一滩声过一滩催，一日舟行几百回。郢树碧从帆底尽，楚台青向橹前来。"诗人以自己所坐的船为参考系，把江边的树描绘成从帆底退去，把面前的楚台描述成扑向船橹一样。正是诗人以船为参考系，才有了动、静物体颠倒过来的感觉。这样既写出了船行至西陵峡诗人独特的感受，又给读者以新奇的印象。

毛泽东主席在《七律二首·送瘟神》中写道："坐地日行八万里，巡天遥看一千河"。若以地面为参考系，人坐在地面上，处于静止状态，所运行的距离是零；若以地轴为参考系，地球在自转，坐在地面上的人就是在运动了，赤道周长约为 40075 千米，为 8万多里。因此"坐地日行八万里"描述了一个科学事实。诗人从生活经验出发，通过变换参考系，写出了既自然美妙又有物理学情趣的优美诗句。

(资料来源：本书作者整理编写)

要了解物体的运动，不仅要知道任一时刻物体所在的位置，还需知道位置随时间变化的情况。假设在 t 时刻时物体位于 A 点，其位置矢量为 $\vec{r}_A$，经过一段时间后，物体位于 B 点，其位置矢量为 $\vec{r}_B$。在这个过程中物体位置的变化量 $\Delta \vec{r} = \vec{r}_B - \vec{r}_A$，称为位移矢量，简称位移(如图 2.2 所示)。如果所选取的参考点不同，则位置矢量也不同，但位移不会变。需注意物体的位移和路程是两个不同的概念，路程指物体实际所经过的路径长度。例如，一个物体沿直线从 A 点运动到了 B 点又按原路返回 A 点，在此过程中，物体走过的路程等于 A、B 之间距离的两倍，而物体位置没有变化，因此位移为零。

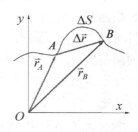

图 2.2　位移矢量示意

矢量是既有大小又有方向，选定了参考系后，矢量与选择的坐标系的形式无关，便于作一般性的定义陈述和关系式推导。在具体计算时，可以根据问题的特点选取合适的坐标系以方便计算。

【拓展阅读 2-3】空间和时间见右侧二维码。

空间和时间.docx

引导案例 2-2

沃伦·菲尔德历法创立

认识时间非常重要。当今世界，到处充斥着最后期限、各种时间表及种种事情的日程安排，让我们不停地看表看时间。而在一万年前，时间可能是生死攸关的大事。认识时间意味着要了解季节变化，何时迁徙，何时采摘和何时狩猎等，这些事情关乎生存。

时钟出现之前，夜观星象是一种标记时间流逝的方法。古代物理学大都集中在天文学上，如果你时常仰望星空的话，就不难理解其中的原因。2013 年，沃伦·菲尔德(Warren Field)历法遗址被彻底发掘出来，这是世界上已知的最古老的科学产物，甚至在建造吉萨金字塔和巨石阵时，就显得很古老了，它的历史比罗马帝国鼎盛时期还要久远许多，该遗址意味着人类最早观测天象的时间比最初认为的整整提前了 5000 年。

沃伦·菲尔德历法是根据月相位置创立的，月亮绕地球运转 29.5 天左右，阴历一年 354 天，而阳历 365.25 天，两者存在偏差。沃伦·菲尔德历法每年冬至根据日出的位置重新设定，确保下一年的历法准确无误。

当时的人们创建沃伦·菲尔德历法的实际用途目前尚不清楚，可能是为了帮助捕鱼和捕猎而标志季节变化，或是解释星图变化的天文工具。无论这个历法的实际用途到底是什么，它都标志着人类早期对时间和科学的开端。更重要的是这个历法遗址意味着，人类祖先除了口口相传来分享知识外，还会创造科学仪器——这是物理学发展的关键所在。

所有实验都需要实际操作，每个发明和创造都需要某种形式的仪器。沃伦·菲尔德历法已被普遍认为是人类已知的第一件科学仪器，这一事实确立了它在科学史上的特殊地位。

(资料来源：尼古拉·哥白尼. 天体运行论[M]. 上海：上海三联出版社，2023.)

二、速度

在伽利略之前的时代，人们只用简单的"快"或"慢"来描述物体的运动。为了清楚地理解运动的概念，既需要定性的思考也需要定量的数值方法。要描述运动，只需要两个量：距离和时间。例如，从你开始步行时计时，30 分钟后走了 1500 米。那么，如何用这些数据来描述你运动得多快呢？用速率来表示。伽利略被认为是第一个用物体经过的距离除以花费的时间来测量速率的人，他定义速率为单位时间内走过的距离。

中国古人对运动现象也进行了长期的观察和探讨。《墨经》给出了运动的一般定义："动，或徙也。"其中的"或"，是域的意思。墨家很早就知道，运动是物体位置的迁移。《墨经》还写道："行修以久，说在先后……行者必先近而后远。远近，修也；先后，久也。民行修必以久也。"其中的"远近"指空间距离，"先后"指时间的长短。说明运动的距离长，则所需时间也会久一些。还有一些计算题比如："今有恒高九尺，瓜生其上，蔓日长七寸；瓟生其下，蔓日长一尺。问几何相逢?瓜、瓟各长几何？"这些都是关于运动现象的认识。中国古代在计算路程时会用速度和时间相乘的方法，但并没有提出速度的概念。

你在 30 分钟内走了 1500 米，按这个定义，你步行的速率为 1500 米除以 1800 秒(30×60=1800 秒)=0.83 米每秒。然而有个问题，在这段时间内你不可能每一秒都保持这个速率。因此，把它称为这段路程的平均速率。

$$平均速率 = \frac{走过的距离}{所用的时间} \tag{2-1}$$

用符号可以使上述式子更简练。用 $\bar{v}$ 表示平均速率，用 s 表示走过的距离，用 t 表示所用的时间。上述公式可写成

$$\bar{v} = \frac{s}{t} \tag{2-2}$$

别被公式吓倒，公式是语言描述的缩写，其本质是基本的定义和概念。许多重要的定理、原理等，最好能用言语表述出来。如果想用一个公式，那首先得保证能用自己的语言把公式的物理意义说出来。否则，误以为已经理解了这个公式，其实只是记住了一些符号而已。例如，平均速率公式里的分母 t，并不指任意时刻的时间，而是指一段时间间隔。公式中的分子 s 表示在这段时间间隔内所走过的距离。

物体运动时速率会经常变化，可以从汽车上的车速表来知道任意时刻汽车运动的速率。但是，汽车上的车速表在每个瞬间都有一个读数，这个读数是某个时间间隔内的平均速率，只是这个时间间隔非常短，短到在这个时间间隔内速率几乎不变。换句话说，这个读数是极短时间间隔内的平均速率，把它称为瞬时速率，简称速率。

瞬时速率和平均速率有什么区别吗？简而言之，瞬时速率指出在给定时刻物体运动有多快，而平均速率指出走完一段路程需要多长时间，但不会显示在这段路程中速率变化的信息。速度也称为瞬时速度，其大小等于给定时刻的瞬时速率，而方向则对应于该时刻物体的运动方向。

高等院校立体化创新教材系列

【拓展阅读 2-4】现代科学之父伽利略见右侧二维码。

【拓展阅读 2-5】质点见右侧二维码。

现代科学之父　　　质点.docx
伽利略.docx

 案例导学2-3

　　交通流量的变化。国庆等一些法定节假日高速公路通行免费，为什么高速公路入口还是只允许车辆以每杆一车的方式通过呢？试分析一下，高速公路入口处附近车辆的平均速率会小于 15 千米每小时，而在高速路上的车速会在 60 至 80 千米每小时之间，这样在高速公路入口附近的车辆密度会加大，在该处的平均车速突然下降，车辆的密度继续增大后，为了保持安全车距，有些车会停下来，进一步减慢了平均车速。但在这一段拥堵路段再往前一些的路段，车速约 40 千米每小时，每辆车都以趋于一致的速率行驶，车流将均衡不断，可以安全地增大车辆密度。因此，高速公路入口处允许车辆间隔放行，有助于越来越多的车辆平稳地汇入车流，使车流密度增大。一旦车流密度超过某个临界值，迫使某些车停下来，从低车流密度高速率车流，变为高车流密度低速率车流，交通就会堵塞。

　　如果能够控制并协调公路上所有车辆的速率，调节速率以适应车流密度的变化，使所有车辆都能同步运动，在较高速率下保持较小的安全车距，就可以在均衡的流速下承载更大的交通流量。相信不久的将来，无人驾驶汽车及大数据时代会实现这一功能。

(资料来源：本书作者整理编写)

三、加速度

　　惯性定律指一个不受外力作用的物体将保持静止或匀速率直线运动状态。静止是速率不变(速率保持为零)的一种特殊情况，速率不变的直线运动即速度不变。因此，惯性定律可以表述为更简单的形式：不受外力作用的物体一定保持速度不变。

　　如果有外力作用在物体上，比如用力推原本在地面上静止的箱子，箱子会开始运动，它在外力作用下速度发生了变化，换句话说，箱子加速了。加速是熟悉的概念，例如，高铁从 80 千米每小时加速到 200 千米每小时，乘客能感受到列车速度明显增加。当物体的速度发生变化时，即瞬时速率或运动方向发生变化时，称物体做加速运动。

　　前面我们已经知道如何定量地描述速度，那么如何来描述加速呢？想象你坐在公交车内，公交车的速度从 50 千米每小时缓缓地停了下来，几乎没有感觉到有什么明显的不舒服，倘若前面突然有紧急情况，司机急踩刹车，1 秒内停了下来，车内有些站不稳的乘客会立即被甩到车前面去！尽管车速的变化都是从 50 千米每小时到零，但由于这个过程发生的时间间隔不同，结果也就不同。所以更感兴趣的是速度变化的快慢，即速度的每秒变化量，这个量称为加速度。

　　运动物体的平均加速度就是速度的变化(包括速度大小即速率的变化及运动方向的变化)除以产生这个变化的时间

$$平均加速度 = \frac{速度的变化}{所用的时间} \tag{2-3}$$

用符号表示，即

$$\bar{u} = \frac{\Delta \bar{v}}{t} \tag{2-4}$$

而瞬时加速度，简称加速度，指在很短时间间隔内的平均加速度，是速度在给定时刻的变化率。在日常生活中，加速指物体运动得更快，但物理学中加速度的定义却不受此限制。物理学中的加速度不仅指物体运动速率的增加，包括速率的减小以及速度方向的变化。因此，上述定义非常方便且应用广泛。只要知道物体的位置随时间的变化规律，就可以得出任意时刻物体的速度和加速度。同样，已知物体的加速度或者速度随时间的变化规律，根据初始条件可得到物体在任一时刻时的速度及位置随时间的变化。

加速度是描述物体运动速度变化快慢的物理量，而速度包括速率和方向，因此加速度包括速率和方向的变化。速度和加速度之间的区别很重要，速度指运动本身，物体只要运动就有速度，而加速度指速度的变化。凡是在公交汽车上站立的人都会有速度和加速度之间区别的体验，当汽车匀速运动时，不管速度有多快，你都能稳稳地站在车上。但只要汽车加速、减速或转弯时，就很难站稳。

加速度传感器

加速度传感器是一种能够测量加速度的传感器。一般由质量块、阻尼器、弹性元件、敏感元件和适调电路等部分组成。传感器在加速过程中，通过质量块所受惯性力的测量，利用牛顿第二定律获得加速度的值。全球的传感器市场在不断变化的创新之中呈现出快速增长趋势，各国竞相加快新一代传感器的开发和产业化，加速度传感器作为其中最重要的类型之一，广泛应用于游戏控制、汽车制动启动检测、地震检测、车祸报警、计步器功能、安全保卫振动侦测和各类智能应用之中。

例如，在传统消费和手持电子设备中，三轴加速度传感器实现了革命性的创新，被安装在游戏机手柄上，作为用户动作采集器用来感知玩家手臂前后、左右和上下等的移动动作，把过去单纯的手指运动变为真正的肢体运动，并在游戏中转化为虚拟场景中的挥拳、挥球拍、跳跃等动作，实现比以往按键操作所不能实现的临场游戏感和参与感。三轴加速度传感器还可以用于数码相机的防抖动，检测手持设备的振动或晃动幅度，当幅度过大就可以锁住相机快门，使拍摄的图像永远清晰。

由于目前对海量数据存储方面的需求，硬盘、光驱等元器件被广泛应用到计算机、手机、数码相机和便携式 DVD 机等设备中。但由于这些设备在应用中有多方面的原因，可能意外跌落或碰撞，对内部元器件产生巨大冲击，尤其是高速旋转期间的硬盘在此类冲击下显得非常脆弱。宝贵的数据有可能被毁坏而读写不出来。因此越来越多的用户对便携式设备的抗压、抗冲击力提出了更高的要求。若在硬盘中装置加速度传感器后，当跌落发生

高等院校立体化创新教材系列

时，加速度传感器就会检测到加速的突然变化，并执行相应的自我保护操作，比如关闭抗震性能差的电子元件或机械器件，让磁头复位，以减少硬盘的受损程度。

作为受市场追捧的新型代步工具，平衡车市场近几年发展火热。站在平衡车上，身体向前倾斜就可以启动。速度和方向都是靠身体的倾斜程度来控制的，想要加速就向前倾，减速则向后倾。陀螺仪和加速器传感器组成的姿态传感器，是平衡车最重要的平衡感应组件，也是平衡车的核心，在很大程度上决定了车的性能。

(资料来源：本书作者整理编写)

第四节　落体运动和抛体运动

一、落体运动

你曾经观察过鹅毛大雪在空中飞舞后下落吗？随着年龄的增长，下落这种经验对人们来说已经习以为常，不会刻意思考为什么会下落。但在古代，这个问题却困扰了科学家和哲学家几个世纪。现在知道，物体因为地心的引力而下落，当物体不受空气阻力或摩擦力影响，只在重力作用下下落时，称物体处于自由落体状态。

用自由落体测试反应时间

反应时间是心理实验中最早使用的变量之一，因为反应并不能在给予刺激的同时就发生，反应时间指从刺激的呈现到反应开始所需要的时间。比如跑步比赛，从听到发令枪响，到开始跑的这段时间就是反应时间。一般人的反应时间为 0.2 秒至 0.25 秒，经过训练的运动员的反应时间也不会低于 0.1 秒。中国运动员短跑健将刘翔的起跑反应时间约为 0.155 秒。现在抢跑不再是指在发令枪响之前起跑，而是指在枪响后 0.1 秒内起跑。

你有没有测试过你的反应时间呢？用简单的自由落体运动就可以完成。让你的同伴拿着一个尺子的上端，你的手在尺子下端等着，当发现同伴松开手，尺子开始往下掉，你就赶紧捏住尺子，测量对尺子的运动作出反应这段时间内尺子走了多远，就可以计算出你的反应时间。

当你在尺子下落过程中发生反应时，尺子下落的视觉图像先传给大脑，大脑再发出信号给手指，手指握住尺子。这些过程属于生物物理学和神经生物学的领域，研究还发现，人类对声音刺激的反应比对光刺激的反应更快。

在日常生活中随处需要用到反应时间，当你以 80 千米每小时开车时，看到前车尾灯亮了时，你还要走 5 米左右才开始刹车，若汽车制动系统有问题的话，这可能会造成追尾。我们还可以用简单的科学实验来探索哪些因素会影响反应时间，比如缺乏睡眠、过量饮酒等。

(资料来源：本书作者整理编写)

1638 年，意大利物理学家伽利略(Galileo Galilei)在他所写的《关于力学和局部运动的两门新科学的对话和数学证明》(常简称为《两门新科学》)一书中，设计了一个落体佯谬的理想实验来推翻亚里士多德关于自然下落的学说。亚里士多德提出，若让两块重量不同的物体同时下落，则较重的石块先落到地上。伽利略认为，如果取两个重量相差比较大的物体，把它们捆在一起，速率较大的那个物体会受到速率小的物体的牵扯，整个体系速率会减慢一些。但是，两个连在一起的物体会更重，因此，系统速率会更快一些，这就形成了佯谬。伽利略还注意到在实际下落的实验过程中，质量轻的物体确实会比质量重的物体下落慢，这由空气阻力引起。他又做了一个实验，用铅、金、木做了三个小球，让这三个小球分别在水银、空气和水中下落。结果发现，在空气中，金球和铅球下落速度几乎没有差别，只是木球稍慢一些。而在水银里，只有金球会下落，其他的都不会下落。在水里，金球和铅球往下落，但金球比铅球下落得快，木球不下落。根据上述实验，伽利略做了理论假设，重量不同的物体在媒质中下落时，它们的速度差别随着媒质密度的减小而减小，且媒质越稀薄，这一差别就越小。于是他得出一个重要结论：物体在真空中下落时，所有物体都会下落得同样快。人们称伽利略这种推理方法为"外推法"。他运用了理想实验的逻辑推理，看到了事物的本质，忽略次要因素，突出主要因素。之后，推论的假设由实验来直接验证。虽然当时的技术水平还不能达到完全真空，但是今天若在抽空了的玻璃管中做铅球和羽毛同时下落的演示实验，的确可以证明，在完全排除空气阻力的情况下，即真空状态下不同物体自由下落的速度都相同。

确立了落体定律之后，伽利略开始研究自由落体运动的规律。他首先假定落体运动是匀加速的，因为自然界总是习惯于运用最简单和最容易的形式来运动，但如何找出一个最符合自然现象的匀加速运动的定义呢？伽利略自由落体定律提出，一切物体以同样的方式下落，因此，可以通过只研究某个特定物体的下落来了解任意物体的下落运动。比如你手拿一本书，松手让它落到地板上，想一想，在松手的瞬间，书下落的速率是多少呢？书开始时静止，松手的瞬间速率应该也为零，接着它往下运动，速率开始增大，书在做加速运动。在下落过程中书的速率持续增大吗？落到地板之前的瞬间书的速率与什么因素有关呢？仅仅通过细心的观察，就能学到很多东西。

描述规律的一种方法是比例关系，可以发现，对自由落体，速率正比于时间，即

$$v \propto t \tag{2-5}$$

下落距离正比于时间的平方，即

$$d \propto t^2 \tag{2-6}$$

需注意上述实验忽略了空气阻力等影响。对于一个仅下落几米高的固体，空气阻力的影响很小，但若是高空中的跳伞特技员，空气阻力对他的下落将产生巨大的影响。

跳高运动员会竖直起跳，在空中停留一段时间再下落到垫子上，请估计一下他们在空中停留的时间。很多人可能会说 2 秒或者 3 秒。下面来具体计算一下正确答案。

高等院校立体化创新教材系列

从高点下落和从地面向上跳起的高度与所用时间由如下关系式给出

$$d = \frac{1}{2}gt^2$$

竖直跳的世界纪录是 1.25 米，用这个已知高度代入 d，重力加速度 $g=9.8m/s^2$，重新整理上式得到时间的公式为

$$t = \sqrt{\frac{2d}{g}} = 0.5(秒)$$

这是单程在空中的停留时间，加上往返，这个时间值乘以 2，可以发现空中停留时间的最高纪录为 1 秒。因此，普通跳高运动员的空中停留时间肯定是小于 1 秒的！这是人们对大自然的错觉之一。

障碍物的高度和人重心的上升高度是两个不同的概念。很多人可以轻而易举地跨过 1 米的栅栏，但很少有人能把自己的重心提高 1 米。世界篮球明星迈克尔·乔丹在年轻时也无法使身体的重心上升 1.25 米，尽管他能轻松弹跳超过 3 米高的篮筐。

(资料来源：本书作者整理编写)

伽利略对落体运动的研究，总结出一套对近代科学发展很有效、具体的科学流程。首先对现象进行一般性的观察，接着提出理论假设，然后运用数学和逻辑的手段得出推论，再通过思想实验以及物理实验对推论进行检验，最后对理论假设进行修正和推广。伽利略将实验和理论结合起来，有力地推动了人类科学认识活动的进步。他充分认识到科学研究方法的重要价值，在《两门新科学》中写道，我们可以说，大门已经向新方法打开，这种将带来大量奇妙成果的新方法，在未来的年代里会博得许多人的重视。

以前历史上广为流传的一种观点是伽利略在比萨斜塔上做的落体实验奠定了运动学的基础，事实表明，在整个研究过程中的逻辑推理、抽象分析、数学演绎、科学假设和理想实验等理性思维方法起决定性作用。他用"落体佯谬"的理想实验，从亚里士多德的"重物下落得比轻物快"的理论推出了"重物下落得比轻物慢"的悖论。他还用对接斜面的理想实验反驳了亚里士多德关于"外力是维持物体运动的原因"的谬论，提出了"惯性原理"。这些理性思维方法都是从现象的观察到发现运动规律的途径。对于伽利略所做出的奠基性贡献，霍布斯托马斯·霍布斯(Thomas Hobbes)评价他是第一个打开通向整个物理领域大门的人。爱因斯坦和利奥波德·因费尔德(Leopold Infeld)在《物理学的进化》中赞扬伽利略的发现以及他所提倡的科学方法是人类思想史上最伟大的成就之一，标志着物理学的真正开端。

二、抛体运动

如果你不是竖直上跳或者下落，而是从高出地面的某个地方开始水平跳，结果会如何？是像动画片里常见的坏狼冲出悬崖后竖直下落吗？其实不是。平抛的物体同时参与了两种运动：以近似恒定的速度水平运动和在重力影响下的落体运动。

平抛的物体在空间飞行的时间由什么因素决定呢？直觉认为水平方向走得距离远的物

体到达地面所需的时间更长。事实上，物体到达地面所需的时间是由开始时物体所在的高度所决定的，它和竖向运动与水平速度无关。将竖向运动和水平运动独立处理，并把二者结合起来求得运动的轨迹，是理解抛体运动的关键。水平方向的平动和竖直方向的跳跃相结合，就会产生一条优美的弧线(抛物线)。向下的重力加速度与它在任何落体运动中的行为完全相同，在忽略空气阻力的情况下水平方向没有加速度。因此，抛体在水平方向上以恒定的速度运动，在竖直方向上向下运动。

那么，怎样才能达到最大距离呢？开枪、开炮、掷铅球或掷标枪时，总希望投掷距离越远越好，在物体初速度的大小确定的情况下，唯一能改变的参数就是发射角。以中间角度45度为分界线来讨论，通过简单计算发现，大于45度角发射时在空间停留时间更长，上升高度更高。小于45度角发射时物体飞不高，由于时间短落地距离也不远。在中间角45度附近时，水平分量和竖直分量都比较大，竖直运动将物体保持在空间足够多的时间，让水平速度有效起作用，因此飞的水平距离也最大。

在实际的抛体过程中不能忽略空气阻力。空气对物体到底有多大的阻力呢？举个简单的例子，空气中飞行的子弹，子弹离开枪管的速度约620米每秒，且沿着45度角的方向画出一条高约10千米的巨大弧线。若忽略空气阻力，计算得出子弹可以击中40千米以外的敌人。实际上由于空气阻力，子弹射不了那么远，实际水平飞行距离只有约4千米！空气的阻力大大减弱了子弹的威力。

空气阻力永远起消极的作用吗？第一次世界大战快结束时，一个德国炮兵在一次射击中偶然发现，用大口径大炮以大于45度的仰角射击时，射程竟然是40千米，而不是已知射程20千米！原来，以极大的仰角和初速度发射炮弹时，炮弹会直接到达空气稀薄的大气层，那里的空气阻力要比地面上的空气阻力小得多，能够使炮弹飞行相当远的一部分距离。这一意外发现成为德军用来制造轰炸巴黎的远程大炮的设计基础。远程大炮由一根长34米、直径1米的矩形钢制炮筒为主体，炮身重量为750吨，炮弹重120千克，长1米，直径21厘米。在发射之初炮弹能够产生5000个大气压，使炮弹发射初始速度可达2千米每秒。当发射仰角为52度时，炮弹的水平距离可以达到115千米，用时3.5分钟，其中有近2分钟的时间里炮弹在大气平流层里飞行。这门大炮在当时堪称奇迹，它的发明和应用奠定了现代远程大炮的技术基础。

例如回力镖，别名飞旋镖、回旋镖等，是一种抛出后又可以飞回来的打猎工具，是原始人类智慧的结晶，其中要数澳大利亚土著的回力镖最为著名，其复杂奇特的空中轨迹让人惊叹不已。抛回力镖时，回力镖的旋转及空气的阻力非常重要。你自己用普通的纸也能做一个回力镖，通过设计合理的尺寸，再加上抛时多次的练习，也可以让你的回力镖在空中划出几道曲线后再回到抛时的起点。

除了人类会将空气阻力用于战争、科技和生活外，植物也会借助空气阻力来为自己的种子找到一个安家之处。例如常见的蒲公英、松树、柏树和桦树等伞形科植物，它们会凭借垂直上升的气流升到高处，利用水平流动的气流再将它们带往世界各处。有的植物还可以携带比自身重量重很多的物体飞上空中，并保持平衡和稳定。现代降落伞和无人机也是借鉴植物和动物的飞行来进行更好的设计。

本章思维导图

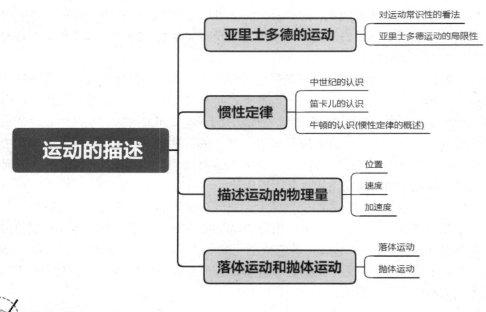

(1) 惯性：物体阻止其运动状态变化的性质。

(2) 惯性定律：物体不受外力时将始终保持其静止或匀速直线运动状态。

(3) 描述运动的两个物理量：速度表示单位时间内物体运动的距离及方向。速度的变化可能是大小或方向变化，或两者都发生变化。加速度：描述速度变化快慢的物理量，是速度随时间的变化率。

(4) 两种常见的运动：落体运动，只在重力作用下的落体运动；抛体运动，若水平方向发射一个物体，则它以恒定的水平速度运动的同时，又由于重力而向下加速。这两种运动合起来产生了物体的曲线轨道。

基本案例

使用橡皮筋和塑料尺或其他合适的物件，设计和制造一个弹珠发射器。要求每次将橡皮筋向后拉开相同的距离时，能以大约相同的速度发射弹珠(注意远离易碎物品和他人)。

案例点评

这就要用到对抛体运动的理解。仔细画出发射器，说明你的设计有哪些特色。在水平

地面上，以不同的发射角发射弹珠，测量弹珠离发射点的水平距离。还可以从桌面边缘以不同的发射角发射弹珠。

思考讨论题

(1) 弹珠的运动轨迹由什么因素决定？哪个发射角产生的水平距离最大？

(2) 弹珠在空中运动时，地面也在随着地球自转，会有误差吗？

（资料来源：本书作者整理编写）

 实训课堂

基本案情

一辆汽车在弯曲的山路上平稳行驶，其速率为 40 千米每小时。

思考讨论题

(1) 哪些量在行驶过程中是变化的？

(2) 上述量是怎么变化的？

分析要点

(1) 了解描述运动的两个物理量。

(2) 了解速度的变化包括速率的变化及方向的变化。

复习思考题

一、基本概念

亚里士多德的运动论　惯性　惯性定律　平均速率　瞬时速率　速率　速度　平均加速度　瞬时加速度　加速度　自由落体　重力加速度　抛体运动

二、判断题(正确打√，错误打×)

(1) 惯性是一种力，作用在物体上使物体抵抗运动变化。　　　　　　　　（　　）

(2) 如果你被记录超速，罚单上写的是瞬时速率而不是平均速率。　　　（　　）

(3) 当物体的运动状态改变时，物体做的就是加速运动。　　　　　　　（　　）

三、单项选择题

(1) 亚里士多德的运动论认为，物体下落是因为(　　)作用在物体上。

　　A. 摩擦力　　　B. 空气阻力　　　C. 重力　　　　D. 没有外力

(2) 牛顿认为，物体下落是因为(　　)作用在物体上。

　　A. 摩擦力　　　B. 空气阻力　　　C. 重力　　　　D. 没有外力

高等院校立体化创新教材系列

(3) 下述哪种情形中，物体具有较大的速度和较小的加速度？（   ）

A. 穿过空气做高速运动的炮弹　　　　B. 一辆刚刚启动的公交车

C. 在蜿蜒的山路上快速行驶的汽车　　D. 快速飞行后撞到台案上的乒乓球

E. 被快速运动的球棒击打的那一瞬间的网球

四、简答题

(1) 惯性定律如何描述？

(2) 速度和速率有何不同？

(3) 什么是加速度？速度和加速度有什么区别和联系？

五、论述题

玻璃弹珠在光滑的玻璃桌面上滑动，最终停下来而处于静止状态。亚里士多德会如何解释这一现象呢？伽利略和牛顿会做出什么解释呢？你会怎么解释？

第三章　对于运动的解释

物体为什么这样运动.mp4

核心概念

力　摩擦力　质量　重量　合力　作用力与反作用力　牛顿第二定律　牛顿第三定律

引导案例 3-1

蝙蝠飞行服

　　在电影《变形金刚》里，曾经出现过一批空中飞人和变形金刚进行激战的场景，它们可以张开双臂，在城市上空飞翔。在现实生活中，能像鸟儿那样自由翱翔一直是人类的梦想。人类发明了热气球、降落伞、飞机等飞行器用于飞翔，但都不是自己在飞。如今科学家们发明了一种蝙蝠飞行服，可以让飞行员从直升机上跳下后进行无动力飞行。蝙蝠飞行服的发明，来源于科学家们对蝙蝠飞行的空气动力学原理的深入研究。蝙蝠飞行服模仿蝙蝠翼的扇动，由于翼展面积大，只需消耗很少的能量就可以悬停、快速转弯及上升。飞行员穿上蝙蝠飞行服后，可以利用空气阻力及下降时向前飞行的动力，通过摇摆身体来控制飞行的方向和速度。上述新科技的发明离不开人类对科学知识的掌握，尤其是牛顿运动定律。理解牛顿定律，能够分析和解释几乎所有宏观低速物体的运动，这在日常生活中将非常有用。

（资料来源：本书作者整理编写）

案例导学 3-1

　　"对运动的无知，即对大自然的无知。"运动是万物的根本特性。围绕这个问题，自古以来有形形色色的自然观。16 世纪以前，古希腊哲学家亚里士多德关于运动的观点一直居统治地位。他认为物体具有为返回其自然位置而运动的性质，并把运动分为"自然运动"和"强迫运动"。重物下落、天上星辰的运动是一种自然运动，因为它具有回归自然位置的倾向。要强迫物体运动，必须借助推动者，一旦撤去推动，运动立即停止。亚里士多德的观点是"力是维持物体运动的原因"。伽利略通过斜面实验否定了亚里士多德的观点，认为"力并不是维持物体运动的原因"。之后牛顿把伽利略的实验结论归结为"惯性定律"。牛顿在前人工作的基础上，对机械运动的规律作了深入研究。

1687 年在科学史上是一个激动人心的时刻，牛顿在其著名的《自然哲学的数学原理》一书中提出力学三大定律以及万有引力定律，建立了牛顿力学的核心体系。只用几个基本概念和原理，就能解释任何物质的运动，从普通物体比如小球的运动，到天体如月亮的运动等，对天地万物的行为给出清晰且定量的解释，统一了人类对大自然的认知。

尽管牛顿的部分理论后来被 20 世纪初兴起的量子物理学(微观领域)和相对论(高速领域)这些更复杂、更精确的理论所替代，但对于宏观普通物体在运动速度远小于光速运动时，还是非常有用。牛顿理论作为基本的力学理论现如今仍然广泛应用于物理学、生物学和工程学等学科中。

第一节　力使物体产生加速度

一、力的定义

惯性定律(即牛顿第一运动定律)指出，物体不受外界影响或不受外力作用时，将保持匀速运动。"力"到底是什么？"力"定义为使物体加速的外界影响。只要一个物体使另一个物体加速，就说，第一个物体对第二个物体施加了"力"。比如桌面上放着一个静止的球，用手推它一下，球动起来，则手对球的推动就是力。力不是一个物质，也不是一个状态，是一个动作。

【拓展阅读 3-1】 牛顿的《自然哲学的数学原理》见右侧二维码。

牛顿的《自然哲学的
数学原理》.docx

二、常见的力

在物质世界中，力的作用形式多种多样，在宏观领域里常见的几种力有摩擦力、万有引力和重力、弹性力和电磁力。

1. 摩擦力

仔细观察会发现，桌子上被推动一下的球，很快就会停下来。这说明球从运动变为静止，球的速率发生了变化，或者说球产生了加速度，则一定有某个物体对它施加了力，这个物体就是与球接触的桌面。这个力是由于桌子和球的表面粗糙引起的。这种因表面粗糙引起一个表面作用于另一个表面的力称为摩擦力。

摩擦力的起因比较复杂，从原子层面上看，相互接触的两个表面是不平整的，它们有许多接触点，在这些点上，原子好像黏结在一起。当拉动一个正在滑动的物体时，原子"啪"的一下分开，随即发生振动，产生了热。

摩擦力分为静摩擦力和滑动摩擦力。在桌面上静止的球不存在摩擦力。当用手推球时，若球仍然静止，这时桌面产生的静摩擦力和对球的推力正好抵消。当球运动时，桌面对它产生滑动摩擦力。滑动摩擦力与两个相互接触表面的正压力成正比，可用公式 $F = \mu N$ 来表示，式中的 μ 称为摩擦系数。此公式是判断某些实际工程学中所需力大小的一个很好的经验法则，但若运动速度或正压力太大，会产生大量的热，则该定律失效。

人们每天都会受摩擦力的影响，摩擦力有利有弊。一方面，摩擦力是人类赖以生存和发展不可缺少的条件，静摩擦力是一种动力，走路时，通过鞋底与地面之间的静摩擦力推动前行。另一方面，摩擦生热，大大降低了机械效率和能源利用效率，摩擦造成机器磨损，影响其寿命。因摩擦起电，常造成起火、爆炸等重大事故。冬天里由于衣服摩擦引起的静电也让人苦不堪言。如何利用摩擦的有利因素，避免其有害因素，是人类在生活及生产实践中持续研究的重要课题。

有趣的是，摩擦力不依赖于物体的运动速度，低速行驶的汽车与高速行驶的汽车，其滑动摩擦力大致相同。摩擦力也不依赖于接触面积，超宽的轮胎不会给一辆车提供更大的摩擦力，只是为了把汽车的重量分散到更大的表面，以减少热和磨损。

【拓展阅读3-2】轮胎胎面的花纹会增加摩擦力吗见右侧二维码。

摩擦力并不局限于固体之间的滑动，它在气体和液体中也存在。沿水平方向穿过空气高速运动的炮弹速度会有所减慢。因此，一定有一个力作用在炮弹上，这个力是由于炮弹飞行时撞击空气分子产生的，称为空气阻力。

轮胎胎面的花纹会
增加摩擦力吗.docx

空气阻力随处可见。有些地方需要减小阻力，有些地方需要利用阻力。在一级方程式赛车中有这么一句话："谁控制好空气，谁就能赢得比赛！"追求最佳的空气动力是赛车中最重要的部分之一。合理的车身形状设计可以明显地减少空气阻力以获得最大的动能和最少的能量消耗。例如，为了减小阻力飞机的形状设计为流线型，头圆尾尖。而降落伞打开后受到一个相当大的空气阻力，让飞行员缓慢降落。

2. 万有引力和重力

根据广泛传说，牛顿坐在一棵苹果树下，突然一个苹果砸在他的头上，引起牛顿的思索，为什么月亮不会掉下来呢？他把地面附近物体的下落和月亮的运动认真地进行了对比。在地面上水平抛出一个物体时，物体的轨迹是一条抛物线，落体的产生是由于地球对物体的引力。如果这种引力确实存在，则它必然会对月亮产生作用。月亮之所以不掉下来，是因为月亮具有相当大的抛射初速度，而地球表面是弯曲的，可使月亮绕着地球转动，永不落地。牛顿进一步联想到行星绕太阳运转和月亮绕地球的运动十分相似，那么，行星也必定受到太阳的引力作用。他发现万有引力是一种普遍的力，这种力把行星各个角落的物体向内拉使之成为球体，并拉着行星朝太阳的方向运动，还可以提高海洋的潮汐，它也是形成星辰形状的原因。但是，牛顿很害羞，对批判很敏感，所以他把关于引力的著作锁在抽屉里，将近 20 多年从未再次提及它，在这期间他建立并发展了光学，且因此成名。牛顿对力学的兴趣因发现彗星出现的时间间隔而重新燃起，他的挚友天文学家埃德蒙·哈雷(Edmond Halley)(第二颗彗星的名字就是以他的名字命名)，促使他回到月球的问题上。牛顿校正了用早期方法处理的实验数据，取得了很好的结果。直到 1687 年，牛顿才发表了对人类思想影响最深远的普遍原理之一——万有引力定律。

之后，人们发觉他所做的工作远远超出了他对太阳如何吸引行星以及行星如何吸引卫星的解释，也远远超出了解释海洋潮汐产生的原因。牛顿迈出了历史上巨大的一步，阐明了自然规律对自然所起的作用，就如同这些规律和定律是由国家颁布的法规和法律一样。牛顿发现，其实自然规律并不是多变复杂的，也不是完全有害的，自然对人类来说简单中立。上述对自然规律的认识给其他科学家、作家、艺术家、哲学家、政治家等各行各业的人以希望和鼓舞。牛顿的思想和见解真正改变了人类的世界观，并引导人类在正确的轨道上继续探索。

牛顿推论宇宙中任何物体之间都存在引力作用，提出万有引力定律：任何两个物体之间都存在引力。引力的方向沿着两个物体的连线方向，其大小和两个物体质量的乘积成正比，与两物体之间距离的平方成反比。牛顿的万有引力定律完美地解释了开普勒行星运动定律和普通物体在地表附近的运动。

当引入比例系数 G 时，万有引力定律的比例形式可以表示成精确的方程式：

$$F = G\frac{m_1 m_2}{r^2} \tag{3-1}$$

G 被称为引力常量，大小为把两个 1 千克的物体分开 1 米时万有引力的大小，即 $G = 6.67 \times 10^{-11}$ 牛·米²·千克⁻²，这是一个非常小的值。平时感受到较大的重力是地球上大量物体对人的万有引力总效果。牛顿当时还无法直接测量出引力常数值，直到 100 多年后的 1789 年，才由英国物理学家亨利·卡文迪许(Henry Cavendish)计算出来。

只有包括像地球这种质量巨大的物体时，才能感觉到万有引力。如果你坐在自行车上，你和自行车之间的吸引力太弱感觉不出来。相对来说，人们和周围物体的引力很小，因为它们的质量与地球相比非常小。放眼宇宙，其他行星虽然质量很大，但离我们的距离非常遥远，其吸引力也极其微弱。当这些微小的力湮没在地球的强大引力中时，就更感觉不到它们了。1933 年诺贝尔物理学奖获得者，物理学家保罗·狄拉克曾经说道："在地球上摘一朵花，你就移动了最遥远的一颗星。"虽然测量不到人和周边物体之间的吸引力，但是人和地球之间的吸引力是可以测量的，即人的重量。

海王星的发现.docx

【拓展阅读3-3】海王星的发现见右侧二维码。

通过引力常数，你不用查常数表就可以很容易算出地球的质量。怎么算呢？地球上自由落体物体的加速度的大小都是 9.8 米每 2 次方秒，根据牛顿第二运动定律，力等于质量乘以加速度 $F=ma$，质量为 1 千克的物体受到地球对其施加的重力是 9.8 牛顿，而 1 千克物体与地球中心的距离约为地球的半径 6.4×10^6 米，由万有引力定律公式 $F = G\frac{m_1 m_2}{r^2}$，其中 m_1 为地球的质量，则

$$9.8\text{N} = 6.67 \times 10^{-11}\text{N} \cdot \text{m}^2/\text{kg}^2 \frac{m_1 \times 1\text{kg}}{(6.4 \times 10^6\text{m})^2} \tag{3-2}$$

由此得出地球的质量 m_1 为 6×10^{24} 千克。

当引力常数 G 在 18 世纪首次被测量出来时，全世界都十分兴奋，因为当地球大部分地面还没有完全勘探完成时，就可以根据引力常数推算出地球的质量。当时报纸上到处都在宣布测量地球质量的新闻，大家又一次感受到物理学理论的伟大。

【拓展阅读 3-4】质量和重量见右侧二维码。

质量和重量.docx

3. 弹性力

发生形变的物体，由于要恢复原状，对和它接触的物体会产生力的作用，这种物体在外力作用下因发生形变而产生的使其恢复原来形状的力称为弹性力。弹性力产生在直接接触的物体之间并以物体的形变为先决条件。弹性力有多种表现形式，下面介绍常见的三种表现形式。

(1) 回复力。当弹簧在外力作用下被拉伸或者压缩时，它会对与之相连的物体产生弹力，即弹簧反抗形变而对施力物体有力的作用，这种弹力总是力图使弹簧恢复原状，称为弹性回复力。在弹性限度内，弹性回复力的大小和形变成正比。以 F 代表弹力，以 x 代表形变即弹簧的长度变化量，则弹力的定量公式为 $F = -kx$，式中 k 称作弹簧的劲度系数，和弹簧本身的性质有关，负号表示弹力的方向总是和弹簧位移的方向相反，即弹力总是指向要恢复它原长的方向。上述数学表达式称作胡克定律。在东汉时期，胡克提出这个定律之前约 1500 年，郑玄在对《考工记》作注释时就说道："假令弓力胜三石，引之中三尺，弛其弦，以绳缓撅之，每加物一石，弓则张一尺。"这段话指出弓有弹性，随着弓弦上的重物每增加一石，弓就伸张一尺，它明确地指出了"力和形变"满足线性关系。

【拓展阅读 3-5】胡克见右侧二维码。

胡克.docx

(2) 正压力或支持力。正压力或者支持力是互相挤压的两个物体在其接触面上产生的对对方的弹性力作用，其大小取决于相互挤压的程度，方向总是垂直于接触面而指向对方。

(3) 张力。张力是拉紧的绳或线对被拉物体的拉力，其大小取决于绳被拉紧的程度，方向总是沿着绳而指向绳收缩的方向。拉紧的绳各段之间也有相互拉力作用，一般情况下绳的张力等于该绳拉物体的力。通常由于相互压紧的物体或拉紧的绳子的形变都很小，难以直接观察到。

案例导学 3-2

　　"砰、砰、嘭！" 1965 年美国《生活》杂志惊呼："这颗球在大厅里随意反弹，仿佛具有生命一样。这就是超级球，它无疑是有史以来最会弹跳的球；无论心理学家如何定义美国时尚排行榜，它都如疯狂的蚂蚱一样冲上榜首。" 1965 年，美国化学家诺曼·斯廷格利(Norman Stingley)发明了由弹性化合物 Zectron 制成的神奇超级球，如果从肩膀的高度下落，可以反弹到近 90% 的肩高，并能在坚硬的表面上持续弹跳 1 分钟(网球的弹跳只能持

高等院校立体化创新教材系列

续 10 秒)。

超级球也被称为弹力球，其秘诀在于聚丁二烯，由弹性碳原子长链组成的橡胶类化合物，其结构限制了超级球的弯曲程度，因此反弹能量大多反馈到运动中。如果一个人从帝国大厦的房顶扔下一颗超级球，结果会如何呢？对半径为 2.5 厘米的球来说，它下落约 100 米(25 至 30 层楼高度)后达到约 113 千米/小时的终端速度，反弹速度约为 97 千米/小时，对应的反弹高度为 24 米(7 层楼高度)。

(资料来源：本书作者整理编写)

4. 电磁力

电磁力指带电的粒子或带电的宏观物体之间的作用力。两个静止的带电粒子之间的作用力由库仑定律支配。库仑定律指出，两个静止的点电荷相斥或相吸，大小 F 与两个点电荷的电量 q_1 和 q_2 的乘积成正比，而与两个电荷的距离 r 的平方成反比，用公式 $F = k\dfrac{q_1 q_2}{r^2}$ 表示，式中的比例系数 $k = 9 \times 10^9$ 牛·米^2·库仑$^{-2}$，这种力比万有引力要大得多。例如，两个相邻的质子之间的电力按上式计算可以达到 100 牛顿，是它们之间的万有引力 10^{-34} 牛顿的 10^{36} 倍。

运动的电荷之间除了有电力作用外，还有磁力相互作用。磁力实际上是电力的一种表现，或者说，磁力和电力都具有同一本源(在本书第七章有较详细的讨论)。因此，电力和磁力统称为电磁。电荷之间的电磁力以光子为媒介传播。

分子或原子由电荷组成，它们之间的作用力是电磁力。前面提到的相互接触物体之间的摩擦力、弹力、正压力以及浮力、流体阻力等都是相互靠近的原子或分子之间作用力的宏观表现，本质上是电磁力。

在原子核内部还有两种力，强力和弱力。绝大多数原子核内不止有一个质子，质子之间的电磁力是排斥力，实际上核的各部分并没有自动分离，说明在质子之间还存在一种比电磁力更强的自然力，正是这种力把原子核内的质子以及中子紧紧束缚在一起。这种存在于质子、中子和介子等强子之间的作用力，统称为强力。两个相邻质子之间的强力可以达到 10^4 牛顿，但强力的作用力程，即作用力可到达的范围非常短，如果两个强子之间的距离超过约 10^{-15} 米，强力就变得很小可以忽略不计了，小于 10^{-15} 米时，强力占主要的支配地位，当距离减小到大约 0.4×10^{-15} 米时，它表现为吸引力，如果距离再减小，强力表现为斥力。

弱力是粒子之间的一种相互作用，但仅在粒子间有某些反应，比如β衰变中才显示其重要性。两个质子之间的弱力比较弱，大约仅有 10^{-2} 牛顿，且它的力程比强力还要短。

物理学家设想四种基本力——引力、电磁力、强力和弱力实际上是同一种力的不同表现。现在已从理论和实验上证实：在粒子能量大于一定值(比如 100 兆电子伏特)的条件下，电磁力和弱力实际上是同一种力，称为电弱力。这使人类在对自然界的统一性的认识上又前进了一大步。物理学家还在继续努力，期望有朝一日能建立起包括这四种基本力的"超统一理论"。

三、力产生加速度

牛顿运动定律的核心很简单，就是力产生加速度。这是一个让人惊讶的概念，因为之前亚里士多德物理学认为力是使物体维持运动的原因，而牛顿认为，物体运动不需要力，物体运动的改变才需要力。

牛顿运动定律给出力与物体的加速度之间的定量关系。设想你推穿着轮滑鞋的朋友，他会加速运动。用同样的力，你会很难推动一头大象，产生的加速度也非常小。通过定量实验会发现，作用于物体的力越大，物体产生的加速度会精确地按比例增加。而物体的质量越大，物体产生的加速度会按比例减小。物体的质量越大，表明其惯性越大，或者说保持运动状态不变的特性更强烈，物体越不容易加速。牛顿把这一关系表述为：物体的加速度与其质量成反比，与其所受的力成正比。

也可以用公式 $\vec{a} = \dfrac{\vec{F}}{m}$ 表示。字母上的箭头表示加速度和力都是既有大小又有方向的矢量。

现在可以理解为什么不同质量的物体会以同样的加速度下落了。因为质量越大的物体，地球对它的引力就越大，但为什么不像亚里士多德认为的那样，重物比轻物下落得快呢？答案就在于物体的加速度不仅取决于所受的力，也依赖于物体的惯性。重物阻碍加速运动，因此和轻物获得的加速度是一样的。例如，在真空状态下，一枚玻璃球和一根羽毛以相同的加速度同时下落。有人认为真空中玻璃球和羽毛两者所受到的重力相等，这种说法对吗？其实是不对的！物体具有相同的加速度，意味着作用在物体上的重力与其质量的比值是相同的。尽管空气阻力在真空中不存在，但地球对物体的引力——重力仍然存在。

引导案例 3-2

非惯性系与惯性力

对运动的描述是相对的，为了描述运动，必须选定参考系，如果所研究的问题只涉及运动的描述，可以根据研究问题的方便程度任选参考系。但是，如果问题涉及运动和力的关系，即要应用牛顿运动定律时，参考系就不能任意选取了。

例如，在站台上停着一辆小车，相对于地面参考系来说，小车静止，其加速度为零，是因为作用在它上面的各个力相互平衡，合力为零的缘故，这符合牛顿第一运动定律。如果另一列火车加速启动，火车上的乘客看这辆小车，会发现停在站台上的小车是向他所在的火车车尾方向做加速运动的。小车受力的情况没有变化，合力仍然为零，却有了加速度，违背牛顿定律。因此，相对于做加速运动的火车作为参考系时，牛顿运动定律不成立。

牛顿运动定律成立的参考系称为惯性系。如果某一参考系为惯性系，则相对于此参考系做匀速直线运动的任何其他参考系也一定是惯性系。这是因为如果一个物体不受力作用时是相对那个原始惯性系静止或做匀速直线运动，则在任何相对这个原始惯性系做匀速直线运动的参考系中观测，该物体也必然做匀速直线运动(尽管速度的值不同)或静止。因

高等院校立体化创新教材系列

此，根据惯性系的定义，后者也是惯性系。实际上，惯性参考系只是一个理想物理模型，到目前为止，还没有找到严格意义上的惯性参考系。在研究地面上物体的运动时，由于地球围绕自身的轴相对于地心参考系不断地自转，因此，地球参考系也不是绝对的惯性系，但因地面上各处相对于地心参考系的法向加速度最大不超过 3.40×10^{-2} 米每秒^2(在赤道上)，所以对运动时间不长的物体，地面参考系可以近似地作为惯性系看待。在一般工程技术问题中，相对于地面参考系来描述物体的运动和应用牛顿运动定律，得出的结论也都足够准确地符合实际，就是这个缘故。

反过来也可以说，相对于一个惯性系做加速运动的参考系，一定不是惯性系，称为非惯性系。牛顿运动定律对非惯性系是不成立的。以水平转盘为例。一个圆盘以匀速绕通过其圆心的轴转动，圆盘上坐着一个人，手中拉着一个小球。从地面参考系来看，小球是和圆盘一起转动的，因而有加速度，对球提供向心力的是人手的拉力，这符合牛顿运动定律。但是，从转动的圆盘上的人来看，小球受力情况不变，是静止的，手虽然拉着小球，但小球却并不运动，这显然不符合牛顿运动定律。

再回到刚才的小车上，静止在站台上的小车受到的合外力为零，站在加速运动的火车上的乘客却看到小车做加速运动，如果那位乘客坚信牛顿运动定律是正确的，他能够作出的唯一解释是，还有一个未知的力作用在小车上，这样牛顿运动定律就是成立的。把这个未知的力称为惯性力。显然，只要在非惯性系中引入惯性力，就仍然可以在形式上运用牛顿运动定律来处理问题。在圆盘的例子中，以转动的圆盘为参考系，它是非惯性参考系，小球应另加一个惯性力，它和真实的人手拉力恰好平衡，这样，小球在转盘这个非惯性系中保持静止，也是牛顿运动定律所要求的。

在实际情况中，常常会在非惯性系中观察和处理物体的运动现象。为方便起见，用牛顿运动定律分析问题时，只需引入惯性力即可。惯性力并不是物体之间的真实作用力，而是一种虚拟的假想力，以方便在非惯性系中用牛顿运动定律来分析问题。惯性力的实质是物体的惯性在非惯性系中的表现。

例如，一个站在台秤上的人正处于一部加速下降的电梯中，在电梯这个非惯性系中，人除了受到重力和台秤对他的支持力作用外，还受到一个向上的惯性力，这样，台秤显示人的重量变轻了，这种现象称为失重。如果电梯加速上升，人还会额外受到一个向下的惯性力，台秤显示人的重量变重了，这种现象称为超重。同理，航天飞机在太空轨道上绕地球飞行时，宇航员处于失重状态，这是因为在航天飞机这个非惯性系中惯性力抵消了一部分引力的缘故，而并非宇航员脱离了地球的引力。

(资料来源：本书作者整理编写)

第二节　牛顿第二运动定律

一、合力的作用

运动状态的变化由作用力或合力产生。作用力，从日常生活的直接感知来理解，就是一个推力或者拉力，它可能是地球对其他物体产生的重力，或是电场对它产生的电场力，磁场产生的磁场力或者肌肉中的化学力等。当一个或两个及以上的力作用在同一物体上时，使物体运动状态发生变化的力称为合力。

合力提供了一个合理的方式来观察所有静止的事物，比如平衡的巨石、在你房间里的物体、跨海大桥和摩天大楼等。无论它们的外形如何，一旦处于静止状态，所有作用力的合力自然为零。对于稳定运动的物体来说，情况也相同。除了静止平衡、动态平衡，还有转动平衡以及热平衡等，你会发现合力在生活中无处不在。

【拓展阅读3-6】重心与平衡见右侧二维码。

重心与平衡.docx

二、牛顿第二运动定律概述

物体的加速度由作用在物体上的合力决定，因此加速度的方向和物体所受合力的方向相同。可以做一个简单的实验来验证这个结论。如果你用锤子敲击放在光滑桌面上原本静止的小球，小球将沿着你敲击的方向加速运动，加速度的方向和力的方向相同。如果你从前方敲击运动的小球，球将慢下来，这时加速度向后，其方向仍然和力的方向相同。牛顿第二运动定律总结为：一个物体的加速度由其环境对它施加的合力以及它的质量决定。加速度的方向与合力的方向相同。

$$加速度 = \frac{合力}{质量} \tag{3-3}$$

牛顿第二运动定律对地球上任何运动，都能给出定性和定量的解释。首先通过考察所研究的物体与其他物体的相互作用，得到该物体所受的合力，继而就可以全面描述物体的运动，得到物体在任意时刻的位置、速度和加速度。

案例导学3-3

上面介绍了牛顿第二运动定律的物理意义及理论公式，为了充分领会它们的用途，将其应用到日常熟悉的例子中，体会如何利用牛顿第二运动定律。

例如，推箱子，以箱子为研究对象，它受到四个力：向下的重力，来自地球的引力；地板对它向上的支撑力，这是由于地板受到压缩；人手施加的向右的推力；因地板表面粗糙施加的向左的摩擦力。

箱子在竖直方向受到两个力：重力和支撑力大小相等、方向相反，恰好抵消，因此在竖直方向没有加速度。水平方向的两个力，手的推力和地面对其的摩擦力，这两个力的合力决定了箱子的水平加速度。为了推动箱子，刚开始推时用的力气要比最大静摩擦力大，箱子才能加速。如果把箱子加速到一定的速度后，减小推力，使推力和摩擦力相等，此时根据牛顿第二运动定律，箱子的加速度为零，保持推力恒定则箱子以恒定的速度运动。之后若撤回推力，则箱子在摩擦力的作用下将逐渐停止。

你可以试试上面描述的整个运动过程，感受在这个过程中不同推力对箱子运动状态的影响。摩擦力几乎永远会出现，只是不像推力那样明显，否则就如亚里士多德认为的：力是维持物体运动的原因。

（资料来源：本书作者整理编写）

第三节　牛顿第三运动定律

一、作用力与反作用力

　　试着做以下实验，重重地拍桌子，手会感到疼痛，感觉桌子在回拍。当你拉箱子时，箱子也在把你拉向它。你推墙壁时，墙壁也在推你。这些实验表明，每当一个物体对另一个物体有力的作用时，受力物体也对施力物体有力的作用。这些力大小相等，方向相反，构成一对作用力与反作用力。

　　根据上面例子，其中哪个力为作用力，哪个力为反作用力呢？换句话说，谁是施力物体，谁是受力物体呢？牛顿的回答是两个物体必须同等对待。你在行走时，你作用力于地板，地板也作用力于你，这一对力是成对出现的，你和地板的作用力构成一对一的相互作用力，没有一个力，也就没有另一个力。

引导案例3-3

艾火令鸡子飞

　　《淮南万毕术》一书中记载了一个实验："艾火令鸡子飞。"汉代高诱对此条注释道："取鸡子去其汁，燃艾火内空卵中，疾风，因举之飞。""艾"即艾草，是一种草本植物，它的叶子可以加工成艾绒，是古代灸法治病的燃料。这个实验的意思是，把鸡蛋中的蛋清蛋黄去掉，将艾草点燃后从壳的小孔放入壳内，壳内的空气受热膨胀后通过小孔向下排出，由此产生反向推力。与此同时，壳内气体受热膨胀，比重减小，获得一个向上的浮力。鸡蛋壳受这两种力的共同作用，再借助于"疾风"的吹动，可在空中飞起。《淮南万毕术》一书中的这些记载引发了后人的不断探索，直到宋代还有人做这类的实验研究。北宋时期的赞宁在《物类相感志》中有一段和《淮南万毕术》类似的记载："中鸡子开小窍，去黄白了，入露水，又以油纸糊了，日中晒之，可以自升，离地三四尺。"在太阳的照射下，鸡蛋壳中的露水蒸发成蒸汽，当蒸汽由小孔或油纸缝隙喷出时，产生一种反向推力，当蒸汽全部喷出后，推力也随之消失。

　　不仅中国古代人在研究鸡蛋壳升空的玩法，欧洲人在17世纪也流行过这个游戏。英国科学家李约瑟(Joseph Needham)在他写的《中国科学技术史》一书中也有记载："17世纪的欧洲人欢度复活节时，曾做过蛋壳升空的游戏，方法非常简单，但需要点诀窍。先将蛋黄、蛋清由小孔吸尽，将壳烘干。然后由小孔注入少许水，并以蜡封小孔。这样蛋壳在炎炎烈日下逐渐变轻最后飘浮起来。"欧洲的这种蛋壳玩法和中国古代的"艾火令鸡子飞"非常类似。这类实验还启发后人发明了孔明灯。据说五代时期莘七娘随夫出征入闽，作战时曾用孔明灯作为军事信号。这种灯用竹和纸做成方形灯笼，底盘上燃以松脂油。当松脂油燃烧的热气充满灯时，灯可扶摇直上，这和火箭的喷气反推原理类似。

（资料来源：世界上最原始的热气球，不是孔明灯[OL].
https://baijiahao.baidu.com/s?id=1630075646048717898&wfr=spider&for=pc(2019-04-06)）

二、牛顿第三运动定律概述

牛顿将上述认识总结为一个基本的物理学原理——牛顿第三运动定律，即作用力与反作用定律，每个力都是两个物体之间的相互作用。当一个物体对第二个物体施加一个作用力时，第二个物体施加大小相等、方向相反的作用力在第一个物体上。

牛顿第三运动定律研究物体之间相互制约联系的机制，研究对象至少是两个物体。多于两个以上物体之间的相互作用，总可以分为若干个两两相互作用的物体。作用力和反作用力相互依赖和相互依存，都以对方的存在为自己存在的前提，或者说，力具有物质性。牛顿第三运动定律还体现瞬时性，即作用力与反作用力的同时性。它们同时产生、同时消失并同时变化。作用力与反作用力的地位也是对等的，称其中一个是作用力还是反作用力都无关紧要。此外，作用力与反作用力必须是同一性质的力，如果作用力是弹力，则反作用力一定是弹力，反之亦然。

"一对作用力与反作用力总是大小相等"这一事实好像有悖于直觉。例如，一只毛毛虫撞上一辆赛车所用的力与赛车撞到毛毛虫的力相同。但是，这对相等的力却能使两者产生不同的效果。根据牛顿第二运动定律，质量小的毛毛虫受到一个很大的加速度，而赛车由于质量很大则得到一个几乎测量不到的加速度。

还有一个有趣的问题，苹果受到地球的引力向下落，根据作用力与反作用力定律，地球也应该受到苹果对它向上的同样大小的引力，为什么地球不向上加速呢？是因为质量巨大的地球得到的向上加速度太小而无法觉察。实际上，当你迈步走下马路牙子时，路面也会微微上升来迎接你。

驴 拉 车

有一只犟驴，学过一些物理知识，对它的主人说，让它拉车是没用的，根据牛顿第三运动定律，它拉车拉得越辛苦，车拉它拉得也很辛苦，因为作用力与反作用力大小相等，方向相反，所以驴拉车的最终结果是竹篮打水，空忙一场。想想看，驴说得对吗？

这是一个经常出现的有趣问题，既然作用力与反作用力大小相等、方向相反，为什么它们不会抵消为零呢？要回答这个问题，必须考虑研究对象。作用力和反作用力是分别作用在两个物体上。对小车来说，如果驴施加给它的力大于地面作用在小车上的摩擦力，小车就会加速。因此，给物体施加一个推力或拉力的反作用力，对描述物体自身的运动极为

高等院校立体化创新教材系列

重要。就像一辆汽车的发动机没法推动汽车一样，因为它是汽车的一部分。但发动机会驱动汽车的后轴或者前轴，使车轮连同轮胎转动。轮胎反过来又通过与地面之间的摩擦力推路面。按照牛顿第三运动定律，地面这时必定以一个大小相等但方向相反的力推轮胎，正是这个外力使汽车加速。在这种场合下摩擦力是必须的，没有摩擦，轮胎会空转，汽车也开不到哪里去。这头犟驴的情况类似，地面对驴的四只蹄子施加摩擦力使驴加速向前，这个摩擦力是驴推地面的反作用力。

拔河比赛也是类似的原理。两拨人通过一根绳子来拔河，与人体相比绳子的质量可忽略。绳子两端所受的力大小相等、方向相反。换言之，两拨人对绳子都施加了相同大小的作用力。那么拔河的胜负是怎么区分的呢？地面对人体的作用力的大小决定了胜负：以拔河比赛中的一方为研究对象，在水平方向上他受到地面对他的作用力和绳子对他的拉力，在绳子拉力大小相同的情况下，哪一方受到的地面作用力大，哪一方就能胜出。而地面对人体的作用力，其大小正是人体对地面的作用力，力气大的一方，该作用力更大。

(资料来源：本书作者整理编写)

牛顿第三运动定律在生活中无处不在。游泳者向后推水，水向前推动游泳者；飞机的螺旋桨向后推动周围的空气，空气向前推动螺旋桨。火箭在大气层以上飞行，虽然没有空气阻力，但靠自己发射物质施加的反作用力起作用。

所有的物理规律都有其适用范围，在经典物理学中，牛顿第三运动定律成立的条件是宏观物体做低速运动。当物体的运动速度接近光速时，作用力和反作用力的大小一般不再相等。对于接触力，牛顿第三运动定律严格成立。而对于非接触力，比如万有引力和电磁力，由于相互作用通过场以有限的速度传播，因此，需要考虑推迟效应。在力学普遍问题中需要考虑引力作用。由于物体相距较近，且相对运动速度不大，所以认为牛顿第三运动定律成立(严格地说，是近似成立)。对于电磁力的情况，由于两个带电体之间的相互作用力是靠第三者——电磁场来传递，因此，参与电磁相互作用的物体不再是两个，而是三个，这时情况比较复杂。除了要考虑推迟效应外，还需要考虑其他因素。实验表明在电磁现象中，带电体系在稳恒场中时牛顿第三运动定律近似成立。一般来说，微观领域内的粒子不再遵循牛顿第三运动定律，但是在经典的分子热运动中，比如考虑分子之间的碰撞问题，牛顿第三运动定律仍然适用。

第四节　牛顿运动定律的应用

一、在现代科技中的应用

物体在真空中下落，或忽略空气阻力自由落体时，物体的加速度均为重力加速度，和物体的下落速度无关。那么，在空气中下落的物体实际情况如何？羽毛和玻璃球在真空中下落速度相同，在空气中却完全不同。牛顿运动定律如何应用到物体在空气中的下落情况呢？牛顿运动定律可以应用到一切物体，重要的是合力思想。在真空中和在忽略空气阻力的情况下，重力是唯一的作用力，即合力。考虑空气阻力时，系统的合力就是重力和空气阻力之和。

对于跳伞运动员来说，穿上滑翔衣，不仅可以增大迎风面积，还可以提供升力，类似于蝙蝠的翅膀。高性能的滑翔衣允许这些"鸟人"以接近子弹的速度飞行，还可以做各种特技，且以较低的最大速度安全着陆。

【拓展阅读3-7】空心球和实心球见右侧二维码。

空心球和实心球.docx

汽车也是牛顿运动定律的有效应用之一，汽车技术极大地改变了现代世界的社会结构，给了人类自由，改变了城市面貌。汽车的前进靠发动机来完成，有些人会产生这样的误解，发动机在汽车里面，是汽车的一部分，自己怎么能推动自己前行呢？就好比你使劲儿拽着自己的鼻子，也不能把自己的身体拽离地面一样。

实际情况是，发动机使驱动轮转动，驱动轮向后对地面施加一个摩擦力，由牛顿第三运动定律可知，作用力与反作用力同时产生，在一条直线上，方向相反，地面反过来给驱动轮施加一个向前的摩擦力，使汽车向前运动。如果汽车以不变的速度行驶，即汽车所受合力为零；如果要让汽车加速，则作用于驱动轮向前的力一定大于空气作用于汽车的阻力和路面作用于汽车的滚动摩擦力之和。

小贴士

轻量化的汽车

节能环保成为越来越广泛关注的话题，轻量化开始广泛应用到普通汽车领域。有研究表明，若汽车的滚动阻力减少10个百分点，则燃油效率可以提高3%，但是若整车的重量降低10个百分点，燃油效率可以提高6%至8%。因此，车身变轻对整车的燃油经济性及车辆控制稳定性来说都非常有益。

兰博基尼的第六元素概念车已在复合材料实验室内研制成功，它用碳纤维连接件取代传统的钢制连接件，将重量减轻了40%至50%，使该车的功率和加速度得到明显提高。奥迪公司尝试按照适材、适量的原则，使用铝合金及高张力钢板等多种材料进行设计，Q7的车身重量减轻了300千克(相当于5个成年人的体重)。沃尔沃公司在汽车电池的轻量化方面也取得了突破。这种轻质的纳米材料是由碳纤维和聚合树脂组成的纳米结构，中间放入超级电容器。如果将目前使用的电动车电池全部更换成这种新型材料，则整车的重量可以至少减少15%。除了重量上的优势，这类电池结构还有良好的可塑性和高强度。由于节能和环保的需要，汽车的轻量化已经成为当今世界汽车发展的潮流。

(资料来源：百度百科

https://baike.baidu.com/item/ %E8%BD%BB%E9%87%8F%E5%8C%96%E6%B1%BD%E8%BD%A6/8079253)

牛顿运动定律不仅适用于地面上的物体，也适用于宇宙中的万物。自从1957年苏联第一颗卫星成功发射以来，航天技术已在卫星应用、深空探测和载人航天三个领域得到了飞速发展。尤其是载人航天领域，它的目标是认识太空，开发和利用太空资源来为人类造福。

【拓展阅读3-8】等离子体火箭见右侧二维码。

等离子体火箭.docx

二、牛顿运动定律中的人文思想

牛顿运动定律的诞生不仅标志着科学革命的成功，也对人类社会制度的建设产生了深远的影响。牛顿第一运动定律(惯性定律)昭示了自然界的自由禀性，物体运动不受外力作用时必然保持本原状态。牛顿第二运动定律指出力是推动物体运动变化的动因，而质量是限制物体运动变化的内因，体现了物体运动的天然惰性。将力的动因性和质量的天然惰性关系延伸到日常生活中，也可以获得相应的启示。人的学习行为似乎也有异曲同工之妙，可能在不同的时候有不同的惰性，有时会不思进取，自己产生听之任之的自由行为，在学业上停滞不前。要改变这种状态，需要激发出强烈的学习动力，没有学习的动力，自然就不可能改变自身的学习状态。有志者事竟成也是告诫人们要有蓬勃向上的动力来促使自己有所改变。

牛顿第三运动定律体现了自然界物质间普遍存在作用力与反作用力的相互对等特性，是物理学的重要思想之一，它还揭示了自然界的平权理念：自然界本身存在固有的秩序性，物体的运动由其自身规律所支配，普遍的自然法则平等地适用于一切人，同样适用于平民和国王，宇宙中所有物体的运动方式都平等地遵守相同的法则。作用力与反作用力的相互性与对等性的哲理存在于世间万事万物之中，也提供了一种为人处世的参考法则。在人类社会中，友谊建立在互相帮助之上，而仇恨产生于相互伤害之中。人与人之间友好相处，也是中国传统的文化"来而不往非礼也"的体现，是人的友情作用力与反作用力在起作用。当两人起争执时，长者也会用"一个巴掌拍不响"来开导当事人，矛盾产生是双方作用力与反作用力的结果，应该先好好反省自身。在国家对外交往中，申明"人不犯我，我不犯人"的原则，意在表明维护世界和平的真诚态度并彰显民族尊严。

关于自然运动存在自身规律和物体运动平权性的科学思想，给人类提供了认知世界的崭新观念，在人文领域里也产生了震撼。后世的哲人开始将理性的科学方法应用于经济、社会、政治等所有领域，提出一切事物都要接受科学检验的主张。

案例导学3-4

随时准备飘浮，过精彩人生

哲学家、科学家兼运动家阿基米德(Archimedes)洗澡时，突然感悟到了浮力的真谛，浸在液体或气体中的物体受到液体或气体竖直向上托的力叫作浮力，物体的浮力等于物体下沉时排开液体的重力。阿基米德用他的浮力定律鉴定了赫农王的皇冠是纯金的还是掺假的。

聪明的人专注于了解什么可以帮助他浮在水面上。反之，一味抱怨自己太忙、没有出生在有钱人的家里，是无济于事的。如果你想偷懒不认真为考试、演奏会或报告做准备，不愿意苦读和勤奋练习等，就必须为自己浮不起来负责。

有些人最喜欢听别人得奖时说自己"非常幸运"，其实更重要的是没有说出的部分。他们不会告诉你自己为了迈向成功，每天熬夜到了几点，放弃了多少玩乐的时间，历经了多少次失败。现在他们浮出水面，脸上是"洗个热水澡真舒服"的安详。我们知道为什么那些人会成功，他们早就在水下潜心建造了巨大的、外界无法看到的精密构造，他们的练习，比任何人都多。世界著名的钢琴家莫扎特曾经说过："我每天花 12 个小时练琴，人们却用'天才'两个字掩盖了我的所有努力。"

大部分的冰都藏在水面下，默默地做着苦工把水推开，根据作用力与反作用力原理，水也同时往回推，尽力让冰山浮在海面上，但只有很小一部分，会露出水面，享受无限的美景。

(资料来源：本书作者整理编写)

本章思维导图

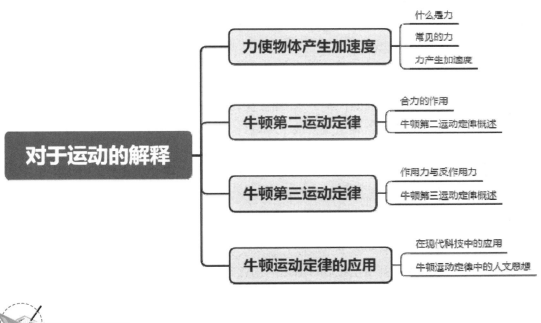

本章小结

(1)　力是改变物体运动状态的原因。

(2)　牛顿第二运动定律：物体的加速度与作用在物体上的合力成正比，与物体的质量成反比。加速度的方向与合力方向相同。

(3)　牛顿第三运动定律：当一个物体对另一个物体施加作用力时，第二个物体同时施加一个大小相等、方向相反的作用力在第一个物体上。

高等院校立体化创新教材系列

实训案例

基本案例

某一个周末，你走进一家图书馆，发现一摞书倾斜着伸出桌子的边缘。你想知道，是否可以把一摞书错开叠放，让最上面的那本书远远地伸出，而最下面那本书仍然稳稳地待在桌子上呢？

分析：书本重力向下，桌子给它提供一个向上的反作用力。当把书本推向桌子边缘，如果还在桌子上放的话，这两个力就会相互平衡保持稳定。直到书本重心离开桌子，桌子的反作用力消失，书本才会翻倒。所以要想保持平衡稳定，书本的重心一定不能离开它下面的物体，只要上面的书本的重心在该书本上，它们就形成了稳定状态。

案例点评

1955 年，《美国物理学》(*American Journal of Physics*)杂志称上述问题为"里拉斜塔"。1964 年，马丁·加德纳在《科学美国人》(*Scientific American*)杂志上讨论了这个问题。为简单起见，假设这些书都是一样的，每层只准叠放一本书。叠放起来的 n 本书如果不想坍缩的话，这摞书的重心仍然要在桌子上方，即任何一本书上面所有书的重心都必须位于一根穿过该书的垂直轴上。令人惊奇的是，你可以让一摞书伸出桌子边缘无限远。马丁·加德纳将这种任意大的伸出量称为"无限错移悖论"。通过公式 $0.5 \times (1 + 1/2 + 1/3 + \cdots + 1/n)$ 可以计算 n 本书能达到的伸出量。对于仅仅 3 本书长度的伸出量，需要叠放多达 227 本书，伸出量换成 10 本书长度，需要叠放 272 400 600 本书！这个调和级数发散得非常慢，所以较小的伸出量就需要叠放大量的书本。

里拉斜塔原理无疑是一种非常有效的建筑技术。它可以极大地减少建筑物的耗费，同时提高建筑物的空间利用率，提升建筑物的抗震能力，从而提高建筑物的整体性能。

思考讨论题

(1) 如果解除每层只有一本书的限制，结果会如何呢？

(2) 你还能想出哪些利用里拉斜塔原理的创意？

(资料来源：本书作者整理编写)

实训课堂

基本案情

如何增强一页纸的抗弯程度？看看你喜欢吃的饼干外包装纸盒，会注意到纸盒是由多层起伏的纸叠成。一页纸因为很薄，所以柔软。把纸平放在两本书之间，纸会立即因自身重量而弯曲。有个小窍门可以大大增强它的抗压能力，甚至承受一个茶杯的重量：把它折

叠成手风琴的样子。这个巧妙方法既可以增强材料的承重能力，又使其保持轻盈。在自然界或工程界中存在诸多为了增加物体视厚度以达到抗弯效果的例子。

思考讨论题

(1)　若一页 0.1 毫米厚的纸，按 1 厘米折叠之后纸的视厚度增大到 1 厘米，刚度会增加多少倍呢？

(2)　使用这种中空结构有风险吗？

分析要点

(1)　刚度是使物体产生单位变形所需的外力值。刚度与物体的材料性质、几何形状、边界支持情况以及外力作用形式有关。材料的弹性模量和剪切模量(材料的力学性能)越大，则刚度越大。细杆和薄板在受侧向外力作用时刚度很小，但细杆和薄板如果组合得当，边界支持合理，使杆只承受轴向力，板只承受平面内的力，则它们也能具有较大的刚度。

(2)　当材料受到足够压力时会出现屈曲失稳，即当这个力超过某个阈值时会弯曲。

(资料来源：本书作者整理编写)

复习思考题

一、基本概念

力　摩擦力　万有引力　重力　重量　质量　合力　牛顿第二运动定律　落体运动
抛体运动　作用力与反作用力　牛顿第三运动定律

二、判断题(正确打 √，错误打 ×)

(1)　在真空中重球和羽毛同时下落，说明它们受到的重力相同。　　　　　　（　　）

(2)　滑动摩擦力的大小与物体的运动速率有关。　　　　　　　　　　　　（　　）

(3)　作用力和反作用力作用在不同的物体上同时产生，同时消失。　　　　（　　）

三、单项选择题

(1)　你沿光滑的桌面用 5 牛顿的力推动一本 1 千克的书，这本书的加速度的大小是（　　）。

    A．5 米每二次方秒　　　　　　B．0.2 米每二次方秒　　　　　　C．10 米每二次方秒

    D．如果你继续推，速率会越来越大

    E．如果你继续推，速率会越来越小

(2)　一辆火车和从山坡上滚落的一块石头相撞，考虑力的情况可知（　　）。

    A．火车作用于石头的力比石头作用于火车的力要大

    B．石头作用于火车的力比火车作用于石头的力要大

    C．火车和石头彼此作用的力相等

高等院校立体化创新教材系列

(3) 比较上一问题中的加速度大小，可知(　　)。

　　A. 火车的加速度大　　　　　　B. 石头的加速度大

　　C. 火车和石头的加速度一样大

四、简答题

(1) 加速度与合力成正比，还是加速度等于合力？

(2) 加速度会永远与其速度的方向(即运动的方向)一致吗？

(3) 你用手摸你的脸的同时，能让你的脸不被你的手触及吗？

五、论述题

为什么一只放在桌子上的花瓶，受到它内部上万亿原子的相互作用力，但永远不会"自动"做加速运动？

第四章　牛顿世界观

牛顿心目中的宇宙.mp4

核心概念

统一论　万有引力　引力坍缩　黑洞　机械宇宙观　牛顿物理学的局限性

引导案例 4-1

牛顿的自然哲学原理

英国 18 世纪新古典主义诗人蒲柏(A. Pope)在《威斯敏斯特牛顿墓志铭》一诗中写下"自然和自然规律,隐藏在黑暗之中,上帝说:让牛顿出生吧!于是一切显现光明"的诗句。诗人对牛顿的评价也许太浪漫了,但爱因斯坦在纪念牛顿逝世 200 周年时发表的文章《牛顿力学及其对理论物理学发展的影响》中说道: "200 年前牛顿闭上了双眼。我们觉得有必要在这样的时刻来纪念这位杰出的天才,在他以前和以后,都还没有人能像他那样决定着西方的思想、研究和实践的方向。他不仅作为某些关键性方法的发明者来说是杰出的,而且在善于运用他那时的经验材料上也是独特的⋯⋯但是牛顿成就的重要性,并不限于为实际的力学科学创造了一个可用的和逻辑上令人满意的基础;而且直到 19 世纪末,它一直是理论物理学领域中每一个工作者的纲领。一切物理事件都要追溯到那些服从牛顿运动定律的物体,这只要把力的定律加以扩充,使之适应于被考察的情况就行了⋯⋯这个纲领在将近两百年中给予科学以稳定性的思想指导。"

牛顿的自然哲学原理统治了他所在的那个年代,直到 20 世纪,它仍被人们奉为神圣的信条。

(资料来源: 本书作者整理编写)

案例导学 4-1

空间和时间是人类文明中最古老的概念，不同时代的时空观往往带有那个时代的文化烙印，注入当时的文化意识理念，也与认识者所处时代的各种因素相关。人类生活实践上的经验直觉、宗教信仰、理性的思辨以及科学的观察和思考等活动，都会涉及对时空的认识。

在远古人类的观念中，天是圆的，地是方的，空间方位存在绝对的上下之分。今天，放眼四周，将目光延伸到天际时，仍有天圆地方的感觉。因此，中国古人的时空观源于直观感受。天圆地方的观念至今还可以在一些古建筑的设计中看到它的历史印记，例如北京天坛公园的天坛、地坛公园的地坛原为明清两朝历代皇帝祭天地的地方。天坛的主体建筑祈年殿处在中心位置，且层层递进向上为圆，寓意天为圆。与天坛遥遥相望的是地坛，地位的方泽坛整体结构为正方形，寓意地为方。唐朝诗人张九龄在《望月怀远》中写道："海上生明月，天涯共此时。" 明月的升起和人所处的地理位置有关，因此直到唐代，古人仍然持天圆地方的宇宙观。

地球是圆的这个论断早在古希腊时代已得到认可，且由古希腊的埃拉托色尼(Eratosthenes of Cyrene)通过竿子日照之影算出了地球的周长，他的测量误差仅在 5%以内。2002 年英国的《物理学世界》杂志将此实验评为"物理学史上最美丽的十大物理实验"之一。此实验显示了小中见大的思想，真可谓壶中有乾坤。正如英国诗人威廉·布莱克(William Blake)写道："一粒沙里有一个世界，一段话里有一个天堂，把无穷无尽握于手掌，永恒不过是刹那时光。"

(资料来源：本书作者整理编写)

第一节 牛顿统一论

一、苹果和月亮的思考

牛顿自己说引力的概念是他在自家果园沉思时，由一个苹果从树上掉落而产生的。他一抬头，恰好又看到了天边圆圆的月亮。他想为什么月亮不像苹果一样，掉到地面上来呢？牛顿认为，月亮和苹果都是普通的物质，都会受到地球的吸引，而一个落下，另一个不落下，这其中自然有统一的缘由。这种风马牛不相及的问题及常见的嘲笑，毁掉了很多珍贵的好奇心和好问题。爱因斯坦曾经说过，如果说他有与其他人不相同的地方，仅仅是因为他在别人已经失去了好奇心的年龄，依旧保持着孩童时的好奇心。荷兰画家凡·高也说过："摇篮里的孩子眼力无限。"

牛顿经过严肃的思考，牛顿觉察到月亮实际可以看成一种下落运动，只不过最终不落到地面上，是因为它以一定的速度绕地球旋转。由于地球是圆的，如果苹果以适当的速度运动，也会绕地球旋转而不会掉下来。倘若这种想法是正确的，则月亮下落的加速度和苹果在月亮上下落的加速度应该相同。

牛顿利用他的数学才能得出了预期的结果。嫦娥居住的月亮和地上甜脆脆的苹果的运动遵循同样的规律。

【拓展阅读4-1】万有引力的提出见右侧二维码。

万有引力的提出.docx

二、牛顿统一论概述

惯性定律是历史上最富有成果的科学理论，它统一了天上和地上的自然运动规律，颠覆了亚里士多德物理学的基础，给出了普遍的自然法则，牛顿由此总结并建立了三大运动定律，最后发现了一种特殊的力：万有引力。牛顿提出一个非常简洁、明晰的公式，即万有引力定律，统一了整个宇宙万物的运动规律。

牛顿不仅创立了经典力学理论体系，还提出了科学研究的方法和原则，他在《自然科学的数学原理》第三篇中，给出了四条"哲学推理规则"：①寻求自然事物的原因，不得超出真实和足以解释其现象者。②对于相同的自然现象，必须尽可能地寻求相同的原因。③物体的特性，若其程度既不能增加也不能减少，且在实验所及范围内为所有物体所共有，则应视为一切物体的普遍属性。④在实验哲学中，必须将由现象所归纳出的命题视为完全正确的或基本正确的，直到出现了其他或可排除这些命题或可使之变得更加精确的现象。

这是一个富有想象力的飞跃，你能想象得出拉动月亮的力和拉动苹果的力性质一样吗？这个引力还可以跨越宇宙很遥远的距离。引力的大小与两个物体质量的乘积成正比，与两个物体之间距离的平方成反比。引力这种随距离增大而减小的特性，对人类来说是幸运的，不会被遥远行星的引力吸引着离开地球。

东方文化的精髓是认识到一切事物的统一性和相互关联以及体会到所有现象都是统一体的表现。一切事物都被看作整个宇宙相互依赖和不可分割的部分，是同一终极实在的不同表现。在日常生活中，人们觉察不到这种统一性，而是把世界分割成个别的物体和事件。当然，这种分割对于应付日常环境来说是有用且必要的。物理学奠基人牛顿把物质世界的一切运动都用机械运动的特点和规律来阐述，牛顿力的概念泛化于所有的物质之间，认为物质之间的作用都可以广义地延伸出"力"的概念，以力学的理念来追寻世界的统一，导致机械观的泛滥。

尽管用现代的科学眼光去看牛顿，他的科学体系仍有不足，但当视角聚焦到那个中世纪的年代，是牛顿给人类带来了光明。用历史的眼光审视那个时代的科学理念时，科学家所持有的科学信仰就会毫不犹豫地投以理解的目光。

案例导学4-2

物理学家在探索物理奥秘的过程中，始终相信自然具有内在的统一性与和谐性，他们认为自然界的四种基本相互作用力绝不是相互独立和无关的，在自然深处有着更本质更深刻的、一致的步调。从物理学发展与创新的历程中，物理学家树立真诚而执着的科学信念，对自然追求统一描述，描绘了一幅和谐的美丽图画。首先，由牛顿完成天上与地上物体作用规律的统一，所有物体都遵守牛顿三大运动定律和万有引力定律，这些定律是物体机械运动的规则和秩序。其次，19世纪提出能量守恒定律，将自然界不同的运动形式从能量守恒和转换的角度统一起来，建立起有关物质之间相互作用的运动量的统一描述。再次，统计物理学从物质的微观结构和相互作用出发，将体系的宏观物理性质和组成体系的微观分子运动作用统一起来。麦克斯韦的电磁场理论将电、磁和光的运动规律统一起来，表明电、磁和光是同一客体在不同状态下的表现。20世纪初，相对论理论将时间、空间和物质的运动统一起来，表明物质和能量是同一客体的不同表现形式。量子理论将物理学描述的波动和微观粒子的运动统一起来，建立了描述微观粒子波函数的新方法。接着物理学家实现了电磁作用与弱相互作用的统一，又初步实现了弱相互作用、电磁相互作用和强相互作用规律的统一描述。最后，科学家向着四大相互作用力全面统一的工作迈进。

(资料来源：本书作者整理编写)

第二节 引力：宇宙的起源

一、引力：太阳系演化的驱动力

牛顿物理学对社会和文化的重要贡献之一是当它与近代天文学结合时，可以帮助人们了解太阳及行星等宇宙星体的演化过程。

万事万物都有起源和终结，星体也不例外。最早在18世纪提出的星云假说理论现在广为接受，认为恒星的形成和演化始于46亿年前，由遍布宇宙的稀薄的气体组成的巨大气体云形成，在此区域，物质恰巧聚集得很密集，形成引力中心，吸引更多的物质落入这个中心，形成一个新行星。这种物质因引力作用而聚集并经历急剧收缩的过程，称为引力坍缩。

太阳和地球就是这样产生的，在50亿年前都只是太空中的一片气体云或尘埃云，之后，这个物质团内部的一部分物质很偶然地聚集起来，密度比其他地方大，把周围的物质吸引到自己身边，其质量变得更大，继而又吸引更多的物质。这个自我强大的物质团最初都会自转，刚开始时是无序流动，随着气体云的继续收缩，它的自转加强了，类似花样滑冰运动员收拢手臂转速会加快，气体团的外边缘变成扁平圆盘形状后继续凝结，变成地球以及其他的行星。

对太阳来说，中央球继续坍缩，中心处原子的速率越来越高互相碰撞并变热，直到中心达到百万摄氏度的高温，原子中的电子被碰掉了，只剩下氢原子核及由电子组成的气体云。氢原子核在猛烈碰撞的过程中黏在一起，发生核聚变，产生更多的热量，此时这些热量产生的压力开始阻止物质团进一步坍缩，成为一颗正常发光的恒星。太阳停止坍缩后将进入很长的稳定时期，核聚变过程会使太阳膨胀到它现在的3倍，在随后的几亿年里变得更亮，这也使地球温度升高大约1000摄氏度，到那时，地球将在劫不复。但是在几十亿年后，太阳的氢燃料枯竭后，在太阳中心附近的核聚变将会停止。

引力将再次起作用，没有了核聚变，就没有东西能阻止太阳向自身坍缩了，它将变得极其致密，短暂地发出耀眼的光，然后慢慢变暗，成为白矮星。

【拓展阅读4-2】白矮星见右侧二维码。

白矮星.docx

二、引力：质量更大的恒星死亡的诱因

恒星的寿命由其质量决定。当一颗恒星的核燃料燃烧殆尽后，就变成白矮星结束它们的生命。

太阳是一颗恒星。但对于质量更大的恒星来说，比如是太阳质量 10 倍以上的恒星，核燃料用尽后物质向内收缩，把恒星的核心变成密度极大的固态核，当核的密度达到不能承受自身的重量时，核心会在 1 秒内突然坍缩，把恒星的其他部分炸向太空。这种事件称为超新星爆发。最近的一次超新星爆发出现在 1987 年，离地球 150 万光年的距离。超新星爆发后，塌缩继续进行，将电子和质子挤压在一起，使原子核变成中子，从而使整个恒星变成了一个类似有中子组成的天体，这类天体称为中子星。

中子星的核心在坍缩过程中会旋转得越来越快，其自转与磁效应结合，可以产生可见光和无线电信号的快速脉冲，这在地球上也能观测到，1967 年，英国天文学家乔瑟琳·贝尔(Jocelyn Bell Burnell)第一个发现了中子星的信号。

比太阳质量大 30 倍以上的恒星死亡时会怎样呢？当核燃料用尽时，发生的坍缩非常猛烈，没有任何已知的力能让它停下来，现有的理论认为，它将坍缩成一个点，但会仍然保持它的质量，即对周围空间的引力影响不变，这种引力使得任何物质都难以逃脱，因此被称为黑洞。黑洞是科学史上极为罕见的现象之一，在没有任何观测证据证明其理论是正确的情形下，作为数学模型已被发展到非常详尽的地步。中子星和黑洞是宇宙中密度和引力最强大的两类颇具神秘感的天体，为科学家提供非常丰富且不可多得的观测资料，同时也在这个新开拓的领域内，向人类提出了一连串的问题和难解之谜。

小贴士

黑　洞

假设你身体结实，坚不可摧，乘坐一艘宇宙飞船去一个很远的恒星上旅行。你在恒星上的体重将由你的质量和恒星的质量以及恒星的质心到你肚脐眼之间的距离决定。如果这颗恒星被烧毁并坍缩到原来半径的一半，但其质量不变，则根据距离平方反比定律，你的体重变为原来的 4 倍。如果这颗恒星坍缩到原来半径的 1/10，则你在恒星上表现的体重会变为原来的 100 倍。你离开恒星会越来越困难，因为受到恒星的引力越来越大。倘若一颗像太阳一样大的恒星，坍缩为半径小于 3 千米时，任何物体都不能挣脱恒星的引力，包括光在内，这时这颗恒星是看不见的，因而形成了"黑洞"。

什么是黑洞呢？1916 年，德国天文学家卡尔·史瓦西(Karl Schwarzschild)发现，若将大量物质集中于空间一点，其周围会存在一个界面，一旦进入这个视界，光也无法逃

高等院校立体化创新教材系列

脱。这种天体被美国物理学家约翰·阿奇博尔德·惠勒(John Archibald Wheeler)命名为"黑洞"。

黑洞无法直接观测，但可以从黑洞对其周围物体的引力作用来间接探测其存在及其质量。1994年天文学家通过哈勃空间望远镜发现一个遥远星系的中心出现一个细小明亮的光源，经过对此光源的详细分析，发现附近的恒星绕轨道运行得非常快，只有当这个光源有几十亿个太阳的质量时，其引力才能把它们保持在轨道上，但这个光源的体积只比太阳系稍大一点，说明它是一个黑洞。它发出的光是由黑洞外的高能过程产生的。

根据对银河系的观测结果推测，银河系中心潜藏着一个巨型黑洞，它的质量接近400万个太阳的质量，而尺寸却只跟20个太阳一样大。这个巨型黑洞会吞噬其附近的恒星和气体并向外辐射X射线等其他光能，但它的起源现在尚不明确。

跟黑洞类似的天体是"虫洞"，黑洞是向无限大的密度点坍缩，虫洞则是巨大的时空弯曲区域，在宇宙的另一个地方又向外开放，甚至存在于其他宇宙中。虫洞至今仍在猜测中，一些科学爱好者想象虫洞也许可以打开时间旅行的可能性。

一提到黑洞，人们就会想到伟大的科学家霍金，他的《时间简史》介绍宇宙的起源和演化，他最重要的贡献是关于黑洞的研究，告诉你黑洞其实不黑。大家认为黑洞非常恐怖，只要有东西靠近黑洞，就会被吸进去且永远出不来。按此逻辑，岂不是最后全宇宙都被黑洞吸进去了，宇宙不再存在了吗？这显然是不符合逻辑的。霍金认为，黑洞还可以辐射。量子可以从黑洞里跳出来，只要跳出来一个量子，黑洞的质量就缩小一点，第二个量子又跳了出来，就这样黑洞是不断向外蒸发的，总有一天会完全蒸发掉。若未来有一天天文学家确实测量到这些黑洞，就可以证实霍金的理论。

现在有充分的证据表明，有些双星系由发光恒星和看不见的相伴黑洞组成，具有相互围绕进行轨道运动的性质，甚至有更强的证据表明许多星系有更大质量的黑洞中心。在原始星系中能观察到"类星体"，它的黑洞中心会吸入一些物质，当这些物质陷入黑洞并被湮没时，会产生大量的辐射。在银河系中，肯定也存在着黑洞，实际发现的速度比书本报道得多且快，感兴趣的读者可以登录天文学网站查看相关的最新报道。

(资料来源：黑洞[OL] https://baike.baidu.com/item/%E9%BB%91%E6%B4%9E/10952?fr=ge_ala)

第三节 牛顿的机械宇宙观

一、牛顿世界观

牛顿、笛卡儿和伽利略等众多科学家和哲学家所秉承的基于日心天文学和惯性物理学的哲学和宗教观点，称为牛顿世界观，是牛顿物理学最重大的影响之一。虽然牛顿的一部分科学观念中已被更广泛的其他理论所代替，但基于牛顿物理学的世界观却依旧保持着对大众文化的影响。

文艺复兴时期是欧洲经历的人类历史上不寻常的时代，获得思想解放的人文先驱和科学家，开始努力冲破作为神学和经院哲学基础的一切权威和传统教条的束缚。哥白尼生活时代的波兰是欧洲强国，这里的资产阶级人文主义教授不满足经院哲学的教条，在科学上有很多新见解。哥白尼发现地心说对天体运行的描述缺乏简洁性，他花费了 20 年时间完成了简洁的日心说，改变了人们的宇宙观。为了不被教会迫害，他在病逝前出版的杰作《天体运行论》的前言特意说明书中表达的思想纯属猜测。开普勒提出椭圆轨道取代行星自然的圆轨道，笛卡儿提出"普遍怀疑"的口号，宣称物体保持运动状态是因为没有什么东西能使它停下来。自然位置的上下层级，人类和地球为中心的科学基础完全被摧毁了。

17 世纪的科学革命，摆脱了亚里士多德物理学的影响，牛顿的运动定律，完成了人类文明史上第一次自然科学的大综合，集物理学之大成，运用数学方法以公理化的方式建立了系统的、统一的经典力学理论体系，促使自然有规律的思想展现出来，树立了"自然界规律是统一的"这一信念。通过实验和对自然的观察获得自然现象的基本信息，由此提出假设，并建立相应的模型来得到量化的物理定律，然后对结论进行检验，根据检验的情况再反过来对假设进行适当修正，如此反复。这种探索自然奥秘的思维方式也是当今科学家仍在使用的行之有效的科学研究方法。

二、机械世界观

牛顿第二运动定律从本质上表现出一种机械的因果观。力是因，运动状态的改变是果。只要根据运动物体的受力情况分析，应用牛顿第二运动定律的具体数学表达式求解，由物体某时刻的情况，就能预测出之后任意时刻的状态。无论天上还是地上，自然界所有的机械运动都在有秩序地运行，就像是一部钟表式的机器。物理学奠基人把宇宙比拟为时钟，自然法则是工作原理，原子是零件，由于它机械般的性质，称这种世界观为机械论。

自然界的一些现象都可以根据力学原理，用类似的推理演绎。拉普拉斯认为，只要给出所有恒星在某一时刻的位置和速度，根据牛顿运动定律就可以预测宇宙任意时刻的历史状况。机械论认为只要给定运动物体的初始条件，其未来的运动轨迹或行为都可以唯一地确定下来(如图 4.1 所示)。机械论试图用机械运动的规律来解释自然界的一切运动。由于当时力学取得了巨大的成功，机械论成了那个时代的形而上学观点。

图 4.1　机械论

从 17 世纪到 20 世纪，机械论影响了许多受过教育的人，人类不知不觉接纳了类似时钟的宇宙观念。但在人类文明的脚步接近 20 世纪之后，陆续出现了一些从未进行过的实验，不能用牛顿物理学来解释，于是新的科学革命又开始了，相对论和量子物理在更广更新的范围内展示着更加神奇的物理图景，将再一次地改变人类的世界观。

拉普拉斯决定论

1814 年，法国数学家皮埃尔·西蒙·拉普拉斯(Pierre Simon Laplace)提出了"拉普拉斯决定论"，它有能力计算和决定未来的所有事件，前提是已知宇宙中每个原子的位置、质量和速度，以及各种运动公式。如果我们可以预测台球桌上台球弹跳的位置，为什么就不能预测由原子组成的实体呢？

拉普拉斯认为：可以把宇宙的现状看作是过去的结果和未来的起因。如果有一位智者在某时刻知道使自然运动的所有力，知道构成自然万物的位置，而且这位智者也强大到足以分析所有这些数据，则从宇宙中最大的天体到微小的原子，其运动都能被容纳在一个公式之中。对于这样一位智者来说，没有什么事情是不确定的，未来就像过去一样呈现在他眼前。

后来，海森伯不确定关系和混沌理论的发展使拉普拉斯决定论失去了魔力。混沌理论指出，即便是在某一初始时刻的极小测量误差，也可能导致预测结果和实际结果的巨大差异。这意味着拉普拉斯决定论必须知道每个粒子无限精确的位置和运动，从而使得它自己比宇宙本身还要复杂，而海森伯不确定关系指出无限精确的测量是不可能的。

(资料来源：本书作者整理编写)

第四节　牛顿物理学的局限性

一、适用范围的局限性

19 世纪末，人们普遍认为物理学的发展已经臻于完善，牛顿的经典力学体系几乎完美无缺。在自然界的反复检验中，牛顿物理学都站稳了脚，可以准确地定量到所有细节，它是如此精准，使科学家开始把它作为终极和绝对意义上的真理全盘接受。但是，科学从来都不是绝对的，尽管一个科学原理经历了反复的证实，但有待新实验的不断检验。

1880 年前后开始出现了一些实验结果，用牛顿物理学无法解释。例如，随着物体运动速度越来越接近光速，牛顿物理学预言的误差越来越大，牛顿运动定律和牛顿的时空观失效。牛顿机械宇宙观的可预测性和因果关系的观点，对于分子层次或更微小的物体，其解释也是不正确的。

迄今为止的科学研究表明，宇宙并不是牛顿式的。牛顿物理学对地球上宏观低速物体的描述非常准确，但这只是宇宙中的小部分，对微小的物体、巨大的物体以及高速运动的物体将失效。量子物理和相对论适用于迄今观察的全部现象(如图 4.2 所示)。

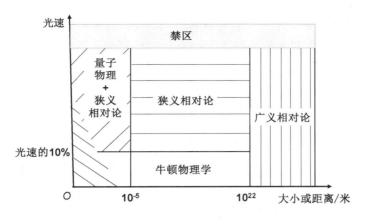

图 4.2　牛顿物理学的局限性

二、时空观的局限性

　　牛顿在《自然哲学的数学原理》一书的开头就以精练的语言提出了一系列定义，为后面描述运动奠定了逻辑基础。例如，质量、惯性和外力等。接着又以公理的形式提出了三大运动定律，即惯性定律(牛顿第一运动定律)、运动定律(牛顿第二运动定律)和作用与反作用定律(牛顿第三运动定律)。牛顿的这些概念和定律高度概括了前人的工作。紧接着，牛顿又提出了六个推论，包括伽利略相对性原理，把前人各不相关的独立成果系统化地综合在一起，形成一个有逻辑关联的整体。

　　在牛顿物理学体系的框架中，有一些必不可少的基本要素，牛顿以注释的方式写在了定义后面，即他对空间、时间和运动的观点。牛顿站在伽利略等"巨人的肩膀上"，重新审视了亚里士多德物理学，以深邃的目光注视着天上与地上物体的运动。在哥白尼否定地球中心和伽利略建立的力学相对性原理的基础上，进一步系统全面地打破了天上空间和地上空间的限制，发现了月亮旋转和苹果落地深藏着同样的道理。宇宙没有天然的中心位置，任何时空点都是平等的。相对于任何时空点，物理规律也是相同的，此即牛顿时空观所表现的运动的相对性。

　　为了考察物体的运动情形，需要一个可靠的基本参考系，在牛顿看来，"绝对空间，就其本性而言，是与外界任何事物无关且永远是相同的和不动的。相对空间是绝对空间的某一可动部分或其量度，是通过它对其他物体的位置而被人感知并指示出来，并且通常是把它当作不动的空间"。爱因斯坦认为，牛顿引入绝对空间，对于建立他的力学体系是必要的，这是在那个年代"一位具有最高思维能力和创造力的人所发现的唯一道路"。牛顿虽然否定了空间位置的绝对性，却肯定了空间的绝对静止性，与任何外在之物和运动无关。由此可知，牛顿的空间仍然含有亚里士多德的空间绝对性(绝对静止的球形空间)。牛顿的空间是绝对平直的，如同一个箱子，其向上下、前后、左右可以伸向无穷远处，是一个与任何物质及运动无关的绝对静止的空间。物体所具有的尺度具有绝对性。牛顿是一个经验论者，他不允许体系中存在先验的观念。他认为物体实在必须能被感知。为了感知绝对空间中的绝对运动，他设计了一个理想实验，即著名的水桶实验，雄辩地论证了"绝对运动"概念的合理性。

牛顿水桶实验.docx

【拓展阅读4-3】牛顿水桶实验见右侧二维码。

关于时间，亚里士多德说："时间因现在而得以连续，也因现在而得以划分，现在是时间的一个环节，连接着过去的时间和将来的时间，它又是时间的一个限，是过去时间的终结，也是将来时间的开始。"他认为时间是物质运动和静止的量度，或者说时间是物质持续性的一种量度。牛顿也写道："绝对的、真正的和数学的时间自身在流逝着，而且由于其本性与任何外界事物无关，它又可称为'期间'；相对的、表现的和通常的时间，是期间的一种可感觉的、外部的或精确或变化的量度，人们通常就是用这种量度，如小时、日、月和年来代表真正的时间。"

总之，牛顿的时空观认为物体的尺度具有绝对性，时间流逝的间隔也具有绝对性，时间和空间与物体的运动无关。时空是一个平直无边、永恒不变和广泛普适的宇宙舞台，宇宙时间机械有序地不断登台上演。时间与空间间隔的量度具有绝对性，物体长度和事物运动的时间都不会因其运动而发生改变。

随着科学技术的发展，到了18世纪末期，以太漂移实验的否定结果促使人们对以太和绝对坐标系的存在产生了怀疑。1902年，法国著名科学家彭加勒(Henri Poincaré)在他的《科学和假设》一书中，对牛顿的绝对时空观提出疑问。他认为，第一，没有绝对空间，能够设想的只是相对运动。但在阐明力学事实时，就好像存在绝对空间一样，而把力学事实归诸绝对空间。第二，没有绝对时间，说两个持续时间相等是一种本身毫无意义的主张，因为只有通过约定才能得到这一结论。第三，对两个持续时间相等以及对发生在不同地点的两个事件的同时性也没有直接的直觉。第四，力学事实是根据非欧几里得空间陈述的，非欧几里得空间尽管比较抽象，但它却像通常的空间一样合理。狭义相对论指出空间、时间和运动是联系在一起的，没有绝对的时间和空间。

人们认为广义相对论是正确的引力理论。近现代实验也表明量子物理给出从微观到宏观所有尺寸物体的正确解释。相对论和量子物理研究宇宙与在地球上得到的直觉根本不同，甚至奇异得多。物理学的理性思考及对大自然的睿智洞察，摒弃机械教条的观念，提供新的思维方式，为树立正确的世界观开辟了全新的天地。量子物理表明自然的运动法则已不再是严格的决定论规律，自然的因果关系存在或然性，指出世界的本质是非周期性的和非线性的，在事物发展的过程中，偶然性有时起着主要和决定性的作用。事物的必然性蕴含着偶然性，而偶然性来自必然性。这对牛顿的机械绝对论提出致命的挑战，在事物的偶然性和必然性关系上描绘出一幅新的画卷。

本章思维导图

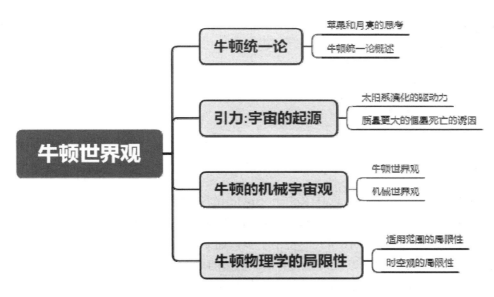

(1) 牛顿的惯性定律和万有引力定律统一了天上和地上的运动。

(2) 所有星辰演化进程背后的驱动力都是引力。

(3) 牛顿的机械宇宙观认为只要给定了物体运动的初始条件，就可以精确预言物体在任意时刻的运动状态。

(4) 牛顿物理学对描述地球上的宏观、低速物体很有效，但在高速和微观条件下将被量子物理和相对论所代替。

基本案例

牛顿物理学对天上的行星、月亮和彗星，对地上的自由落体、抛体、物体的运动，海洋潮汐和地球赤道隆起等问题，给出了清晰明了的物理解释。牛顿科学文化与哲学思想的影响远远超出了物理学和天文学的研究范围。不仅催生了化学和生物学这样的自然学科，而且历史、艺术、经济学、政治学、神学和哲学等人文学科，也仿照牛顿物理学的基本模式来描述自己的体系。

高等院校立体化创新教材系列

案例点评

(1) 了解牛顿物理学的主要内容及科学思想。

(2) 了解牛顿的机械宇宙观及其局限性。

思考讨论题

(1) 牛顿物理学指的是什么？

(2) 牛顿物理学的世界观是怎样的？

基本案例

英国物理学家和化学家玻意耳(Robert Boyle)说："宇宙像是一座极好的时钟……一旦上好发条时钟走起来，一切就都按照制造它的工匠的最初设计进行，钟的运转……不需要工匠或他雇佣的任何有智能代理人的特别干预，而是依靠整部机器原来的总体机械装置履行其功能。"英国诗人、画家布莱克反对牛顿机械的单一图像或直线思维，他写道："我看到一幅四重的图像，它使我感到四重的最高的欢乐，三重的图像也给我带来欢乐，使我欢乐的图像至少也有两重；上帝将保佑我们，远离牛顿那简单划一的图像，那机械的梦。"

思考讨论题

(1) 按照牛顿世界观来看，宇宙在哪些方面像一座钟表？

(2) 牛顿物理学对哪些现象的解释不正确？

分析要点

(1) 了解牛顿的机械宇宙观的主要内容。

(2) 了解牛顿物理学的局限性。

复习思考题

一、基本概念

统一　引力坍缩　超新星爆发　中子星　牛顿物理学　牛顿物理学的局限性　恒星的死亡　黑洞

二、判断题(正确打√，错误打×)

(1) 牛顿物理学是绝对正确的理论。　　　　　　　　　　　　　　　　　　　(　　)

(2) 只要给定物体运动的初始状态，牛顿物理学就可以预测物体之后任意时刻的运动状态。　　　　　　　　　　　　　　　　　　　　　　　　　　　　　　　(　　)

(3) 牛顿物理学只能精确描述地球上宏观低速物体的运动。　　　　　　　　(　　)

三、选择题

(1) 牛顿物理学的适用范围是(　　)。

　　A. 宏观物体　　　　　　B. 微观物体　　　　C. 高速运动物体(可比拟光速)

　　D. 低速运动物体(与光速相比非常小)　　　　E. 上述答案都正确

(2) 根据牛顿世界观，只要知道了物体运动方程及某个时刻的运动状态，就能预测(　　)物体的运动。

　　A. 过去　　　B. 现在　　　　C. 将来　　　D. 任意时刻

(3) 引力是(　　)现象的诱因。

　　A. 太阳系的演化　　　　　　　　B. 恒星的坍缩

　　C. 更大质量恒星的死亡

四、简答题

(1) 牛顿的机械宇宙观是什么？

(2) 牛顿物理学的局限性是什么？

五、论述题

尽管物理学是一门以实验为基础的自然科学，"观察-假说-验证"一直是物理学家认识客观世界的主要方式，但这并不意味着实验是得出知识的唯一途径。除了实验验证的定律外，还存在大量的公理化假设和人为的约定。牛顿在 1687 年出版的《自然哲学的数学原理》中明确提出了"运动三大基本定律"，作为经典物理学的起点，得到了科学界的公认。实际上，在原书中，三大定律是牛顿在"序言"部分作为公理提出的。这些定律的实质是公理化假设，而不是定律，你如何理解？

第五章　动量和能量

核心概念

动量　冲量　动量守恒　功　功率　动能　势能　机械能　能量守恒　核动力　可再生能源　节能

引导案例 5-1

　　环境是能源问题的核心，能源亦是环境问题的核心。扩展与持续的经济繁荣带来的挑战的核心，就是以能够承受的代价限制不断增长的能源供给对环境的冲击。在能源——环境——繁荣的挑战中要求最苛刻的部分就是由人类引起的气候变化提出的挑战……我们将看到，这是人类的活动对环境的冲击中最难以处理的事情。

(资料来源：约翰·霍尔德伦(J. Holdren)物理学家，哈佛大学约翰·肯尼迪行政学院科学技术与公共政策项目负责人.)

案例导学 5-1

　　1849 年在美国加利福尼亚州掀起了一场淘金热，但采金并不是唯一的发财机会，那些出售铁锹等金矿开采工具和设备的人也赚了很多财富。当时有个叫莱斯特·艾伦·佩尔顿(Lester Allen Pelton)的人并没有通过上述两种方式赚钱，而是把物理学原理应用到当时采矿的水轮机上，发了大财。

　　水轮机是把水流的能量转化为旋转机械能的动力装置，早在公元前 109 年，中国就出现了水轮机的雏形。佩尔顿发现水车效率极低是因为水车的叶片是扁平的，于是他设计了弯曲的叶片，将中间做成脊状，使水冲击到叶片上后形成 U 形弯，这样，水会产生更大的力作用在叶片上，使其加在水轮上的冲力更大，这一发明引领了冲击式水轮机的发展。

　　佩尔顿还为自己的发明申请了专利，这种水轮机被称为佩尔顿水轮机。人只要仔细观察生活，了解动量和冲量等基本的物理概念，一定能想到多种方式来使生活更加便捷舒适。

（资料来源：本书作者整理编写）

第一节　动量和角动量

一、动量和动量守恒

前几章已介绍，速度是描述物体运动状态的物理量，但在长期的生产和生活实践经验表明，物体运动状态的变化不仅取决于物体的初始速度，还与物体的质量有关。例如，让具有相同速度的一辆重型卡车和一辆小汽车同时停止运动，则对重型卡车来说难度更大。数据表明，道路交通事故中，车辆超速和超载是两个重要原因。在同样的刹车制动力作用下，速度越快的车辆越难停下来，容易造成追尾事故。超载车辆的质量太大，即使车速并不快，也难以及时把车停下来。同时也发现，速度快和质量大的物体更不容易停下来，或者说它们的惯性更大。因此，要考察物体的运动状态，必须同时考虑速度和质量这两个因素。

"动量"一词最早在伽利略的著作中出现，笛卡儿继承了他的说法把物体的质量和速率的乘积称为"运动量"，来描述物体运动的惯性，惠更斯进一步认识到动量的矢量性。动量定义为物体质量和速度的乘积，即

动量=质量×速度　　　　　　　　　　　　　　　（5-1）

也可以用公式 $\vec{p}=m\vec{v}$ 表示，其中 $\vec{p}$ 为动量，m 为物体的质量，$\vec{v}$ 为物体的速度。从定义中可以看出，如果物体的质量大或速度大，或两个量都大，物体就有更大的动量。卡车比同样速度运动的汽车有更大的动量，是因为它的质量更大。巨大的石头在从山坡上滚落时具有巨大的动量，而它静止时，由于速度为零，因此动量为零。

动量是物质具有的基本属性，是另一种对物体运动的基本量度。对物体产生的冲击力可以用动量来表征，力对物体的持续冲击作用，会使物体的动量发生变化。

案例导学5-2

假设汽车刹车突然失灵，你必须在混凝土墙和干草堆两者之间做出选择，无须物理知识，靠直觉你也能做出明智的决定。常识告诉你应该把方向盘打向干草堆那一边。但是，若了解物理知识可以帮助你更好地了解为什么不同决定会带来不同结果。汽车从运动到停下来，动量的变化相同，即冲量相同。相同的冲量意味着只要作用力和作用时间的乘积相同即可。因此，较长的时间会减小作用力，这就是为什么会选择去撞击干草堆而不是土墙壁的真正原因。撞击干草堆，延长了动量减少到零所需要的时间。较长的时间间隔会减小作用力并产生较小的加速度。具体来说，如果时间间隔延长 10 倍，作用力就减小到 1/10。当需要作用力很小时，可以延长接触的时间。

如果你在从高处往下跳时，绷紧腿，保持腿平直地落到地面上，会发生什么情况呢？

一定会感觉膝盖很疼！因此，当脚接触到地面时你会下意识地把膝盖弯曲，这样做和你绷紧腿突然落地时相比得到的动量变化相同，作用时间却延长 10 到 20 倍，这样，作用在你的骨头上的力会减小至 1/10 乃至 1/20。当摔跤运动员被对手掀翻在地板上时，他会放松身体，使脚、膝盖、臀部、肋骨和肩膀逐渐地接触垫子，通过这种方式可以延长他与垫子的撞击时间，将冲击力分散成一系列更小的冲击力。因此，跌倒在垫子上比直接摔倒在结实的地面上受到的伤害要小，因为垫子增加了作用力的持续时间，继而可减小作用力。上述这些技巧你在玩篮球时也会深有体会，当你接到对方传来的球后，你的手会向后退，延长冲击的时间，从而减少篮球对你的手施加的冲击力。

(资料来源：本书作者整理编写)

动量的变化取决于什么因素呢？实验发现，一方面，作用在物体上的力越大，产生的加速度越大，意味着速度的变化更大。另一方面，力持续的时间越长，动量的变化越大。因此力和力的作用时间对动量的变化至关重要。

冲量是指作用在一个物体上的力与这个力的作用时间的乘积。如果力在这个时间间隔发生了变化(经常会如此)，可以用力在这段作用时间内的平均值来代替。

冲量=平均力×作用时间 (5-2)

上式表明冲量是力的总效应，力如何改变物体的运动，取决于该力的大小和作用时间。换句话说，施加在物体上的冲量越大，物体的动量变化越大。精确的定量关系式为

冲量=动量的增量 (5-3)

这个规律并不是一个新理论，可以看成牛顿第二运动定律的另一种表达方式，对分析力及运动的变化非常有用，尤其是碰撞过程。有很多实例涉及冲量和动量的变化。当你接球时，你的手会下意识地往回缩，为什么呢？保持同样的冲量和动量的变化，你把手往回缩就可以延长作用力的作用时间，从而减小球对手的冲力。汽车装有衬垫的挡板或者安全气囊都是为了在碰撞时延缓作用力时间从而减少车内人员受到的作用力。

根据上述物理规律可知，为了增加物体的动量，最科学的做法是使用最大的力并作用尽可能长的时间。高尔夫球运动员从球座打出球，棒球运动员试图打出本垒打，在这些运动中，他们都是尽可能地挥臂摆动到最大位置随后顺势用力摆动，接触物体后继续摆动以延长作用时间，从而提高物体出射的速度。通常冲量中的力每时每刻都在变化。打高尔夫球时，球杆在触击高尔夫球之前对球没有作用力，当球杆打击到球时，作用力迅速增加使球变形，球达到一定速率时，作用力减小，当球离开球杆飞出时不受作用力。在涉及碰撞这类问题时，提到的力或者冲力都是在短时间内变化极大的力，常用平均力来代替。

【拓展阅读 5-1】动量指标见右侧二维码。

动量指标.docx

案例导学5-3

两名质量不同的滑冰者面对面站着，在光滑的冰面上准备互推一把。他俩组成的系统所受到的合外力为零，因此动量守恒(动量守恒的条件为所受合外力为零)。他们初始时是静止的，互推之后动量应该依旧为零。怎样才能保证他俩互推之后各自有运动，总动量却

为零呢？在相互推开之后，两名滑冰者各自沿相反的方向运动，动量为质量与速度的乘积。因此，质量较小的滑冰者可以获得较大的速率，这样才能和质量较大的滑冰者具有相同的动量。在没有外力时，靠系统内物质间短暂的内力作用，使其向相反的方向运动，这种运动也称为反冲运动。例如步枪开火时枪身后挫，火箭发射、炮弹爆炸等现象都是内力远大于外力，此时外力可以忽略，因此认为系统的总动量近似守恒。

（资料来源：本书作者整理编写）

根据牛顿第二运动定律，必须有合力施加在物体上，物体才能做加速运动。同样，从上述冲量定义中可以看出，如果希望物体的动量发生变化，就必须有冲量作用于该物体上。举一个特殊的例子，若物体所受的合外力为零，则冲量为零，由式(5-2)和(5-3)可知，物体的动量保持不变。当动量或者任何物理量不改变时，就说它是守恒的。当没有外力作用时动量守恒，称为动量守恒定律。

系统内各物体之间的相互作用力是内力，利用牛顿第三运动定律可知，它们对系统总动量的效应可以相互抵消。例如，在球内部的分子之间相互作用力对球的总动量没有影响，正如你坐在车里推仪表板不会让汽车动起来一样。球内的分子力及推仪表板的力都是物体内部的平衡力相互抵消。为了改变球或汽车的动量，必须有外力的作用。

动量守恒定律是物理学最普遍和最基本的定律之一。虽然研究宏观物体的机械运动时对动量进行了定义，并从牛顿定律中导出动量守恒定律。但是，现代科学实验和理论都表明，大到宇宙中的天体，小到原子，所有物体的相互作用都遵守动量守恒定律。尽管在微观领域里牛顿物理学已不适用，但动量守恒定律依旧适用，因此它比牛顿定律更具有普遍意义。

【拓展阅读5-2】守恒定律与对称性见右侧二维码。

守恒定律与对称性.docx

"不变性"是认识自然的基础

在人类探索自然的过程中，有一条基本的信念始终贯穿其中，即宇宙中一定存在某些永恒不变的东西。它可能是组成世界的元素，也可能是物体上承载的某种性质，还有可能是支配事物运行变化的法则。如果不存在必要的不变性，则世界对人类而言是无法认知的，无论是自然哲学还是现代科学都将失去意义。通过认识不变性，我们能从自然运行中找到端倪从而趋吉避凶，在残酷的生存斗争中存活下来。

在古代哲学中已经蕴含了"不变性"的思想。例如，古希腊留基伯(Leucippus)、德谟克利特(Democritus)学说中原子的不生不灭，中国古代张载提出的"形聚为物，形溃反原"等。在物理学中，有关物质和物质承载性质的不变性表现为"守恒定律"，如动量守恒定律、角动量守恒定律、能量守恒定律和电荷守恒定律等，而有关规律的不变性则表现为"相对性原理"，例如力学相对性原理、狭义相对性原理和广义相对性原理等。

（资料来源：本书作者整理编写）

二、角动量和角动量守恒

角动量是描述旋转物体的基本物理量之一。宇宙中所有物体的运动，除了最为常见的直线运动，就是旋转运动了。

讨论物体的运动时，用动量来描述其机械运动状态。在自然界中还会经常遇到物体围绕着某一定点转动的情况。例如，行星围绕着太阳公转，人造卫星围绕着地球运转，原子中的电子围绕着原子核转动，等等。同样，在讨论物体相对空间某一定点运动时，可以引入角动量来描述物体的转动状态。在转动问题中，角动量所起的作用与动量类似。当以某个固定点为参考点来考察物体的运动时，相对选定的参考点，除了物体的动量会变化之外，物体到参考点的距离和方向也会发生变化。

角动量定义为物体到定点的位置 $\vec{r}$ 与物体动量 $\vec{p}$ 的矢积。用公式 $\vec{L} = \vec{r} \times \vec{p}$ 表示，$\vec{L}$ 为物体相对定点的角动量。角动量的概念，是物理学中又一个重要的物理量，应用于在大到天体，小到质子、电子的运动描述中。特别是在有些过程中所要研究体系的动量和机械能都不守恒，但体系的角动量守恒时，为求解相关问题开辟了新途径。

以球体为例，若在球面施加两个大小相等、方向相反的力，尽管球所受的合力为零，但是球的加速度却不为零，球会旋转起来。因此对于一个物体来说，重要的是它所受到的力与作用点的合作用。定义力的作用点相对参考点的位置与力的矢积为力对参考点的力矩，用 $\vec{M}$ 来表示，$\vec{M} = \vec{r} \times \vec{F}$。力矩会引起物体的转动，继而产生角动量。这个原理的实质仍然是牛顿第二运动定律，只是与其相比，用力矩代替了作用在物体上的力，用角动量代替了动量，$\vec{M} = \dfrac{\mathrm{d}\vec{L}}{\mathrm{d}t}$，力矩是使角动量发生变化的原因，描述角动量随时间变化而变化的速率。

在直线运动中，质量代表对改变运动状态的惯性或抵抗。对于转动，可用转动惯量来代表对改变转动状态的惯性或抵抗，用 J 来表示。转动惯量不仅与物体的质量有关，还取决于质量相对于转轴如何分布。这和牛顿第二运动定律相似，转动律表述为作用于一个物体上的关于一条给定转轴的力矩，等于此物体绕该轴的转动惯量乘以此物体的角加速度，可用公式 $\vec{M} = J\vec{\alpha}$ 来表示，其中 $\vec{\alpha}$ 为角加速度，是角速度 $\vec{\omega}$ 随时间的变化率。由上述定律可知，物体所受到的力矩越大，其获得的角加速度也越大。而物体的转动惯量越大，其转动状态越难改变，角加速度越小。

当作用在物体上的合力对某一参考点的力矩为零时，物体对该参考点的角动量保持不变，这一结论称为角动量守恒定律，是自然界的基本定律之一。

正如动量是物体的惯性质量和物体的速度乘积一样，角动量也可以表示为两个量的乘积，即转动惯量和物体角速度的乘积，用 $\vec{L} = J\vec{\omega}$ 来表示。角动量守恒即体系的角动量保持不变。因此，如果转动惯量变小了，角速度一定会变大，以保持角动量不变。

你是否曾经观察过滑冰运动员进入自旋状态时的情形？她开始自转时，会把手臂和一条腿伸开，然后将它们缩回身体。当她把手臂缩回时，自转的速度会加快，当她再次张开手臂时，转速又慢了下来。在这种情况下，角动量的概念非常有用，用角动量守恒定律可以解释这种现象。滑冰时作用于运动员的外力作用点都过运动员的重心，相对转轴的力矩几乎为零，因此角动量守恒。当她伸展开时，转动惯量较大，转速较小。收拢手臂时，转动惯量较小，获得的转速较大。

从力矩的定义 $\vec{M} = \vec{r} \times \vec{F}$ 可知，力矩为零有两种可能。第一是物体不受外力作用。第二是虽然物体受外力作用，但力的作用线始终通过这一固定点，力臂为零，这样的力称为有心力。显然，行星绕太阳运动、卫星等人造天体绕地球运动(受到太阳对其的万有引力指向太阳)以及原子中电子绕原子核运动(电子受到原子核对其的电磁力方向指向原子核)都是在有心力的作用下运动，满足角动量守恒定律的条件。

要改变一个物体的转动惯量，比改变这个物体的质量容易得多，只需改变物体质量各部分离转轴的距离就可以了。一些体育项目中经常会用到该原理。例如一名跳水运动员将身体蜷曲成抱膝的姿势来做腾空翻滚的动作。最初跳水运动员伸展身体，绕其身体重心轴缓慢自转。随着她采用抱膝姿势，绕轴的转动惯量减小，进而转速增大。快要进入水面时，身体打开，来增大转动惯量，从而减小入水速度。

案例导学 5-4

溜 溜 球

一直以来，溜溜球(也叫悠悠球)都是广受欢迎、经久不衰的玩具。最早出现在 2500 多年前的史书记录，那时古希腊人就开始玩溜溜球。相传 16 世纪，菲律宾的游猎民族在狩猎和格斗中在绳子的前端挂一重物用来击中对方。也有证据表明，其实中国早在古希腊之前就已有了类似的玩具。溜溜球从中国向东传至日本，向西传至印度，并由印度传到欧洲。溜溜球是世界上花式最多最难、最具观赏性的手上技巧运动之一，被称为世界上第二大古老的玩具(最古老的玩具是洋娃娃)。经过许多年的不断创新和发展，每年溜溜球都有非常多的新花式被研究出来。但很多人认为它是小孩子玩乐的幼稚玩具，知道怎样让球上下移动，却不知道具体玩法，况且就算知道了溜溜球的技巧，真正做到却很困难，每一个小动作都需要大量的摸索和练习。因此大多数人很难坚持下去，玩溜溜球的人越来越少。

溜溜球所应用的正是角动量原理。先把绳子缠绕在轮轴上，此时溜溜球在空中，既有落向地面的势能，也有绳子环绕着溜溜球后放线时溜溜球的转动势能。通常，溜溜球从线缠绕着转轴的状态出发，线的另一端缠在中指上。当溜溜球从手中释放时，线会解绕，溜溜球就获得一个转速和角动量。由于溜溜球向下加速运动，它的重力一定大于张力，才能产生一个向下的净力。因为重力的作用线通过重心，力臂为零，所以重力不产生关于溜溜球球心的力矩。这样，只有绳子对溜溜球边上的张力产生力矩，从而使溜溜球有一个角加速度。溜溜球到达线的末端时，已有一个可观的角动量，若没有外力矩改变这个角动量，它将保持不变，这也是溜溜球在线的末端悬停的原因。但是，溜溜球如何又回到玩家的手

高等院校立体化创新教材系列

中呢？高明的溜溜球玩家会在溜溜球到达线的末端的那一瞬间，将线轻轻向上一提，这轻轻的一提，给溜溜球提供一个短促的冲量和向上的加速度。由于溜溜球仍在自转，它将继续在同一方向上转动，线重新绕回到溜溜球的转轴上。只不过线中张力的作用线在轴的相反一侧，它使角速度和角动量减小。当溜溜球回到玩家手中时，转动也停止了。当溜溜球爬升时，作用在溜溜球上的净力仍然向下，溜溜球的线速度随着转速一同减小，只有向上提线的时候给线一个向上的冲量。这种情况和小球在地板上弹跳是类似的：作用在小球上的力是向下的，除了球与地板接触那一短暂时间，地板给球一个向上的作用力使球向上弹起。

在20世纪90年代曾经出现过一股溜溜球热潮，花样繁多的溜溜球四处兴盛，其中有一种自动溜溜球，轴心处加了一个离心离合器，可以精确地控制何时悬停和收回。这种玩具的制作工艺比古希腊的陶瓦溜溜球精巧了许多，其基本魅力丝毫没有减退。溜溜球凭借着它的简单一直广受欢迎。取一个普通线轴，掌握时机轻扬手腕，就可以变成自动旋转的陀螺，这其中无法言述的玄妙成为人类经久不衰的挚爱。

(资料来源：本书作者整理编写)

应用角动量及角动量守恒定律还可解释以下问题。

(1) 宇宙中的星系为什么不坍缩？天体系统中的相互作用力主要是万有引力，而引力是有心力，引力相对力心的力矩为零，因此天体系统的角动量守恒。如果星系会坍缩，意味着行星会掉到恒星表面上去。产生这一结果的前提是星系形成时行星相对恒星的角动量为零。但星系在形成的时候就具有一定的角动量，由于角动量守恒，不管天体系统如何演化，星系是不可能坍缩的。

(2) 人造地球卫星为什么会掉下来？卫星围绕地球做圆周运动，运动越快，离心力越大，地球对卫星又有引力，二力平衡，因此，卫星会保持在一定的轨道上而不下降。但是卫星运转的轨道上还是存在稀薄的大气。人造卫星的陨落是地球周围的大气对卫星持续的摩擦作用所导致的。摩擦力相对于地心的力矩不为零，它可使卫星的角动量不断减小，卫星一点点向下坠落，最终冲进大气层，摩擦生热后在地球大气中燃烧销毁。因此国际空间站的轨道高度会下降，有时需要飞船对接给它动力使它升高来维持运行。

(3) 地球自转周期为什么会逐渐变长？2015年1月12日，中科院国家授时中心预告，2015年6月30日(格林尼治时间)实施一个正闰秒，全世界的钟表都需要拨慢一秒钟。闰秒并不罕见，从1972年至今，已经进行了25次闰秒的调整。为什么要闰秒呢？因为地球自转变慢，日子越变越长，"世界时"和"原子时"出现了"钟差"，需要调整统一，否则预计几千年后，人类所使用的时间和自然时间会出现近一个小时的时差，即太阳的东升西落将推迟一个小时。地质研究表明，在3亿年前地球绕太阳运动一周，自转398圈，现在为365.25圈，且地球的自转速度有继续减慢的趋势。这个事实虽然证据确凿，但其产生原因却很复杂。除了地壳运动之外，被广泛认可的原因是天体之间的摩擦。

第二节　功

引导案例5-3

　　法国数学家和实验物理学家艾米莉·杜·夏特莱(Émilie du Chatelet)1706年出生于巴黎贵族之家,从小受过良好的教育。法国著名作家伏尔泰(Voltaire)和法国数学家牟培尔堆(Maupertuis)都是她的好朋友。牟培尔堆教她数学并鼓励她继续钻研科学,伏尔泰建议这位聪明的女士把牛顿的《自然科学中的数学原理》这本书从拉丁文翻译成法文。她的译本也是迄今唯一的法文本,让那些看不懂拉丁文和英文的欧洲大陆人也了解牛顿力学。

　　当时物理学上对运动物体拥有"活力"的本质产生巨大的争论。英国的笛卡儿把物质的质量与速度的乘积(即动量)作为反映物体"运动状态"的量,可德国的莱布尼茨却认为,反映物体运动状态的应该是物体的质量与速度二次方的乘积。这场争论最后是通过艾米莉的实验得以解决的。她引用另一个科学家的简单实验结果来区分这两种说法。当一个实心的小黄铜球落到黏土上时,黏土上会产生一个凹痕。若球以2倍的速度下落,假设活力是动量,则黏土上的凹痕应该是2倍深,但实验表明,它产生了2^2=4倍的凹痕。如果球以3倍的速度下落,产生的凹痕是3^2=9倍深。因此,这个实验表明所有物体下落并不具有相同的速度,也不具有相同的动量,而是质量与速度二次方的乘积,这是一个反映物体运动状态的动力学量,最终靠艾米莉的支持结束了这场争论。直到1801年,英国的物理学家托马斯·杨(Thomas Young)引入了能量的概念以后,这个动力学量才被人类所认识,它是一种能量,称为动能,大小为$\frac{1}{2}mv^2$,之后能量的概念很快被推广。

(资料来源:本书作者整理编写)

一、做功

　　劳动创造了人,千百年来的劳动积累促使人类的手高度完善,能够制作工具。劳动也带来了合作的需求,产生了语言,语言的发展又促进了人类智力的发育,进而产生了智力劳动。现如今,劳动是人的存在方式,放弃劳动或者失去劳动能力对生命来说是不愿意面对的。

　　既然劳动对人类具有决定性意义,则作为人类思想智慧的结晶——物理学也不能摆脱劳动的概念。在《自然辩证法》中劳动是物理学的主体,功是关于劳动的度量,英文中work(工作)和"功"用的是同一个词(如图5.1所示)。这些日常意义上的功和物理过程中的功还是存在一些区别的。古语曰"劳而无功""没有功劳也有苦劳",荀子的《劝学》中提道:"无惛惛之事者,无赫

图5.1　工作和功

高等院校立体化创新教材系列

赫之功"，在这里可以发现，物理过程中的功，实际是对劳动的"部分意义上的度量"，这部分意义指的是什么呢？例如，使劲地推一个重物却没有推动，非常辛苦，却没有做功，功指值得犒劳的、有成就的劳动。

在上一节中指出物体的运动变化依赖于作用在物体上的力以及作用多长。那里的"多长"指作用时间，在这段时间里，物体在力的作用下将会移动一段距离。因此，也可以用移动距离来代表"多长"。把作用于质点的力对空间的累积效应称为力对物体所做的功。简单地说，如果物体甲对物体乙施力，而物体乙在力的方向上运动了一段距离，物体甲就对物体乙做了功。

举起一个重物，如果重物的质量越大，你做的功就越多。这意味着功和力成正比，倘若重物质量不变，你举起重物的高度越高，所做的功也就越多。这说明功也和运动的距离成正比。于是把物体甲对物体乙所做的功的数量定义为物体甲对物体乙所施加的力乘以物体乙在该力的作用下运动的距离，即

$$功=力\times距离 \tag{5-4}$$

例如，用 2 牛顿的力推动一本书移动了 1 米，你对书所做的功就是(2 牛顿×1 米)=2 牛顿·米。可以看出，功的单位是牛顿·米，这也是能量的单位，这个单位用途非常广泛，因此又把它命名为焦耳，以纪念英国伟大的物理学家焦耳。

任何力都会做功吗？在前面的例子中，作用于物体的力与所产生的运动在同一方向，因此力会做功。那么，如果作用在物体上的力垂直于物体的运动方向会怎样呢？它们做功吗？例如，水平推箱子时，作用在箱子上的垂直于水平方向的重力，在重力方向上没有移动，因此重力不做功。考虑了力的方向后，一个力所做的功，是这个力在物体运动方向上的分量与物体在这个力作用下运动的距离的乘积(如图 5.2 所示)。

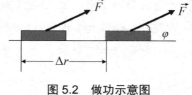

图 5.2　做功示意图

二、功率

做功的定义并没有涉及做功所花费的时间信息。例如，跑着上楼梯和走着上楼梯，所做的功是相同的，因为受到的力以及在力的作用下走过的距离是相同的，但身体的感觉告诉我们，这两者是有区别的。汽车在加速时，能量由发动机中的燃料提供。要使汽车运动，就需要做功，但通常更为关心的是这个功多快能做完。因此在实践中，不仅要确定做功的数量，还要知道做功的快慢。引入功率，定义在单位时间内所做的功，其表达式为

$$功率 = \frac{所做的功}{做功的时间} \tag{5-5}$$

功率的单位是焦耳每秒，它也有一个专门的名字——瓦特，简称瓦(W)，以纪念 18 世纪蒸汽机的发明者瓦特。

大功率发动机做功很迅速。一台功率是另一台两倍的汽车发动机并不意味着这一台能产生两倍的功，或者它能使大功率汽车行驶速度快两倍，而是意味着在同样的时间内，大功率发动机能做两倍的功，能使汽车在更短的时间内达到同一速度。日常生活中用到的电

器，比如电灯、计算机、手机和汽车等，这些装置都是能量转化器，把一种形式的能量转化为所需要的另一种能量形式，这时就需要考虑电器的一个重要特性，即能量转化的快慢。为了从电灯中得到某种程度的照明，电灯必须每秒把一定数量焦耳的电能转化为可见光，因此电灯等装置是按照功率大小，即瓦数来分类的，而不是按能量的大小分类。

在此需指出，电器的功率和能耗是两回事。烤面包机通常每天只用很短的时间，因此尽管它的功率会高达 1200 瓦，但每天的能量消耗却很少。而电冰箱的功率可以低到 300 瓦，但每天 24 小时不间断运行，因此是能耗较大的家用电器。计算家中电能消耗最有用的单位是千瓦小时，指 1 千瓦功率运转 1 小时所消耗的电能，也称为 1 度电。如果知道电器的功率，换算成千瓦时再乘以工作的小时数，就很容易算出电器所消耗的能量是多少度电。

第三节　能　　量

能量.mp4

一、能量概述

能量是物理学的基本概念之一，从经典物理学到相对论和量子物理，能量都是一个核心的概念。能量的英文 energy 一词来源于希腊语，该词在公元前 4 世纪亚里士多德的著作中首次出现。亚里士多德习惯把无生命的事物用有生命的事物加以比喻，如果事物是有生命的，则就是能动的，这时对各种事物就可以引入一个能指代其行为能力的物理量，这也许就是能量的概念被引入物理学的思想基础。在伽利略时代已经出现了能量的思想，但还没有"能"这个术语。

举起书时，你对书做功。你松开手，书往下掉，举高的书具有做功的本领，当书下落时，它就在做这个功。因此，举起这本书，你给了书做功的本领，你做的功就"储存"在高举或运动的书里。物理学家用专门的术语表示做功的本领，称为能量。任何物体若有做功的本领，就说它具有能量。物体的能量在数量上等于它能做的功，因此能量的单位也是焦耳。能量是物体的一种属性。能量和功的区别类似于存款和消费。能量相当于存款，代表你的消费能力，功类似于消费的形式。举高的物体和运动的物体都有能量，但有不同的做功方式，因此能量有许多表现形式，区分不同形式的能量有利于了解能量的来源。

高速运动的子弹射入墙体中，子弹克服墙体的摩擦阻力做了功，这表明运动的子弹具有能量。把运动物体具有的能量称为动能。动能的概念最早是由莱布尼茨提出的，他称之为活力或法力。一个运动物体由于运动而具有做功的能力，动能 E_k 等于物体的质量 m 与其速率 v 的平方乘积的一半，即

$$E_k = \frac{1}{2}m \times v^2 \tag{5-6}$$

例如高速飞行的子弹具有动能，打到钢板上能对钢板做功而穿入。捶到锻件上的铁锤具有动能，可以对锻件做功而使它变形。如果对一个物体做功，使其动能增加，那么通过做功会不会减小一个物体的动能呢？答案是肯定的，力可以使物体加速，也可以使物体减

速。当汽车滑行一段时间后停下来时，它就失去了动能。也可以将动能的减小想象成动能的负增加。

当汽车加速时，它获得的动能来自外界对它所做的功。汽车减速时，需要汽车对外界做功来减少其动能。这表明，合外力对物体所做的功等于物体动能的增量，此即动能定理。

$$功=动能的增量 \tag{5-7}$$

需要注意，动能和功的区别与联系。物体的运动状态(即速度)一旦确定，相应的动能就唯一地确定了，动能是运动状态的函数。而功与物体受力的过程有关，是个过程量。

 案例导学5-5

 **为什么冰雹那么可怕?**

如果留意一下视频网站上的冰雹灾害视频，就会对极端天气中大冰雹砸破车窗玻璃等有非常直观的感受。为什么大冰雹会造成严重的后果呢? 根据所学的物理知识简单分析一下。

当冰雹在空气里面下落时，会受到两个力的作用，首先是地球引力使冰雹下坠。根据牛顿第二运动定律，引力等于冰雹的质量与重力加速度的乘积。冰雹的体积越大，质量就越大，对于球形的冰雹来说，如果半径增加1倍，质量会变为原来的8倍。其次施加在冰雹上的空气阻力大小取决于物体的形状、空气的密度、物体迎风截面的大小和运动时速度的平方。如果球形冰雹的半径增加1倍，横截面积就是原来的4倍。你可能已经看出问题的端倪了: 重力将冰雹向下拉而空气阻力把冰雹向上托。若冰雹变大，空气阻力和地球重力都会增加，但两者的增加量却不同。如果冰雹一直下落，它的速度会不断增加，与此同时空气阻力也会不断变大，最终，冰雹会达到一个平衡的极限速度，那时空气阻力和地球重力大小相等，冰雹所受合外力为零，加速度为零，速度将保持不变。

具体来看两种体积大小的冰雹，豌豆大(半径为0.2厘米)和棒球大(半径为3.5厘米)的冰雹，通过简单计算可得豌豆大冰雹的最终速度约为10米每秒，而棒球大冰雹的最终速度会达到40米每秒，是小冰雹的4倍。

冰雹的破坏力不只取决于它的速度，当它撞击物体的时候，还要考虑描述运动的物理量: 动量和动能。先来看动能，将冰雹的最大速度、质量等代入动能的公式里(0.5倍质量与速度平方的乘积)可以得出动能的大小。豌豆大冰雹的动能是0.001焦耳，棒球大冰雹由于速度快，质量大，其动能竟然高达122焦耳。

对于这些能量该如何加以认识呢? 可以把它们与子弹的动能相比较，一把0.22英寸口径手枪射出的子弹其动能是100焦耳，而0.45英寸口径手枪射出的子弹其动能高达500至800焦耳。你会提出疑问: 难道被棒球大小的冰雹击中的效果竟然和被0.22英寸口径的手枪射出的子弹击中是一样的? 不着急，还要看一下冰雹的动量情况，对比过后再下结论。

棒球大小的冰雹其动量约为6千克·米/秒，0.22英寸口径手枪射出的子弹其动量约为

1 千克·米/秒，而 0.45 英寸口径手枪射出的子弹其动量在 4.5 千克·米/秒左右。因此，从动量方面来看，棒球大小的冰雹就好像是从 0.45 英寸口径手枪射出的子弹一样。幸运的是，冰雹在撞击过程中形状会发生变化，受到挤压意味着作用时间更长，根据冲量定理可知，若冰雹和物体的撞击作用时间更长，则作用力相对就越小。

不管怎样，大块冰雹的最终下落速度更大，撞击时具有更大的动能，会造成人身伤害。遇到这样的极端天气，最好还是待在室内，并为在露天停放的车做好保护，以防受损。

（资料来源：本书作者整理编写）

在建筑工地上，常看到打桩机把重锤高高举起，然后下落把桩柱砸入地下。重锤从高处落下的过程放出能量，用于桩柱克服摩擦阻力做功。张开的弓具有能量，故可以在释放时对箭做功，将它射向目标，这些都说明物体凭借它的位置可以储存能量。与物体位置有关的能量称为势能。例如，伸长或压缩的弹簧，可以对外做功。燃烧的化学能也是势能，是分子在亚微观尺寸上由于位置所具有的能量。当改变分子位置的时候，即发生化学反应时，便可以得到这个能量。克服地球引力来提高物体的高度时需要做功，因此物体在高处位置时具有的能量称为重力势能，弹簧变形时具有弹性势能。

势能，不论是重力势能还是其他势能，只有当它做功或转变成其他形式的能量时才有意义。例如，小球从高处下落，落到地面时做了 50 焦耳的功，那么它就失去了 50 焦耳的势能。小球或其他任何物体的势能都是相对于参考平面而言的，只有势能的变化才有意义，势能可以转变为另外一种形式的能量，比如动能等。

小贴士

势 的 概 念

汉语言中由"势"构成的词语比比皆是，如权势、气势、势力、趋势、仗势欺人、蓄势待发和审时度势等，只需要稍加想象，就能体会到这些词汇中的"势"所暗含的物理思想。我国古代军事家孙武早就阐述了形与势之间的变化关系及其军事妙用。《孙子兵法》十三篇中第四篇《军形篇》写道："胜者之战民也，若决积水与千仞之溪者，形也""激水之疾，至于漂石者，势也"，第五篇《兵势篇》写道："故善战者，求之于势，不责于人；故能择人而任势"等。在政治层面，古人认为真正的大国应该从形、势和术三方面来运作。势也用来理解社会现象，例如在《列子·力命》中说"农赴时，商趣利，工追术，仕逐势，势使然也"。势还用于文学理论中，王昌龄在《诗格》中就提出作诗十七势之说。

古代对"势"中蕴含的物理意义的理解也很深刻，例如《孟子·尽心章句上·第四十一节》中指出："君子引而不发，跃如也。"即势发才有力的体现，与物理学中力是势梯度的负值是一个意思。孔子为《周易》写的《象转》中有句诗："天行健，君子以自强不息；地势坤，君子以厚德载物。"其中的行与运动的动能有关，势可以载物。势由物体所处的位置来决定，中国象棋中也体现出势的概念，例如"弃子取势"的说法，就是指将某一棋子舍弃，而将另一个棋子放在关键位置上使我方棋子的整个位置分布能形成优势。

总而言之，势能既是物理学中描述能量的一个重要概念，也是来自生活、体现深刻的物理学思想，更可以运用与势相关的物理思想去理解现实中的社会现象，比如弱势群体、强势权贵等。

（资料来源：本书作者整理编写）

研究发现，有些力做功与物体所经过的路径无关，只与物体的始末位置有关，这样的力称为保守力，比如重力、万有引力和弹性力等。摩擦力做功和具体路径有关，称为非保守力。

这里需强调，势能属于与保守力相连的整个系统，就单个物体谈势能是没有意义的。例如，重力势能属于物体与地球组成的系统，如果没有地球对物体的重力作用，也就不存在重力势能。

系统的动能和势能之和称为系统的机械能，它是其他形式能量的基础。之后还可以看到别的形式的能量，比如电磁能、辐射能、化学能和核能等。

二、能量守恒

同能量相关联的重要物理学思想是能量守恒定律，主要由迈耶、焦耳和亥姆赫兹完成。迈耶的主要思想是世界上的一切运动都由能量相互联系。由于他的研究缺乏具体准确的数量计算和典型的实验证实，当时并未引起重视。焦耳对能量守恒定律做了大量的定量实验研究，探求机械能与热量的关系，计算出热量和功之间的转换关系——热功当量。亥姆赫兹在不知道迈耶和焦耳工作的情况下，进行了多种能量转换实验，也得到了焦耳的热功当量数值，他在 1847 年发表的《论力的守恒》一文中用数学的形式论证了机械能在孤立系统中是守恒的，并将能量的概念推广到物理和化学等领域，提出能量的各种形式相互转化和守恒的思想。当时科学家主要强调能量在数值上的守恒，恩格斯认为运动遍及自然界所有正在进行着的过程，自然界是彼此相互联系的物体的总和，他提出所有运动都是有联系的且可以相互转换，将能量守恒变为能量转化与守恒定律。恩格斯把进化论、细胞学说和能量转化及守恒定律并列为 19 世纪的三大自然科学发现。

引导案例5-4

能量守恒

有一条铁律支配着所有已知的自然现象，即能量守恒。它指出，我们称为能量的这个物理量是不变的。它并不是一种对机制或具体事物的描述，只是一个奇怪的事实。最开始我们可以计算某种数值，当完成对自然的观察，揭穿自然的把戏时，再次计算一次数值，它保持不变。

（资料来源：理查德·费曼(Richard Feynman)，1964 年.）

能量守恒定律非常有用，与牛顿定律相比，利用能量来预测系统的行为要容易得多，一旦测出某系统在某一时刻的总能量，就能知道其在任意时刻的总能量。能量守恒定律解释了自然科学各个分支学科之间惊人的普遍联系，是自然存在内在统一性的第一个伟大证据。能量转化和守恒定律的确立从科学上宣布了永动机(不消耗任何能量就能实现对外永恒做功的机器)绝对不可能制造出来，因为这个构想违反了大自然运动所遵守的基本法则。大自然法则也带来启示，在人类社会中不会有免费的午餐，天上不会掉馅饼，每个人的索取、收获和成功都要付出劳动和努力，在人类社会中不允许不劳而获的事发生，也不存在任何财富永动机，即不需要付出任何形式的劳动就能产出财富。理想的社会制度也是鼓励人们通过自己的聪明才智和勤奋努力获得社会财富。

能量守恒也是一种对称性原理，体现了时间不变性。一个系统若具有对称性，则从不同的侧面看这个系统都相同。能量守恒指出，不论什么时候看，今天看它还是明天看它，还是隔了很长时间再去看它，系统的能量都是相同的，能量不随时间的演化而发生改变。能量不随时间平移而变化的特性也表明了时间流逝的均匀性，事实上，所有的守恒定律都可以追溯到自然界中的对称性。

 案例导学5-6

即使在原子核裂变中能量也是守恒的。20世纪初，物理学家研究了一种叫作β衰变的"放射性衰变"，即原子核中自发放射出一个电子而变成另一种原子核的过程。根据能量守恒，原来原子核的核能应该等于放射后原子核的核能加上射出电子的能量。但是，实验检测却表明，原来原子核质能是大于衰变后期的能量，难道说能量守恒定律在原子核裂变过程中不成立？

科学家不愿意承认能量是不守恒的，有些人假设也许有某种未检测出的粒子与电子一并射出，若加上这个粒子的能量，总能量就守恒了。人们设计了一个实验来检测未知粒子的能量，把原子核放在一个铅制的密闭大圆柱筒内。这样，未知粒子射出后肯定会嵌入铅柱内，将能量交给铅，从而使铅筒的温度升高。

可是实验上并没有检测出铅筒温度的升高，玻尔等一些科学家开始提出也许能量守恒并不适用于原子核的情况。还有一些科学家仍然坚持能量守恒，物理学家泡利提出一个新的假设，也许未知粒子的穿透力特别强，早已穿透铅筒，并没有留在铅筒内。经过科学家的不懈努力，1956年在实验上终于直接探测到这个未知粒子，称为中微子。把中微子的能量加入后，能量果然是守恒的。

(资料来源：本书作者整理编写)

第四节 未来的能量选择

未来的能量选择.mp4

一、能量效率

每个事件的发生都可以描述为一个能量转化的过程。吃饭时食物中的化学能转化成体内的化学能及热量。动物的化学能用来做功时，只有一小部分转化为有用功，这个过程是低效率的。当使用地球上的能源时，并不会减少地球的总能量，只是将能量从高度有用的形式(比如煤炭中的化学能)转化为不那么有用的形式(比如热能)。人类使用周围世界的能量时，是将能量从一种形式转变为另一种形式，转化过程也是低效率的。可以定量地描述这个能量转化的效率，定义能量转化效率为有用的能量输出与输入总能量的比值，即

$$能量效率 = \frac{有用的输出能量}{总的输入能量} \tag{5-8}$$

当煤炭燃烧时，燃料中的碳原子与空气中的氧气结合形成二氧化碳，氢原子与氧气结合形成水，并释放能量。若所有能量都能变成有用的机械能，就可以拥有 100%的能量效率。可惜仅一小部分用于取暖和做功，其他大部分都变为废气。在任何能量转化过程中，都存在有用能量的减损，有用能量随每一次转换减少，直到最后没有有用的能量，导致能源枯竭。

世界人口的不断增加需要更多的能源，在物理学原理的指导下，如何利用现代科技来满足社会发展带来的不断增长的能源需求，是新世纪面临的主要课题。

二、能量的来源

当今世界人口已从 1900 年的 16 亿增加到了目前约 75 亿，随着日益耗竭的能源与人类迅速增加的能耗之间的矛盾加剧，能源危机将日趋严重。能量正临近历史上一个新的转折点，能量格局将发生很大的改变，以应对能源枯竭和环境问题。若是这样，未来的能量将会是什么呢？

为了回答这个重要问题，先来梳理一下地球上含有有用能量的天然资源。可以将其分为三类：化石燃料、核燃料和可再生资源。

(1) 化石燃料包括煤、石油和天然气，在地层中储存着几亿年来动植物残骸的化学能。尽管化石燃料在使用过程中会直接污染地球环境，加剧温室效应，破坏臭氧层和引起全球变暖等，但由于其价格低廉，仍然是很多国家的首选。

(2) 核动力主要来自铀的链式反应，从原子核中获得巨大的能量来用于蒸气发电。建造一座核聚变反应堆极其不容易。美国和其他五个国家于 2005 年达成协议，在法国的卡达拉奇建造一座实验式聚变反应堆。经过几十年的潜心研究得到了一定的进展，但从聚变中产生可利用能量的条件尚未满足，预测具有商业价值的聚变反应堆要在 2050 年以后才能问世。

上述化石燃料和核能源是有限的，称为不可再生资源，即在人类寿命期限内它们不能重新得到。比起这些资源何时能用尽的问题来说，更为迫切的是这些资源的年产量何时开始下降，因为随着资源的逐渐枯竭，开采会变得越来越难。

(3) 可再生能源是那些能够立刻或至少在人类寿命期限内得到补充的能量。包括水力、生物体燃料、从木料中提取的甲醇、从谷物中提取的乙醇、风力、太阳能和地热。尽管可再生能源在当今世界能源中只占不到 5%，但其意义重大，产生的环境污染问题要远小于化石燃料。

许多国家正在制定中长期太阳能开发计划，准备在 21 世纪大规模开发太阳能。美国推出"太阳能路灯计划"，旨在让一部分城市的路灯都改为太阳能供电，预计每盏路灯每年可节约 800 度电。日本也在实施太阳能"七万套工程计划"，准备普及太阳能住宅发电系统，在住宅屋顶上安装太阳能电池发电设备，家里剩余的电量还可以卖给电力公司。美国和日本在世界光伏市场上占有最大的市场份额，中国对太阳能电池的研究开发工作也一直予以高度重视，已成为全球光伏产品最大制造国。但是，光伏电池的成本和光电转换效率离真正的市场化还有很大差距，要使光伏电池大规模应用，必须不断提高光伏电池效率并降低生产成本。从长远来看，随着科技的不断进步以及各国对环境保护和可再生清洁能源的巨大需求，未来人类一定会大规模地开辟太阳能应用。

【拓展阅读5-3】太阳能见右侧二维码。

太阳能.docx

三、未来的能量选择概述

当今地球的能源完全依赖于石油、天然气和煤等化石燃料。2020 年相关数据显示世界消耗能源约 31.2%来自石油、27.2%来自煤，24.7%来自天然气，6.9%来自生物质能和水电，4.3%来自核能，只有 5.7%来自太阳能和其他可再生能源。一旦化石燃料殆尽，世界的经济将止步不前。

世界上大约一半的石油都用于汽车、卡车、火车和飞机。因此，当国家面临从化石燃料向电力过渡时，电力汽车便应运而生。尼桑汽车公司第一个将全电力汽车推向消费市场，该汽车取名利夫(Leaf)，时速高达 145 公里，充一次电可以跑 161 公里。电力汽车的主要问题是要对电池充电，尽管电力汽车没有污染，但电来自烧煤的火力发电厂，因此电力汽车的最终能源仍然是化石燃料。之后本田公司宣布世界上第一辆商用燃料电池汽车问世。从表面上看，燃料电池是比较完美的，它结合氢和氧变成电能，仅留下水作为废物，非常环保。但是，氢燃料不稳定且具爆炸性，在街区建氢加油站不太安全。

小贴士

电动汽车

世界面临着从化石燃料向电力过渡的历史转变时期，人类对这部分的经济改革有极大兴趣，电力汽车主要靠蓄电池为电动汽车的驱动电动机提供电能，电动机通过动力传动系统将电源的电能转化为驱动汽车行驶的机械能。2023 年我国新能源汽车销量达到 949.5 万辆，产销量连续 9 年居全球首位。电池的一个重要优势是使用效率，电能效率是汽油的 5 倍，电池可以反复充电，油箱也可以重新被加满，问题是在所储存能量相等的情况下，电池一定会重很多。电动汽车上应用最广泛的电源是铅酸蓄电池，随着电动汽车技术的发展，铅酸蓄电池有能量较低、充电速度较慢及寿命较短的致命缺陷，将逐步被其他蓄电池所取代，正在发展的电源主要有钠硫电池、镍镉电池、锂电池、燃料电池和飞轮电池等。

从成本构成看，电池驱动系统占据了电动汽车成本的 30%～45%，而动力锂电池又占据电池驱动系统约 75%～85%的成本构成。降低电池成本，一直都是产业内重要的解决方

高等院校立体化创新教材系列

向。除了电池体系改善和使用寿命提升带来成本降低外，当前主要的降成本方案是规模化和回收资源化。未来随着电动汽车的普及，动力电池的规模化生产，电池成本会进一步降低到 2 元/瓦时以下。一般来说，铅酸电池的循环寿命在 300 次左右，最高也就 500 次。而生产的磷酸铁锂动力电池，最好的电池循环寿命可达到 2000 次以上。如果按标准充电，可达到 2000 次。同质量的铅酸电池是"新半年、旧半年、维护维护又半年"，最多也就 1 到 1.5 年时间。而磷酸铁锂电池在同样条件下使用，将达到 7～8 年。总的来说，动力电池使用成本会随技术改进而降低。

(资料来源：本书作者整理编写)

每一种能源都有其自身的缺点，一般来说可再生资源的主要优点是对环境的影响小，有可能提供一个无碳的能源经济体系。

生物体能是木柴、糖类作物、谷物和垃圾的化学能，可从多种资源中得到，对未来的能量供给有一定贡献，但由于来自农作物的生物体能需要大量的土地。因此，也许未来的新技术可以使这些农作物等压缩成液态燃料，在不浪费宝贵土地的前提下作出更大贡献。

地热能来自地球内部的熔岩，以热力形式存在，高温熔岩将其附近的地下水加热，人类可以直接取用这些热源。它的能量比煤层中所含的能量高很多，但地热能的分布比较分散，开发难度较大。

风能作为一种清洁的可再生能源，可以产生巨大的电能，已成为各国重点发展的对象。随着全球经济的发展，在过去的 30 多年里，风电发展不断超越其预期的发展速度，成为世界上增长速度最快的能源之一。截至 2023 年底，全球风电累计总装机容量突破了第一个 TW 里程碑，总装机容量达到了 1021GW，同比增长 13%。2023 年中国风电新增装机量仍居世界第一，占全球新增装机量近 65%。随着技术进步和环保事业的发展，风能是化石燃料强有力的竞争对手之一。

太阳几乎是所有能量(除了核能源)的源泉，石油、天然气、煤炭和木材能的能源也是太阳能光合作用的积淀。太阳能是一个日益增长的绿色能源产业。光伏电池把太阳能直接转化为电能，在太阳能计算器、手表和日用小电器中已随处可见。太阳能还可以直接用来加热。由于化石燃料会造成全球环境污染和生态破坏，太阳能已成为各国官方重点开发和推广的项目之一。

除了开发新能源之外，还可以提高能量效率，节省能量。以节能灯为例，从最初的白炽灯泡，到节能灯，再到现在的 LED 节能灯(如图 5.3 所示)，拉长时间来看也可以节省出相当可观的能量。

(a) 白炽灯　　　(b) 节能灯　　　(c) 节能灯　　　(d) LED 节能灯

图 5.3　几种灯的示意图

引导案例 5-5

奇特的节能环保发明

随着能源和环境问题的矛盾日益突出，越来越多的人开始关注节能环保发明，一系列有趣的绿色发明应运而生。

英国科学家发明了一种非常有趣的手机外壳，它在土壤中可以完全降解，富有爱心的研究人员在外壳上设置了一个小窗口，在里面放了一粒向日葵种子。一旦手机被遗弃在土壤中，不但不会造成环境污染，还会长出一株美丽的向日葵来。韩国科学家还推出了一款生态环保手机，机身以玉米淀粉为原材料，在制造过程中杜绝使用铅、汞之类的重金属，不会对人体造成危害。想换手机时，可以把外壳取下来放心地把它直接吃掉。美国科学家为野外旅行爱好者设计了一款便携式风能手机充电器。这款新型的手机充电器由涡轮机和电池盒组成，看上去像一部精巧的风车，整套设备的重量还不到 150 克，体积也不大，完全可以塞到手提包里。专家估测，在每小时 19 千米的风速下，可以在 24 小时内充好一块手机电池。因此，在野外时，只需把电池挂在帐篷外面，就可以为手机充电了。

废弃的电池也是环境污染的因素之一，在日常生活中很多用品都离不开电池。怎样才能减少电池的使用量呢？日本科学家研制出了一种新型电视遥控器。这种遥控器只需你的手来提供电力。遥控器由电磁线圈、感应器等部件组成，使用者只需要握住遥控器，就可以按动遥控器上的按钮操控电视。加拿大一名 15 岁的高中生也发明了一款只需用人体体温就可以充电的手电筒，手电筒的握柄由热电材料组成，可以利用手的温度与环境的温度差来发电，继而给手电筒灯泡供电，正常室温情况下可以使手电筒保持 20 分钟的持续亮光。

跳舞也能发电，英国一家环保舞厅的地板用特殊材料制成，当人们在音乐的伴奏下翩翩起舞时，踩踏地板所产生的动能将通过地板下面的弹簧和一系列发电装置转化为电能，并储存在蓄电池中，这种美妙的装置可以满足舞厅一半以上的用电需求。舞厅还安装了一套水循环处理系统，能够最大限度地节约用水。如果顾客能够出示步行或乘坐公共交通前来的证明，还可以免费入场。

(资料来源：趣味 | 世界上最奇特的环保节能创意发明(上)[OL] https://zhuanlan.zhihu.com/p/30287503)

人们在日常生活中每时每刻都在作着决定，买什么样的产品，在什么范围内的价格能接受，采用什么样的交通方式等，下意识地使用着正确或不正确的科学知识来做判断。能量效率与经济问题通常纠缠在一起，提高能量效率若能节省金钱，消费者自然会选择节能产品。能量的价格强烈地影响着能量的消耗量和类型。若汽油价格节节攀升，一部分经常开私家车出行的老百姓为减少开支，会减少开车次数，选择乘公共交通工具出行。许多学者建议对能量征税来鼓励人们提高能量效率，以应对全球变暖、能源枯竭及其他环境问题。

高等院校立体化创新教材系列

本章思维导图

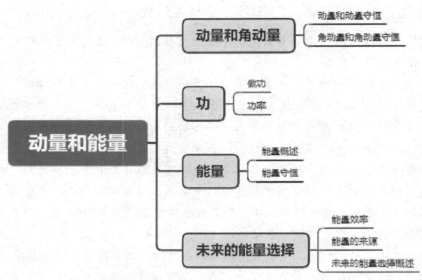

 本章小结

(1) 动量是描述物体运动状态的物理量，等于物体的质量与速度的乘积。冲量是力对时间的累积效果，等于作用在物体上的力与作用时间的乘积。冲量也等于在这段时间内动量的增量。

(2) 功是能量转化的量度。物体甲对物体乙所做的功等于物体甲对物体乙施加的力与物体乙在力的方向上运动距离的乘积。

(3) 动能是物体由于运动而具有的能量，等于物体的质量与速度平方乘积的一半。势能是和物体位置有关的能量。机械能是动能和势能之和。

(4) 能量守恒定律：能量既不能被创造也不能被消灭，它可以从一种形式转变为另一种形式，但总量保持不变。

 实训案例

基本案例

你玩过扔水弹的游戏吗？看谁能接住水弹却不弄碎它？

案例点评

向伙伴扔水弹时，你用力扔使它具有动量。同伴接住它并让它停止，此时水弹动量为

零。整个过程中水弹的动量发生了变化。根据动量定理，水弹的动量变化等于受到的冲量。冲量等于手作用在水弹上的力与作用时间的乘积。若要使水弹不破，需要减小作用在水弹上的作用力。

思考讨论题

(1) 应该如何做才能减小作用在水弹上的力呢？

(2) 要比赛谁把水弹扔得更远，应该如何做呢？

基本案情

撑竿跳高是一项技术复杂的田径运动项目。运动员借助竿子支撑，使身体越过一定高度。撑竿跳的世界纪录男子是 6.23 米，女子是 5.06 米。在撑竿跳中，能量及能量的转化至关重要，优化一些因素可以帮助运动员提高运动成绩。

思考讨论题

(1) 哪些因素决定了运动员能达到的高度？

(2) 整个跳高过程涉及哪几种能量转化？

分析要点

(1) 了解什么是动能和重力势能。

(2) 了解能量守恒定律。

复习思考题

一、基本概念

动量 冲量 动量定理 功 能量 动能 势能 机械能 能量守恒定律 能源 能量效率 可再生资源 节能

二、判断题(正确打√，错误打×)

(1) 1 吨重的汽车以 100 千米每小时的速度运动时的动量比 2 吨重的汽车以 50 千米每小时的速度运动的动量大。 (　)

(2) 不同的冲力持续不同的时间可能会产生相同的冲量。 (　)

(3) 只要技术上可行，能量效率可以达到 100%。 (　)

三、单项选择题

(1) 小明使劲地推墙(墙未动)，小丽靠在墙上，对墙做功的情况为(　)?

高等院校立体化创新教材系列

A. 两人都在做功

    B. 小明在做功，小丽没有做功

    C. 谁也没有做功

(2) 运动的物体(　　)。

    A. 有冲量和动量　　　　　　　　B. 有冲量，没有动量

    C. 有动量，没有冲量　　　　　　D. 既没有动量也没有冲量

(3) 球从高处掉在地上这个过程中的能量转化是(忽略空气阻力)(　　)。

    A. 重力势能变为动能和热能　　　B. 动能变为重力势能和化学能

    C. 重力势能变为弹性能和热能　　D. 化学能变为动能和弹性能

四、简答题

(1) 如何描述动量定理？

(2) 功和能量有何异同？

(3) 依据什么交电费？能量还是功率？

五、论述题

不可再生资源有哪些？可再生资源有哪些？你如何看待当前的能源问题？

第六章　热现象及热力学基本定律

学习要点及目录

- 了解温度及热量的物理意义。
- 重点掌握热力学第一定律和能量守恒定律之间的关系。
- 掌握热力学第二定律的物理意义及实际内涵。
- 了解熵的物理意义。

核心概念

温度　热量　热传递　热力学第一定律　热力学第二定律　热机　循环效率　熵

 引导案例 6-1

　　我曾多次参加一些……被认为受过良好教育的人的集会，这些人一直夸张地表示他们真难以想象科学家是如此缺乏文化素养。有一两次我非常恼火，反问他们有多少人知道热力学第二定律，没有人回答。我的问题相当于"你读过莎士比亚的书吗？"在科学领域的翻版。

（资料来源：Art Hobson: Physics concepts and connetions, 2009: P136.
秦克诚，刘培森，周国荣，译. 物理学的概念与文化素养，2014: P134.）

案例导学 6-1

　　人类生存在四季交替、气候变幻的自然界，冷热现象是人类最早认识和观察的自然现象之一。你玩过手持烟花吗？尽管这些火花的温度已超过 2000 摄氏度，但当火花不小心溅到皮肤上时，传递的热量却很小。热量和温度有什么不同？日常生活中这两个概念经常会混淆。直到 19 世纪中叶发展了热力学定律之后，才真正理解两者的区别。美国理论物理学家吉布斯(J. W. Gibbs)被誉为"热力学集大成者"，他在接受美国伦福德奖章时曾用下面的话表达自己的理想："理论研究的主要目标之一，就是要找到使事物呈现最大简单性的观点。"接下来将看到热力学的两个定律竟然如此巧妙和精致，既适用于宏观、微观的物质运动，又适用于宇宙的物质运动。这是大自然最激动人心的美景，也是撼人灵魂的交响乐。

（资料来源：本书作者整理编写）

第一节 温度和热量

热量的定义和
热量的实质.mp4

一、温度

地球就像茫茫宇宙中一粒微不足道的尘埃，在其上却孕育着生命。地球的平均温度是15 摄氏度，生命物质基础之一的水，能结成凝固态冰的温度是 0 摄氏度，生命是一个耗散体系，需要不断地获得能量，即来自太阳的辐射，有些动物为了寻找适宜温度的外部环境不得不每年都作长距离的迁徙。一切生命最重要的感觉能力是对冷暖的感知，冷热的概念从人类发育的早期就建立起来了。给婴儿喂饭时，最初由大人掌握冷热程度，之后逐渐教会孩子自己知道冷热。人的体温附近的范围都是舒适的温度，温度首先是生理需要，满足之后开始变为心理需求。在社会中也将知冷知热当作一个人作为良好生活伴侣的品格。每个人的一生也许最需要理解的现象就是世态炎凉和人情冷暖。因此，在科学研究的道路上会将不少精力放在理解冷暖现象上。

温度是热力学中一个非常重要和特殊的状态参量，也是物理学中七个基本量之一。按照某一标准标示冷热程度的物理量称为温度，它也是用来表征物体热平衡时宏观状态的参量。温度最初的概念基于人们对冷热程度的感觉，但这种感觉常不准确。你能相信自己对冷热的感觉吗？先把两个手指分别放在冷水和热水中，再同时放入温水中，会发现两根手指对同一盆温水的感觉不同。为什么会这样呢？当凭借自身的身体感知冷热从而对环境的温度作出判断时，更多是在讨论一个传热学问题。热量流向身体，我们感觉是热的，因此断言外界温度高。当热量从身体流出时，我们感觉是冷的，所以断言外界温度低。所有物质，包括固体、液体和气体，都是由永不停息的原子或分子组成的，这些运动的原子或分子具有自身的动能，所有粒子的平均动能产生的总效果就是人们可以感受到的冷热程度。

测量温度的理论基础是热力学第零定律，该定律在 1930 年由英国科学家拉尔夫·福勒(R. H. Fowler)正式提出：若体系 A 和 B 分别同体系 C 处于热平衡状态，则 A 和 B 也处于热平衡状态。从发现时间上看，第零定律比热力学三大定律出现得要晚，但它是热力学三大定律的补充，且非常必要。热力学第零定律首先表明，热平衡问题可以进一步深入研究，定义一个表征热平衡的物理量，即温度。若一个测温物质同待测体系建立了热平衡，且假设此过程中交换的热量与待测体系的总热量相比可忽略不计，就可以根据测量物质的某个物理量换算而得到的温度值作为待测体系的温度，此即温度计的原理。

要定量地描述温度，还需给出温度的数值表示法，即温标。同一温度在不同的温标中具有不同的数值。一般有三种温标：摄氏温标、华氏温标和热力学温标。

【拓展阅读 6-1】三种温标见右侧二维码。

三种温标.docx

案例导学 6-2

温度测量的假象

温度作为一个统计性质的强度量，是不能被直接测量的，必须通过对其他物理量的测量得以实现。有些物理现象也常被当作温度的指标，比如水煮开了，大概是 100 摄氏度，水结冰了，是零摄氏度。但温度值有可能因为某些事故会得到不精确甚至错误的结果。例如有些热水器由于内部电路积垢，表盘显示的温度和水的实际温度不符。还有耍把戏的人表演下油锅等，如果认为油锅冒气泡就代表温度很高的话就会受骗，因为油锅内加入硼砂之后，硼砂会在 50 多摄氏度时就开始分解产生气体，这看上去像是油锅沸腾了一样，其实这个时候油锅还不烫手呢。

一般科学家所说的温度都是热力学温度，即大于零开尔文(即-273.15 摄氏度)的温度。若画一个坐标轴，把零开尔文作为原点，一般的温度都是指原点右边的温度，那么原点左边的温度该怎么称呼呢，你也许会猜测，是负温度。没错，在 1951 年时，美国物理学家爱德华·珀赛尔(Edward Purcell)首先提出了"负温度"的概念。人们可能以为，比零开尔文还要低的温度，能量肯定更低，感觉也更寒冷。事实却恰好相反，当温度趋于无穷大时，即能量比正温度还要高的状态时，才会出现负温度。从冷热来说，负温度比正温度更热。如果正负温度的两物体发生热接触，热量将从负温物体传到正温物体。那么该如何理解负温度呢？

其实负温度只是物理学上的一个概念，温度和原子的运动状态联系在一起，温度升高，原子运动激烈，无序度就会增大。低温时高能量原子数目少于低能量原子数目，随着温度的升高，高能量原子数目逐渐增多。当原子的能量无限增大后，高能量原子的数目就会多于低能量原子数目，出现一个反常现象，即原子的混乱程度会随温度的继续升高而降低，从无序状态变为有序状态。举个例子，桌上有一个笔筒，装着整整齐齐竖直向上的笔，晃动桌子时，笔筒翻了，笔洒落在地上，沿各个方向滚落的笔都有，无序度增加。当收拾起来时，可以让所有的笔再次全部竖直向上，这时原来的无序状态就消失了，这时的状态就是负温度状态。因此负温度并不是描述宏观物体状态的概念，而是描述微观粒子能量翻转状态的数学描述。2013 年，德国物理学家乌尔里克·斯奈德(Ulrich Snyder)发布了一项新成就，实现了处于比绝对零度还低的"负温度"状态的气体。这并不是不可思议的极低温，而是非常高的温度，是热力学温度达到正无穷后的温度。

(资料来源：曹则贤. 温度：阅尽冷暖说炎凉[M]. 曹则贤. 物理学咬文嚼字.
合肥：中国科技大学出版社，2010)

高等院校立体化创新教材系列

物质中的原子和分子以不同的形式运动，它们从一个地方移到另一个地方，会旋转，也会振动，所有这些运动能量再加上势能，构成了物质的全部能量。然而，温度与分子(或原子)随机运动的平均平动动能成正比，平动指将一个分子从一个地方平移到另一个地方的运动。分子还可能发生转动或振动，相应地有转动动能或振动动能，但这些运动都不是平动，不能定义温度。

【拓展阅读6-2】温度计的发明见右侧二维码。

温度计的发明.docx

二、热量

触摸热的茶杯时，你的手变得更温暖了(如图6.1所示)。手触摸一块冰时，冰逐渐融化了。这其中肯定有什么在流动，那么，流动的东西是什么呢？

热量最新前言应用.mp4

图6.1　热量传递

引导案例6-2

　　数千年来与人类关系最密切的是金、木、水、火和土这五种"基本物质"，从西周时期开始，它们被称为"五行"，可以组成世界上的一切物质。到了先秦时期，墨家根据农业生产方面的经验，即农作物的生长需要水分、土壤和阳光，又提出木是由水、土和火三种元素组成，而燃烧过程就是木分解为水、土和火三种元素的过程，即燃烧过程就是火从木中脱离的过程。这个观点对后世有相当的影响，北齐文学家刘昼在《刘子·崇学》中提道："木性藏火……钻木而火生"，他也认为木包藏了火等元素，因此钻木取火时，因摩擦火脱离木而独立出来。元气论也涉及热的本质问题，元气论把热看作一种"气"，它燃烧时变成火。在《淮南子·天文训》一文中提出"积阳之热生火"的说法。东汉时期的哲学家及思想家王充在《论衡·寒温》一书中也将冷热现象解释为"近水则寒，近火则温，远之渐微。何则？气之所加远近有差也"。他从"气"的角度来研究热的传导问题，认为热是靠"气"传播的，同时它也明确指出热从高温物体向低温物体传导，距离热源越远，传播到的热量越少。此外，古人还从摩擦生火中得到了启发，推测火是因为运动而产生的。南唐著名道家学者谭峭在《化书》一书中提道："动静相摩，所以生火也。"元代著名杂剧剧作家郑光祖在《一斑录》中写道："火因动而生，得木而燃。"

（资料来源：本书作者整理编写）

科学研究发现，当两个温度不同的物体相接触时，能量会自发地从高温物体向低温物体传递，这种物质之间由于热相互作用而传递的能量称为热量，热是大量分子无规则运动的表现。

热量交换的观点能够解释一大类现象。不同物质升高或降低同样的温度所需的热量不同。例如有些食物的保温时间比其他食物更久。如果从蒸笼取出包子，同时盛一碗热肉汤，几分钟之后，肉汤仍然冷热适中，但包子明显凉了。同样，不同物质有不同的能量储存能力。把水从室温烧开，可能需要 10 分钟，但把铁锅加热到相同的温度只需 2 分钟。

定义"比热容"为单位质量的物质温度每升高一开尔文所需的热量，它是物质的一种属性。换句话说，它是一种热惯性，表示物质对改变它温度的阻力。

水具有的储能能力比大多数物质要高，少量的水就可以吸收大量的热，温度却升高得比较慢。因此，汽车冷却系统或其他发动机里，水是一种常见的冷却剂。水的高比热特性在气候中也起着关键的作用。沿海城市的气候不像内陆城市那样极端，海洋从夏天到冬天温度变化不大，冬天水比空气温暖，夏天水比空气凉爽，正是这种气候特点，使沿海城市冬天更温暖而夏季更凉爽。

【拓展阅读6-3】食物的热量见右侧二维码。

食物的热量.docx

三、热传递

在世界的许多地方，冬天时人们需要在屋内加热来取暖。如何使房屋不损失热量或者以最经济的方式来获取热量呢？如果了解热传递的机制，就能根据这些机制帮助人们在生活中过得既舒适又成本低廉。

热传递有三种基本方式：传导、对流和辐射。

1. 传导

假如用铁钎子在烧烤架上烤肉，等待肉在炭火上吱吱冒油，散发着诱人香味时，手握的铁钎子也开始变热。热量从炭火的火焰中进入烤肉，又经过钎子传到手上，这种传热方式称为传导。火焰使铁钎子一端中的原子运动得更快，这些原子振动撞击临近的原子，经过碰撞进行能量传递。

金属等固体内部有大量自由运动的电子，可以携带能量并通过碰撞在整个金属中自由运动，因此金属是热和电的优良导体。而木材、羊毛等这些物质中的电子被其中原子核紧紧束缚，是热的不良导体，称为热绝缘体。木材是良好的热绝缘体，这也是为什么炊具的手柄多用木头制作的原因。大多数液体和气体也是热的不良导体，因此将手放在炙热的烤箱中不会受到伤害，但手一旦碰到烤箱壁就会烫伤的原因。雪也是热绝缘体，和干燥的木材类似，在冬天大地上铺满雪便可以保持地面温暖。雪并不提供温暖，只是阻碍热量的散失。

高等院校立体化创新教材系列

人们经常说希望把寒冷阻挡在外面,实指想阻止热量的散失。但没有哪个绝缘体可以完全阻止热量的流失,只是延缓了热的传递。

沸水中不会融化的冰。做一个小实验,一根试管里装满冷水,再放入一小块冰,用钢丝球把冰块卡住,使其保持在试管底部不上浮。用火焰加热试管上部,你会发现,试管上部的水已煮沸,而试管底部的冰块还没有融化。

发生这种现象是因为试管底部的水仍然是冷水。试管上部的水加热后膨胀变轻,停留在上部,温水的流动和循环都是在试管上部进行的,只有通过热传导,使试管下部的水变热才会发生冰块融化的现象。然而水的导热性不高,因此试管底部的水温几乎不发生变化,冰也就不会消融。

类似的实验,也可以用纸来做锅煮鸡蛋。如果掌握了方法,就会发现用纸锅来烧水是可行的,而且纸锅一点儿也不会被烧坏。为什么会这样呢?原因其实很简单,因为水在敞口的容器内可以加热到沸点即 100 摄氏度,纸锅中的水在加热过程中会吸收纸上多余的热量,使纸接触到火焰后将热量传给锅中的水,因此纸本身的温度达不到燃烧的温度。其实不只是纸中盛水使水吸收掉纸中多余的热量而确保纸的温度达不到纸的燃点,其他物体也可以避免被点燃。若将棉线紧紧地缠绕在钥匙上,或将纸条缠绕在铜棒上,将这两个放在火上烧,也会发现棉线和纸即便被熏黑了,也不会点着,这是因为铜等金属具有良好的导热性,吸收掉了棉线和纸上多余的热量。

现实生活中有很多现象基于上述原因。如果将忘记注水的壶直接放在炉灶上烧,壶会被烧化,因为没有能够帮助吸收热量的水,壶的温度很容易到达熔点并被熔化。还有以前的汽车在夏日炎炎的天气中长时间行驶后必须要在水箱里加水,其原因是防止温度过高而导致爆裂。

(资料来源:本书作者整理编写)

2. 对流

与传导(热量是由电子与原子连续的碰撞来传递)不同,对流是流体分子的整体运动。例如从底部加热锅中的水,底部的水分子运动加快,密度变低,向上浮动。而致密、较冷的水分子向下运动,进入底部原来温暖水分子的位置。通过这种对流方式,持续搅拌水,使全部的水都变热。

对流也是加热房屋的主要方法。暖空气的密度比冷空气小,暖空气从暖气片向天花板上升,冷空气向下占据暖空气的位置而被加热。

大气中空气对流也会影响天气。空气膨胀时会变冷,压缩时会变热。如果用过打气筒打气,你就会深有体会,打气筒随着对空气的不断压缩会变得越来越热。此外,只要物体之间有温度差异,流体就会发生对流,如在天空中产生云彩,在深海中产生洋流,在地球内部产生地震或火山喷发。

冰食物.docx

【拓展阅读6-4】冰食物见右侧二维码。

3. 辐射

来自太阳的能量温暖着地球的表面，太阳能是通过什么热传递方式传导热量呢？可以肯定，不是通过热传导方式，因为传导需要介质，而大气并不是很好的热导体。它也不是通过对流，因为对流需要一种介质带着热量运动，对流仅在地球温暖以后，有了温差才开始产生的。实际上，太阳能是通过辐射来传递热量的，辐射可以跨越真空。辐射的能量也称为辐射能。辐射能以电磁波的形式存在，包括无线电波、微波、红外线、可见光、紫外线、X射线和伽马射线。

包括人都在内的所有物体，无论是热还是冷，都在持续地发射出一定频率范围的辐射能。有人可能会问，既然每个物体都向外辐射能量，会不会最终把自身的能量消耗精光呢？当然不会。因为所有的物体既能向外辐射能量，也能吸收能量。好的能量辐射体同时也是好的能量吸收体。如果表面吸收的能量比发射出去的多，物体的温度就会上升，反之物体的温度会下降。

可以做一个简单实验来证实，取两个大小和形状相同的金属容器，一个表面是白色，一个表面是黑色。若在两个容器中装满热水，会发现在黑色容器里的水冷却更快。若在容器中装满冷水，放在室外阳光下，会发现黑色容器里的水更容易变暖，证实了好的辐射体也是好的吸收体的理论。

案例导学6-4

传统文化与保温现象

《夷坚志》是宋朝有名的志怪小说，为南宋文学家洪迈所著，记载了宋人的一些遗闻逸事、诗词歌赋、风尚习俗及中医方药等，可谓网罗万象。其中《夷坚甲志》卷十五中记载了有关伊阳古瓶的故事，宋真宗时期的兵部尚书张齐贤的孙子张虞卿，无意间得到了一个黑色的出土文物—古瓦瓶，非常喜爱，将其放置在书房中养花。在极为寒冷的冬天，有一天晚上张虞卿忘记将瓶中水倒出，第二天去看，发现其他所有装水的花瓶都冻坏了，唯独此瓶安然无恙。他感到很奇怪，于是将热水导入其中做实验，发现水整日都不变冷。自此之后，他才知道珍惜它，后来仆人不小心将该瓶打碎，其中的奥秘才被揭开。人们发现其内部和一般的陶瓷瓶相同，但此瓶有约两寸厚的夹层，且其内层刻画似乎是小鬼拿着火把烤燎的精细图案。这实际上是我国最早的有关保温瓶的记载。其保温是因为有夹层，有效抑制了热传导，其保温效果比普通花瓶好很多。此瓶在宋朝时已是出土文物，连当时的人都不知道为何物，可见年代颇为久远。

清代学者方以智对保温现象的观察也十分细致，他在《物理小识》中记载"冰在暑时以厚絮裹之，虽置日不化，唯见风始化"。用厚棉絮把冰包起来可以防止热辐射和对流以

高等院校立体化创新教材系列

保温，这种方法至今还被人们采用。当今在生活中，外卖等常用加厚保温层和铝箔反射膜的保温袋来保温或保冷。

(资料来源：本书作者整理编写)

第二节　热力学第一定律

一、内能

　　所有的物质都具有能量。以书为例，书由大量无规则运动的分子组成，它们均具有动能，由于相邻分子间有相互作用力，它们也具有势能。书很容易燃烧，因此它们中还储存着化学能，这实际上是分子级别上的电势能。内能是物体内分子无规则热运动的动能、分子之间相互作用势能以及分子内部和原子核内部各种形式能量的总和。这里，需要把内能与可能作用在这本书上的外部能量形式区分开来，内能不包括这本书整体运动时的动能以及它具有的重力势能(属于书和地球整个系统的)。

　　内能是系统的一种属性，由系统的状态唯一决定。给定系统的温度、压强和物质的量等，系统的内能就确定了。对于理想气体来说，内能只与分子热运动的平动动能有关，即由温度唯一决定。

焦耳的热功当量实验

　　英国物理学家詹姆斯·普雷斯科特·焦耳(James Prescott Joule)1818年出生在英格兰北部曼彻斯特近郊的沙弗特。他的父亲是一个富有的酿酒师，焦耳自幼跟着父亲从事酿酒劳动，没有接受过正规教育，青年时期，在别人的介绍下，认识了化学家道尔顿，在道尔顿指导期间，焦耳于1835年进入曼彻斯特大学读书，毕业后开始经营自家的酿酒厂。最初，科学只是他的业余爱好，之后焦耳的兴趣从给定来源能提取多少功类似的经济问题开始转向思考能量转换的可能性。

　　物体的温度，可以不与另一个更热的物体接触就能升高吗？1847年，焦耳做了迄今为止认为是设计思想最巧妙、也最简洁的实验，他用一个隔热烧杯盛一杯水，转动浸在这杯水里的一个浆轮，测量水的温度升高了多少，从而得到热量以卡为单位时与功的单位之间的数量关系，相当于单位热量的功的数量，称为热功当量，证实了机械功和热量之间可以相互转换。

　　1850年，年仅32岁的焦耳凭借物理学上作出的重要贡献成为英国皇家学会会员，两年后被授予皇家勋章。1866年，由于焦耳在热学、热力学和电学方面的贡献，皇家学会授予他最高荣誉的科普利奖章。焦耳一生的大部分时间都是在实验室中度过的，仅为了精密测定热功当量，前后就花了40年时间。后人为了纪念他，把能量、功和热量的单位命名为"焦耳"。

威廉·克劳普尔(William H. Cropper)在其《伟大的物理学家》一书中对焦耳作了高度的评价："焦耳才干卓越，资源充裕，思维独立，但还必须有非同一般的灵感的指导，才会在科学研究中取得那么大的成就。"

（资料来源：本书作者整理编写）

二、热力学第一定律概述

在认识能量的过程中，一项重大的突破是发现热量是能量的一种形式，热量可以用来做功，做功也可以产生热量。功和热量都表示能量的传递，不论是以功的形式还是以热量的形式将能量加入一个系统，此系统的内能都会增加。热力学第一定律把这些规律表述为：

一个系统内能的增加，等于加入此系统的热量减去系统对外所做的功。

热力学第一定律并不只涉及系统内部本身的规律，它是一个普适的原理。无论系统内的大量分子具体的行为细节是怎样的，系统所获得的热量要么增加了系统的内能，要么使系统对外做功，或者两者皆有。因此，不需要分析复杂的原子和分子的具体运动过程，就能够描述和预测系统的行为，这是热力学的优势，它架起了微观世界和宏观世界的桥梁。无论是电力公司的电能还是核动力的核能，提供给蒸汽机给定的能量会明显地增加蒸汽机的内能并对外部机械做功。但是增加的内能和对外做功之和一定等于输入的能量。能量输出一定不可能超过能量输入，热力学第一定律是能量守恒定律的热学表述。

能量守恒定律揭示了机械、热、电、磁、光、化学和生命等运动形式之间具有统一性。这是 19 世纪最伟大的成就之一，也是牛顿力学建立之后物理学又一次伟大的综合。从此之后，自然界的一切运动不再是孤立的，而是互相联系和可转换的。克劳修斯把它称为"宇宙学的根本定律"，体现出能量守恒定律的基本性。

 案例导学6-5

能量守恒的思想渊源甚久，早在先秦时期，《墨经》的一条"经"云："可无也，有之不可去，说在常然"，意思是说，世界上可能原来没有某些物质，也就没有吧，但是已经存在的物质，是不可能被消灭的，因为它们已经是有了。或者说，已经存在的物质就应当存在下去，不可能使之没有，定性地说明了物质不可能无故消灭或创生。另一条"经"指出："偏去莫加少，说在故"，即某种物质被减去一点，从总体来看，既没有增加也没有减少，因为合起来还是一样多。这些文字记载明显地包含着物质守恒的原理。《列子》中更进一步说到"物损于彼者盈于此""成于此者亏于彼"，明确指出物质在变化过程中，这里的物质多了，那里的物质必然就少了；而这里少了，那里必然就多了，从数量关系上说明了物质守恒。

先秦时期已经有了最早的元气学说，将万物变化归因于气的聚和散，气不会生和灭。这和能量的观点一致。清代王夫之更加完善地阐述了守恒定律，他在《张子正蒙注·太和篇》里说："于太虚之中具有而未成乎形，气自足也。聚散变化，而其本体不为之损益"，不仅肯定了世界的物质性，而且作为宇宙本体物质性的"气"是永恒的，不生也不灭，且从数量上是不变的。王夫之提出的物质不灭原理，要比西方最早提出物质守恒定律的法国化学家拉瓦锡(A. L. Lavoisier)还要早一个世纪左右。他还列举了物质变化的三种事例：燃烧、汽化和升华，来论证物质的"生非创有，死非消灭"。在《张子正蒙注·太和篇》里还提道："车薪之火，一烈已尽，而为焰、为烟、为烬；木者仍归木，水者仍归水，土者仍归土，特希微而人不见耳。"意思是一车的柴薪，燃烧后就会变为火焰、烟尘和灰烬，构成它的木、水和土并未消灭，而是归回到它们原来的形态，只是非常细微，人眼看不到罢了。如果让松油在旷野里燃烧，好像什么都不见了，但如果密闭燃烧，就会看到变成了黑色的烟墨。"一甑之炊，湿热之气，蓬蓬勃勃，必有所归。若甑盖严密，则郁而不散"，意思是煮饭时水开了，水汽翻滚升腾，但它不会消灭，而是归回到某处，若是拿锅盖盖严实，发现蒸气会留在锅里，这说明水的汽化并非是水的消灭。"汞见火则飞，不知何往，而究归于地……覆盖其上，遂成朱粉"，举一个水银燃烧的例子，水银遇火会受热升华，变成水银蒸气不见了，好像不知去哪了，但实际上还是回到了大地上。若在炼汞的器皿上加上一个盖子，会发现盖子上有层红色粉末状的氧化汞，这就是水银蒸气。因此汞的升华并非汞的消失，朱粉也不是新的物质形式的创生。上述事例清晰地表明物质在各种转换过程中不会消失，且保持守恒。王夫之的关于物质不灭、相互转换和守恒的思想，可以与法国哲学家笛卡儿在《哲学原理》中所述的运动不灭原理相媲美，只不过前者没有用定量的数学表达式来归纳总结出来而已。

(资料来源：本书作者整理编写)

据传美国科学哲学家库恩(T. Kuhn)做过一个很有趣的统计，他发现使能量守恒定律定量化获得部分或全部功的9位科学家中，有7位是受过蒸汽机工程师教育的，甚至正在从事蒸汽机的设计工作；在6位各自独立算出热功当量数值的科学家中，有5位正从事蒸汽机的设计工作。但对能量守恒定律建立贡献最大的两位：迈耶和亥姆霍兹却都是当时工业落后的德国人，这说明什么呢？这说明像能量守恒定律这样重大的普遍性原理，如果仅有经验事实的积累，而没有比较明确的哲学思想背景(包括审美判断等)，是不可能建立的。正如爱因斯坦所说："科学要是没有认识论——只要这真是可以设想的——就是原始的和混乱的。"他认为："整个科学不过是日常思维的一种提炼，正因为如此，物理学家的批判性思考就不可能只限于检查他自己特殊领域里的概念。如果他不去批判地考察一个更加困难得多的问题，即分析日常思维的本性问题，他就不能前进一步。"

自然哲学认为自然界的一切电、磁、热、化学和引力等作用，都可以看成同一物理现象的不同表现形态。对于在德国曾经风靡一时的自然哲学，重视纯思辨的风尚而蔑视实验和经验事实的累积，曾经严重地阻碍了德国科学的进步，但是自然科学也说出了许多天才的思想，预测到许多未来的发现。认为各种物理现象可以相互转化，并从千头万绪、纷繁复杂的现象中找到一个守恒量来测量这种转化，本身就是天才的预测之一，这也是迈耶和亥姆赫兹等人提出能量守恒的重要前提之一，自然哲学为发现能量守恒提供了适宜的哲学环境。亥姆霍兹认为："只有当各种现象都归结到一些简单的能量，同时可以证明这种归结是唯一的，理论科学家的任务才算完成。到那时，它将确定这理解自然所必需的概念形式，才能把客观真相归功于它。"

历史上很多理论物理学家如麦克斯韦、爱因斯坦、狄拉克和杨振宁等都一直把亥姆霍兹追求最大的简单性或者统一性的目标作为自己终生奋斗的任务。吉布斯在接受美国伦福德奖章时表达自己的理想"理论研究的主要目的之一，就是要找到使事物呈现最大简单性的观点。" 吉布斯是耶鲁学院的数学物理学教授，也是全美这个学科的第一个教授，在他的坚持下，美国的工程师教育开始注入理论的因素。

1855 年，英国物理学家威廉·汤姆孙(William Thomson，即开尔文勋爵)将亥姆霍兹的"力的守恒"正式改称为"能量守恒"，他还和德国物理学家克劳修斯同时研究出热与功转换的情形，得出

$$\Delta U = Q + W \tag{6-1}$$

即物体内能的改变量 ΔU 等于外界对此物体传递的热量 Q 和对此物体做的功 W 之和，此即热力学第一定律。

热力学第一定律是包括热量在内的能量守恒定律的另一种表述。至此，能量守恒定律正式成为物理学中最普遍、最深刻的定律之一。历史上曾有人企图制造一种机器，它不需要外界提供能量，却可以连续不断地对外做功。这种机器称为第一类永动机，显然这是违反热力学第一定律的。就好像既不给马儿吃草(加入热量)，又想让马儿不掉膘(内能不变)，还想让马儿跑得快(对外做功)，这是不现实的。热力学第一定律又可以表述为：不可能制造出第一类永动机。

案例导学6-6

罗伯特·迈耶(Robert Mayer)是德国巴伐利亚省海尔布隆的一位医生，1840 年在荷兰去爪哇的船上当医生。他发现船上病人在热带时静脉血比在欧洲更红一些，推测可能是热带的高温使人体只需吸收食物中少量的热量即可维持体温所需的新陈代谢。食物在体内的燃烧过程减弱，因此静脉血中氧气较多，颜色自然红一些。有些史学家由此认为，迈耶从这一现象中发现体热来自食物中的化学能，换句话说，迈耶认为机械能、热量和化学能都是可以相互转换的。还有些人认为单从热带人的血液颜色更红这一点就得出这么重要的结论，未免太牵强了些。

其实迈耶一直信奉简单性原理，他认为自然界有两种属性，第一种属性是能量的不灭性，第二种属性是能量可以有不同的形式。迈耶的这种能量不灭和转换的见解，在当时来说非常超前。之后，迈耶还将能量守恒定律推广到宇宙。迈耶把自己写的论文寄给了《物理与化学年鉴》，但主编波根多夫(J. C. Poggendorff)奉行经验主义，他觉得迈耶的哲学思辨缺乏实验证明，是异想天开的妄说。迈耶被拒稿后改投《化学和药物学杂志》被接收并刊登。虽然迈耶的理论缺乏准确的定量计算和实验证明，但他提出的包括整个宇宙在内的

能量转换和守恒定律，给予后来的科学家和哲学家以深刻的启示。

(资料来源：本书作者整理编写)

第三节　热力学第二定律

热力学第二定律.mp4

一、热机

　　走路，把书从高处落下，在桌面上滑动书本，或把一页纸扯下来烧掉，在这些过程中都会产生热量。人们发现产生热量很容易，且几乎是避免不了的。那么，有什么过程或者机器可以将热能转化为别的形式的能量呢？想想平时出行时所乘坐的汽车，汽车发动机就是一个例子，它在有规律的循环过程中，不断地把燃烧汽油所放出的热量用来对外做功。蒸汽发电机也是一个典型的例子，物理学家维克多·维斯科夫讲述了一位工程师解释使用农用蒸汽发动机的故事。工程师详细解释了发动机的蒸汽循环过程，之后一位农民问道："是的，您说的我都明白了，可是马在哪儿呢？"当新方法出现并取代已有的方法时，人们一般很难很快放弃看待世界的旧方式。

引导案例 6-4

　　中国古籍中曾记载过一些器物，与利用热量做功有关。唐代段成式记述秦汉时期宫中宝物"青玉灯"，在《酉阳杂俎》(卷十)中写道："擎高七尺五寸，下作蟠螭，以口衔灯。灯燃则鳞甲皆动，炳焕若列星。"灯点燃之后，周围的空气被加热，热空气向上流动，驱使由很薄金属片或玻璃片制成的蟠螭的鳞甲摇动，光亮闪烁。宋代陶穀在《清异录》(卷下)中记述唐代有一种装置叫作"仙音烛"，"其状如高层露台，杂宝为之，花鸟皆玲珑。台上安烛，既燃点，则玲珑皆动，叮当清妙。烛尽绝响，莫测其理"。蜡烛点燃之后产生热气流，推动玲珑的花鸟模型转动，发出叮当之声。蜡烛燃尽后，没有热气流生成，模型自然停止转动，声音也消失了。在宋代时，中国已经发明了"走马灯"，周密在《武林旧事》(卷二)中记载灯上"马骑人物，旋转如飞。"当时的走马灯制作是在一个圆形或方形的灯笼中，有一个立轴，立轴上方固定一叶轮，立轴底部旁边装有烛座。点燃蜡烛后，热空气上升，推动叶轮转动，从而带动立轴旋转。立轴中部交叉安装的两根铁丝的外部贴有纸剪的人物马匹等，也随立轴旋转，当它们的影子透射在灯笼上时，看起来"车驰马骤，团团不休"(刘侗：《帝京景物略》卷二)。走马灯在宋代的许多诗文著作中均有记载。上述这些器物之所以很奥妙，是因为它们符合科学原理，只不过古人未能明了其中道理，故视为珍宝。中国古代的蟠螭灯、仙音烛和转鹭灯、马骑灯这些走马灯的发明，是具有中国特色的工艺品，也是传统节日玩具之一。走马灯上有平放的叶轮，下有燃烛或灯，热气上升带动叶轮旋转，这与现代燃气涡轮机的根本原理同出一辙，虽然走马灯比欧洲发明的结构大体相似的燃气轮机的雏形早四五百年，但在中国，走马灯依旧还只是玩具，并且始终未能发展成燃气轮机，这实在不能不引人深思。

（资料来源：本书作者整理编写）

用热量来做功的循环装置叫作热机。下面简单描述汽车里汽油发动机的原理。汽油燃料混合着空气，注入发动机中一个称为汽缸的罐型密室。火花塞产生的火花点燃汽油—空气混合物，它迅速燃烧，释放出热量，使汽缸里的气体膨胀，对活塞做功。通过机械连接，活塞做的功被送到驱动轴和汽车的车轮上，车轮推动地面，根据牛顿第三定律，道路对轮胎施加一个力，这个力使汽车运动。如果站在开动的汽车后面，会发现汽车在行驶的过程中会通过排气管向外放出热量。整个循环过程中有一部分热量未使用过，用来做功是热机运作的一个普遍特征。

从上述汽车的例子可以总结出一切热机的共同特征：热量被输入热机，一部分热量转化为机械功，另一部分热量在低于输入温度的温度下被排放到环境中。一切生产实践表明，任何热机的能量转化过程都是输入的热能转化为功(或其他形式的能量)和损耗热能。不能全额消费热能，总会散失一些热量。在寒冷的冬日，烤箱中的热空气散发到房间里是令人高兴的，但在炎炎夏日，就是另一回事了。

对于给定的热能输入，一部热机能产生多少有用的机械能呢？假设一台热机在每次循环中从高温热源摄入 900 焦耳热量，做了 300 焦耳的功，效率为 1/3，每次循环排放到环境中的热量是 900 焦耳减去 300 焦耳等于 600 焦耳。通常将效率表示为百分数，即这台热机的效率为 33%。这个效率比大多数汽车发动机的效率要高。一般来说，一台热机从一个高温热源取得热量，将此热量的一部分转化为功，并将剩余的热量排放到温度较低的环境中。汽油发动机、喷气发动机、火箭发动机和汽轮机都是热机。热机效率是整个循环过程中对外所做的功与从高温热源得到的热量大小的比值，用公式 $\eta = \dfrac{W}{\theta_{吸}}$ 来表示，其中 η 为热机效率，W 为对外做的功，$\theta_{吸}$ 为从高温热源吸收的热量。在一个循环过程中从起点又回到了起点，因此内能的变化为零，根据热力学第一定律可知，一个循环过程中所做的功就等于流入和流出发动机的净热量。

从能量效率的定义来看，因为有损耗热能，输出的有用功一定是小于输入的能量，热机的能量效率一定小于 100%。一台典型的汽车发动机的效率小于 30% 时，在人们看来是在浪费能量。如何进一步提高热机的效率呢？一部优良热机的能量效率最高可以有多大呢？法国数学家和工程学家萨迪·卡诺(Nicolas Leonard Sadi Carnot)的父亲拉扎尔·卡诺(Lazare Nicolas Carnot)率先研究了这类问题，在他的著作中讨论了各种机械的效率，隐晦地提出了这样一个观念，设计低劣的机器往往会丢失或浪费热量。在水力学中有一条卡诺原理，就是拉扎尔·卡诺提出的，指出效率最大的条件是传送动力时不出现振动和湍流，这也实际上反映了能量守恒的普遍规律。他的研究对他儿子深有影响。1824 年，年轻的萨迪·卡诺发表了著名的论文《关于火的动力及适于发展这一动力的机器的思考》，这是在热力学史上具有奠基意义的一篇论文，在文章中，卡诺提出两个重要的问题：一是热机的效率与工作物质有无关系；二是热机效率是否有限度。他提出了在热机理论中有重要地位的卡诺定理，这个定理实际上是热力学第二定律的先导。

萨迪·卡诺提出，为了以最普遍的形式来考虑热产生运动的原理，就必须撇开任何结构或任何特殊的工作物质来考虑，不仅建立蒸汽机原理，且要建立所有假想的热机原理，不论在这种热机里用的是什么工作物质，也不论以什么方式来运转。卡诺撇开一切次要因素，径直选取一个理想循环，由此建立热量和其转移过程中所做功之间的理论联系。他首先假设，两个物体 A 与 B，各自保持恒温。A 的温度高于 B 的温度，两者不论放出热还是获得热，均不引起温度变化，其作用就像是两个无限大的热量仓库。令 A 为热源，B 为冷凝器。卡诺选取工作在这两个物体间的理想循环是由两个等温过程和两个绝热过程(不和外界有热量交换)组成的，等温膨胀时吸热，等温压缩时放热，空气经过一个循环，可以对外做功。总结卡诺定理的最初思想，指热机必须工作在两个热源之间，证明在最理想情况下输入能量可以转化为有用功的最大值，取决于高温热源和低温热源之间的温度差，温度差越大，效率越高，而与具体的工作物质无关。在两个固定热源之间工作的所有热机，以可逆机效率最高。

卡诺热机定理指出，要想增大热机的效率，有两个途径。一是减少不可逆因素，比如摩擦、耗散等；二是加大两个热源的温度差。汽车内燃机的理想效率可以超过 50%，实际效率只有约 25%。日常中低温热源的温度不能降得很低，但可以通过提高高温热源的温度来增大温度差。实践表明发动机的运行温度越高，效率越高，但发动机材料的熔点限制了运行的上限温度。更高效率取决于更高熔点的制造发动机新材料的研发，比如陶瓷发动机，采用氮化硅和碳化硅陶瓷，这种材料具有高温强度、耐腐蚀性和耐磨性特点。目前内燃机所采用的材料是镍基耐热合金，工作温度在 1000 摄氏度左右，若采用陶瓷材料，可以将工作温度提高到 1300 摄氏度左右，使发动机效率提高 30%左右。陶瓷的热传导性比金属低，这使发动机的热量不易散发，可以节省能源。陶瓷的这种高温强度和热传导性还可以延长发动机的使用寿命。使用陶瓷材料制造发动机可以使汽车的功率更强劲，能以500 千米的时速奔驰，无须冷却，节省燃料，排放的有害废气极少。但阻碍陶瓷发动机实用性的主要障碍是陶瓷的脆性，会导致发动机的可靠性能降低，解决这个问题也是当今世界各国科学家研究的目标之一。

二、热力学第二定律概述

卡诺定理指出，卡诺热机的效率是在高温热源和低温热源这两个温度之间工作的任何热机的最高效率。但即使在理想情况下，也只有部分输入的热量可以转化为有用的功，这种观念被总结为热机定律的热力学第二定律(称为开尔文表述)。

用热能做功的任何循环过程必定有热能损耗。或者说，热机用热能做功的效率永远小于 100%。

上述说明热量是一种很特殊的能量，热能转化为功的比例有严格的限制。或者说，任何产生热能的过程都有一种单向性。历史上有人提出第二类永动机，即可以从外界吸取热量使之完全转化成功的热机。热力学第二定律也可以表述成第二类永动机是不可能制成的。

永 动 机

概括来说，永动机通常指这两类装置或系统：第一，它产生的能量永远大于消耗的能量(这违反能量守恒定律)；第二，它自发从周围环境中提取热量以产生机械功(这违反了热力学第二定律)。几个世纪以来，不断有人提出永动机的构想。例如 1150 年，印度数学家兼天文学家婆什迦罗二世描述了一个配备水银容器的轮子，他认为随着水银在容器内移动，使得轮轴的一侧更重，那么轮子就会永远转下去。

理查德·费曼于 1962 年探讨了一种有趣的永动机，称为布朗棘轮(Brownian Ratchet)。想象一个浸在水中的浆轮上连接一个极小的棘轮。由于棘轮机构的单向旋转行，当分子与浆轮发生随机碰撞时，浆轮只能向一个方向转动，而且可以用来做功，例如举起重物。因此，通过使用一个简单的棘轮，可能是由一个棘爪啮合一个齿轮的斜齿而成，浆旋就会永远转下去。太神奇了！然而，费曼自己证明了他的布朗棘轮必须要有一个非常微小的棘爪来响应分子碰撞。如果棘轮和棘爪的温度 T 与水温相同，棘爪会间歇性地失效，不会产生净移动。如果 T 小于水温，浆轮则有可能只朝一个方向转动，但这种情况下会用到来自温度梯度的能量，而这并不违反热力学第二定律。

(资料来源：本书作者整理编写)

奥地利物理学家和哲学家路德维希·玻耳兹曼(Ludwig Edward Boltzmann)在物理研究所时的导师是年轻的科学家斯忒藩(Josef Stefan)，后来他因在实验中发现辐射热和温度之间的关系而闻名。玻耳兹曼开始从事研究时，特别欣赏斯忒藩和学生之间的亲密关系，他回忆说："当我加深与斯忒藩的联系时，我那时仍是一个大学生。他做的第一件事就是递给我一份麦克斯韦论文的复印件，而那时我连一个英文单词都不认识，这样他又给我一本英文字典。"

玻耳兹曼认为热量总是从热的物体跑到冷的物体上，其中的原因惊人的简单，这完全是随机的！他的解释非常精妙，用到了概率的概念。热量从热的物体跑到冷的物体上并非遵循了什么绝对的定律，只是这种情况发生的概率比较大而已。原因如下：从微观来看，一个热物体中快速运动的原子更有可能撞上一个冷物体中慢速运动的原子，传递给它一部分能量，而相反过程发生的概率则很小(如图 6.2 所示)。在碰撞的过程中总能量是守恒的，当发生大量偶然碰撞时，能量倾向于均匀分布，这样一来，相互接触物体的温度会趋于一致。热量从冷的物体自发跑到热的物体上，这种情况不是绝对不会发生，而是发生的概率比较小而已。

高等院校立体化创新教材系列

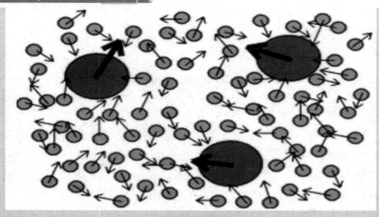

图 6.2　快速运动的原子更有可能撞上慢速运动的原子

将"概率"引入物理学的核心，并用它来直接解释热力学，这个想法最初被认为非常荒谬，因此没有人在意玻耳兹曼，这种事例在历史上屡见不鲜。

其实概率在某种程度上，是出于人类对大自然的无知。人类无法精准地预测所有的事情，不确定某件事是否会发生，但可以预测各种情况发生的概率是大还是小。例如不知道明天会不会下雪，但是知道夏天下雪的概率极小，冬天下雪的概率稍大。人们知道手中的氢气球，一松手就会飞到天上去的概率极高，但飞出去再飞回手中的情况几乎是不可能发生的。

为什么热量总是从热的物体跑到冷的物体上呢？答案就在热量和时间的紧密联系中。只要当热量发生转移时，才有过去和未来的区别。热量与概率相关，而概率又决定了人类和周围世界的互动无法精确到具体的细节。因此，时间的流逝就出现了，那么时间的流动究竟是什么呢？时间对每个人来说是显而易见的，德国哲学家海德格尔(Martin Heidegger)说"我们栖居在时间之中"。人们可以想象一个没有颜色、没有物质的世界，却很难想象一个没有时间的世界。历史多次证明，人类的直觉是不可靠的。如果还困在直觉中，就还以为地球是平的呢。人类的意识和记忆都建立在一些概率性的现象之上，由于意识的局限性，只能看到一幅模糊的世界图景，并栖居于时间之中，正是这种对世界的模糊观察孕育了时光流逝的概念。

(资料来源：本书作者整理编写)

汽车在开动过程中，车轮转动时和地面的摩擦会产生热量，反过来，如果生一堆火来烤车轮，车轮不会转动。这说明功热之间的转换是有方向性的。功可以完全转化为热，但热却不能完全转化为功。冬天里人们总是爱用热水杯来暖手，会感觉到手逐渐变暖，而热水逐渐变凉，是否想过，为什么热量不能自发地从冷的物体传到热的物体上，使冷的物体更冷、热的物体更热呢？这并不违反能量守恒定律啊？却从未见到这样的现象发生，可见热传递具有方向性。从热传递的角度来看，热量总是自发地从热的物体传到冷的物体，热传递的这种单向性是热力学第二定律的另一种表达方式，即表述为热传递定律的热力学第二定律(称为克劳修斯表述)。

热能自发地从高温物体传递到低温物体，但不会自发地从低温物体传递到高温物体。

在冬天，热从室内温暖的房间流向室外，室外的冷空气流入室内。在夏天，热从室外的热空气流入凉爽的室内，自发热流的方向是从高温流向低温。也可以用另外的办法使热从低温流向高温，但只能通过对系统做功或从另外的能源供给系统增加能量，比如可以制热和制冷的空调，都能通过外界做功使热量从低温物体流向高温物体。但是，若不借助外部作用，热能只能从高温物体自发流向低温物体，而不能从低温物体自发流向高温物体。

热力学第二定律确定了能量转化自发过程的方向，这是一条自然定律，不能用逻辑方法证明，是从大量的生产实践中总结出来的。它对热能能够做成什么事设定了限制。实践已经证明，热力学第二定律是一个精确的表述，与关于热量传输、热机、制冷机和许多其他现象的知识是一致的。

热力学第三定律

热力学第三定律是热力学的另一条基本定律，它不能由任何其他物理学定律推导得出，只能看成是从实验事实做出的经验总结。这些实验事实跟低温的研究有密切关系，而低温的获得与气体的液化密切相关。18 世纪末荷兰人马伦(Martin van Marum)第一次靠高压压缩方法将氨液化。研究气液转变的关键性突破是临界点的发现。法国人托尔(C. C. Tour)在 1822 年把酒精密封在一个装有石英球的枪管中，通过听觉来辨别石英球发出的噪音，结果发现，当加热到某一温度时，石英球的噪音会突然消失，这是因为酒精突然间从液体全部变成了气体，此时压强达到 119 个大气压，托尔就这样成了临界点的发现者。

氧气首先实现了液化，1883 年，波兰物理学家乌罗布列夫斯基(S. Wroblewski)和化学家奥尔舍夫斯基(K. Olszewski)第一次收集到了液氧，后来奥尔舍夫斯基在低温领域里续有成就，除了氢和氦，对其他所有的气体都实现了液化和固化，并研究了液态空气的种种性质。1892 年苏格兰物理学家和化学家杜瓦(J. Dewar)发明了一种特殊的低温恒温器，后来称为杜瓦瓶，是储藏液态气体、低温研究和晶体元件保护的一种较理想的容器和工具，双层中间镀银，并抽成真空的玻璃容器。这种容器后来被改造成人人皆知的日用品：热水瓶。1898 年他用杜瓦瓶实现了氢的液化和固化。

17 世纪末法国物理学家阿蒙顿(G. Amontons)在观察空气状态变化过程时发现，温度每下降一个等量份额，气压也会下降等量份额。由此推测，随着温度的不断降低，会达到气压为零的状态，所以温度降低必然有一个限度。阿蒙顿认为，任何物体都不能冷却到这一温度以下，他还预言，达到这个温度时，所有运动都将静止。一个世纪以后，法国科学家查理(J. A. C. Charles)和盖-吕萨克(J. L. Gay-Lussac)建立了严格的气体定律，从气体的压缩系数得到温度的极限值应为 -273 摄氏度。1848 年开尔文·汤姆孙提出了绝对温标理论，他指出："当我们仔细考虑无限冷，相当于空气温度计零度以下的某一确定温度时，如果把分度的严格原理推延到足够远，就可以达到这样一个点，在这个点上空气的体积将缩减到无，在刻度上可以表以 -273 摄氏度，因此空气温度计的 -273 摄氏度是这样一个点，不管温度降到多低都无法达到这点。"他所说的这一温度就是绝对温标的零度。

　　绝对零度不可能达到，在物理学家的观念中似乎早已隐约预见到了，但这样一条物理学的基本原理，却又是过了半个多世纪，直到 1912 年，由德国物理学家和化学家能斯特(W. Nerst)在为化学平衡和化学的自发性寻求数学判据时，通过严格证明，在他的著作《热力学与比热》中，将这个热学新理论表述成："不可能通过有限的循环过程，使物体冷到绝对零度。"这就是绝对零度不可能达到定律，被称为热力学第三定律。用任何有限的过程使物体冷却到绝对零度都不可能，物理学家詹姆斯·特雷菲尔(James Trefil)说："热力学第三定律告诉我们，无论我们多么聪明，我们都无法越过将我们与绝对零度隔开的最后一道屏障。"

　　西蒙(F. Simon)在 1927—1937 年对热力学第三定律做了改进和推广，修正后被称为热力学第三定律的能斯特-西蒙表述：当温度趋近绝对零度时，凝聚系统(固体和液体)的任何可逆等温过程，熵的变化趋近于零。

　　探索极低温条件下物质的属性，有极为重要的实际意义和理论价值。因为在这样一个极限情况下，物质中原子或分子的无规则热运动趋于静止，一些常温下被掩盖的现象得以显示，为了解物质世界的规律提供重要线索。例如 1956 年中国物理学家吴健雄等人为检验宇称不守恒原理进行的 Co-60 实验，就是在 0.01 开尔文的极低温条件下进行的。1980年，德国的冯·克利青(von Klitzing)在极低温和强磁场条件下发现了整数量子霍尔效应，1982 年，美籍华裔物理学家崔琦等人在更低的温度和更强的磁场条件下进一步发现了分数霍尔效应。

(资料来源：本书作者整理编写)

第四节　熵

一、熵的物理定义

　　根据热力学第二定律，能量的自发转化过程反映初末两个状态存在性质上的差异。

　　考虑桌子上有一摞摆放整齐的硬币，所有硬币的正面朝上，这种状态是有秩序的。有人路过，不小心碰了桌子一下，硬币全都掉在地上，此时有的硬币正面向上，有的硬币正面向下，这种状态称为是无序的。在这个过程中有序变成了无序。硬币不可能自发地再变回有序，除非一个个地再去整理。再例如，一瓶香水，气味被锁在瓶中，一旦打开，气味扩散到整个空间，变成无序状态。散发的气味不可能自发地再回到瓶中，变成有序的状态。可以看到，有序可以自发地变为无序状态。这和热量从高温物体自发地传向低温物体的道理是相同的。因此物理学家找到物理量熵，来度量系统的无序度。1865 年克劳修斯正式引入熵描述关于热力学体系的态函数，用熵表述热力学第二定律，其本意是希望用一种新形式来表达热机在循环过程中所需满足的条件。这样产生了热力学第二定律的第三种表达方式，表述为熵增加原理的热力学第二定律：任何物理过程的全部参与者其总熵在过程中不会减少，但可能增加。

小贴士

传统文化与熵增加原理

众多古诗词中都提到了酒，诗仙李白号称"斗酒诗百篇"，其中的《将进酒》独树一帜。先欣赏这首诗的前面部分：

君不见，黄河之水天上来，

奔流到海不复回。

君不见，高堂明镜悲白发，

朝如青丝暮成雪。

人生得意须尽欢，

莫使金樽空对月。

天生我才必有用，

千金散尽还复来。

该诗在豪饮行乐中，深含怀才不遇之情。前两句描述大河之来，势不可挡，大河之去，势不可回，极显空间范畴的夸张。第三、第四句悲叹人生短促，将人生由青春至衰老的全过程说成"朝""暮"之事，极显时间范畴的夸张。事实上，这前四句说的是热力学过程具有不可逆性，在没有外界作用的情况下(孤立系统)，奔流到海的黄河水不能再回到天上，早晨的青丝到了晚上变成白发，该过程也是不可逆转的。诗人意识到黄河的流水和岁月的流逝一样，都是一去不复返。对于这种不可逆的热力学过程，熵总是增加的。

李白在《妾薄命》诗中言："雨落不上天，水覆难再收。君情与妾意，各自东西流。"为何泼出去的水很难再全部收回呢？根据熵增加原理，热力学过程发展的趋势是从有序到无序，而且这种过程不可逆，无序不能自发地回到有序。水在泼出去之前和泼出去之后的状态相比，前者相对有序，混乱程度较低；后者微观状态数多，混乱程度增加，更加趋于无序而更为稳定，熵增加。时间不能倒流，否则就会出现"无可奈何花落去"的逆过程——落英跃上枝头变回鲜花，"风萧萧兮易水寒，壮士一去兮不复还"的逆过程——荆轲起死回生又成了一代勇士，"流水落花春去也，天上人间"的逆过程——流水回流，人生反复，李煜的故国重生。

(资料来源：本书作者整理编写)

熵概念的引入可以很好地描述热力学第二定律所反映出来的能量品质贬低的特性，能量守恒表明能量不会消失，似乎不应存在能源危机，实际上，能源危机指可利用的有用能量的危机。每当燃烧煤、石油或利用原子能时，都在增加世界的熵，降低能量的品质，因此所谓能源危机实质上是熵的危机。要解决能源问题，关键是要用较低的熵增来维持和推进人类文明。地球上的生物活动都是不可逆过程，如果把地球看成一个孤立的系统，其熵会增加，而熵的增加伴随着系统有序性的降低，混乱度增大。实际上生物是一个开放的系统，通过食物从外界获得有序的能量，平衡因新陈代谢产生的熵增，从而保持体内生命运

高等院校立体化创新教材系列

动的有序性。地球也不是一个孤立的系统，它吸收太阳的辐射能量，来供万物生长，也向外层宇宙空间辐射能量。人体也是一种开放系统，通过与外界进行物质与能量的交换，来维持和发展人自身的有序平衡。

【拓展阅读6-5】黑洞热力学见右侧二维码。

黑洞热力学.docx

小贴士

玻耳兹曼熵公式

一句古老的谚语说："一滴墨汁可能引起百万次思考"。考虑一滴墨汁滴在水中的过程。根据分子运动论，分子做永不停息的随机运动，它们自身一直在重新排列。因为混合是自发发生的，假设所有可能的排列是等概率的。1875年奥地利物理学家路德维希·玻耳兹曼将熵 S(可粗略理解为系统的无序程度)和系统可能的状态数目 W 之间的数学关系化为简介的表达式 $S=k\log W$，其中 k 是玻耳兹曼常数。由此可以计算熵，并可以理解为什么存在的可能的微观状态数越多，熵越大。一个高概率的状态，例水墨混合状态，具有很大的熵值，且在自发过程的末态具有最大的熵值，这是热力学第二定律的另一种等价的表述。

(资料来源：本书作者整理编写)

熵增加原理指出，日常生活中无序度是增加的。就像一个懒孩子的房间，如果不主动收拾，只会越来越乱。但只要动手收拾，又可以回到有序状态。因此，只要有序化的作用对系统做功，无序可以改变为有序。

宇宙的净熵是持续不断增加的，提到净余，是因为宇宙中有一些地方产生了有序性，比如生物体从周围环境摄取能量来增强自身组织，这时熵减小了，但生命形式的有序性一定通过其他地方的熵增加来维持，最终保持宇宙的净熵是增加的。

热力学第一定律表明能量是守恒的且可以转化，这是自然界的一条普遍规律。热力学第二定律指出事态最有可能的发展，但不是唯一的结果。比如洒落在地面上的一大堆硬币，有可能全部正面向上，只是这种情况发生的概率比较小而已。

热力学定律可以指导人类如何建造效率更高的发动机，如何提高能量利用效率。在这个开发过程中很可能会发家致富，科学家和工程师也提出了开发特殊材料的革新设计以提高能量利用率，这些努力的重要前提条件是不能违反热力学定律。了解热力学定律还可以评估某位发明家的自我标榜。有些骗子曾设法为永动机的原型和设计筹集基金，投资者一定要千万小心，至今为止还不知道有任何违反热力学定律而取得成功的事例。尽管这些定律不能从逻辑上证明，但已经被事实证明且可以精确描述实验结果的能力使物理学家相信，它们仍然是标明自然界中哪些是可能的有用指示器。对热力学定律的基本理解说不定哪一天会让你赚一大笔钱或者节约一笔钱。

【拓展阅读6-6】热寂说见右侧二维码。

热寂说.docx

二、熵的人文启示

熱力学定律指出，永远不可能不劳而获，也不可能收支平衡，付出的总是比得到的多。类似于牛顿力学的巨大成功使力的概念层出不穷，比如理解力、智力等，这些"力"无须遵循牛顿定律，只需表明在相应的过程有类似力的作用，是在社会科学中的隐喻和类比。自从熵的概念提出以后，熵的应用已远远超出了热力学范畴，涉及管理学、经济学、社会学、化学以及计算机信息领域、概率理论乃至生命科学等各个不同的领域。美国著名作家杰里米·里夫金(Jeremy Rifkin)在《熵！一种新的世界观》中提到，熵定律告诉人们，每当加快能量消耗速度时，将资源转化为经济效用的过程中就要耗掉不必要多的能量，势必引起更大的混乱。科学的认识使人类要重新考虑人的欲望与自然所能承受赐予的极限值之间的矛盾。如果没有能量输入，人类社会将变得更加混乱。人类社会要变得更进步或者更有序化，必须要有能量输入，这种能量输入最好来自地球外部，比如太阳能，否则，只利用地球上的资源，使人类社会变得更加有序的同时，地球的某个地方一定会变得更加无序。

**案例导学6-8**

熱力学第二定律告诉我们，人生的混乱在所难免。例如大家所熟悉的能量转换过程，木柴在火炉里烧过了，该怎样做能让它复原呢？翻转燃烧过程，把它给我们的热还回去？甚至用光照一照，把它给我们的光也还回去？但不管怎样，可怜的焦炭也还原不回去了。若了解热力学第二定律，就不用花再多的时间在烦恼怎么去还原了，而是接受事实，继续前行。如果想要应付无法避免的混乱，可以把重点放在不可逆的过程中，并把无法避免的混乱放在不对你造成影响的地方。

(资料来源：本书作者整理编写)

本章思维导图

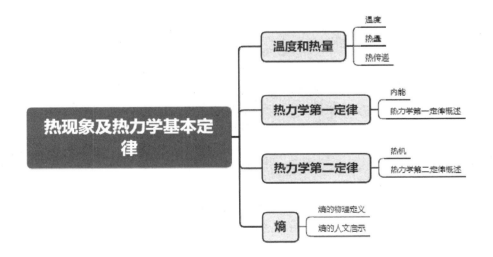

本章小结

(1) 温度是物质中每个分子的平均平动动能的量度。热量是从高温物体传递到低温物体的能量。内能是系统中所有分子能量的总和，是物质内部的能量。

(2) 热力学第一定律是能量守恒定律的热力学描述。系统内能的增加等于系统从外界吸收的热量加上它对外所做的功。

(3) 热力学第二定律确定了能量自发转化过程的方向。热量不会自发地从低温物体传递到高温物体。热量不可能完全转变成有用的功而对外界没有任何影响。

(4) 熵是系统无序性的量度。孤立系统的熵总是增加的。

实训案例

基本案例

找一家当地销售混合动力汽车的经销商，或在互联网上查找收集描述混合动力汽车及其他普通汽车的说明书，比较混合动力汽车和普通汽车的区别和联系。

案例点评

混合动力汽车与普通汽车的汽油发动机的大小、功率和汽油里程数是多少？混合动力汽车和普通汽车的电池的电压与电流参数是什么？

思考讨论题

(1) 购买混合动力汽车和普通汽车的利弊是什么？
(2) 分析未来汽车行业的发展趋势。

实训课堂

基本案情

有一个农场主的家旁边有个池塘，他计划在池塘底部装一根水管，把水引到高于池塘的水面，流过水车，带动发电机发电。流过水车的水再流回到池塘。这样循环往复，就可以持续发电。

思考讨论题

(1) 这一计划可行吗？
(2) 它是不是一台永动机，如果是，则是第几类永动机？

分析要点

(1) 了解热力学第一定律的物理内涵。

(2) 了解热力学第二定律的物理意义。

复习思考题

一、基本概念

温度　热量　内能　比热　传导　对流　辐射　流量　绝对零度　热力学第一定律　热机　热力学第二定律　熵

二、判断题(正确打√，错误打×)

(1) 温度是物质中总动能的量度。 　　　　　　　　　　　　　　　( )

(2) 当气体膨胀时其温度会降低。 　　　　　　　　　　　　　　　( )

(3) 热量不能从低温物体传到高温物体。 　　　　　　　　　　　　( )

三、单项选择题

(1) 抓住一块冰，会惊讶地发现，你的手变热了而冰更冷了，这将( )。

A. 违反能量守恒定律

B. 违反热力学第二定律

C. 既违反能量守恒定律又违反热力学第二定律

D. 既不违反能量守恒定律又不违反热力学第二定律

(2) 一个热机消耗 200 焦耳热能并排出 150 焦耳废热，它的效率等于( )。

A. 133%　　　　B. 100%　　　　C. 75%　　　　D. 25%

(3) 一勺糖和一勺盐混合后，熵增加了吗？( )

A. 增加了　　　　B. 没有增加　　　　C. 有时增加

四、简答题

(1) 1摄氏度和1华氏度哪个温度更高？

(2) 如何用热机效率来描述热力学第二定律？

(3) 能够将一定数量的机械能全部转化为热能吗？能够把一定数量的热能全部转化为功吗？

五、论述题

热学作为与牛顿力学、经典电磁学一起撑起经典物理学大厦的三大支柱之一，其研究范围涉及物质结构、物态变化、热功转换、化学反应等诸多领域，其发挥的作用在生产生活中无处不在。然而，正是因为热学研究的内容横跨了许多表面上看起来相去甚远的范围，其基本概念和规律比力学和电磁学更为抽象。热学作为研究热性质的学科，首先要解决的问题就是给热来定量。那么，你如何理解"热量"呢？

第七章　光和电磁学

引导案例 7-1

X 射线的发现

1901 年，首届诺贝尔物理学奖授予德国物理学家伦琴(Wilhelm Conrad Röntgen)，以表彰他在 1895 年发现了 X 射线。伦琴是纺织商人的独生子，童年大部分时间在母亲的故乡荷兰度过，1869 年获得哲学博士学位后，受老师昆特教授的影响，开始从事物理学的研究。伦琴治学严谨，观察细致，对待实验结果毫无偏见。他正直、谦逊，专心于科学工作的精神，深得同行和学生的敬佩。1895 年 11 月 8 日，伦琴在实验室进行阴极射线的研究，一个偶然事件吸引了他的注意。当时房间里一片漆黑，他突然发现一块由亚铂氰化钡做成的荧光屏发出闪光。他继续做实验，但荧光屏上的闪光，随着放电过程仍然断续出现。他取来各种不同的物品，包括书、木板和铝片等，放在放电管和荧光屏之间，发现不同的物体阻挡闪光的结果不一样。有的挡不住，有的可以阻挡一部分。伦琴意识到这可能是以前从来没有被发现过的某种特殊射线，具有很强的穿透力。

伦琴立即开始全力以赴进行彻底研究，一连许多天他把自己关在实验室里。发现密封在木盒里的砝码在这种射线的照射下拍照后，可以得到模糊的砝码照片。给金属片拍照，发现金属片内部不均匀。废寝忘食的研究一度让他的夫人产生了怀疑。六个星期后，伦琴确认这是一种新的射线，后来被称为 X 射线，也叫伦琴射线。1895 年 12 月 22 日，伦琴邀请夫人到实验室，用他夫人的手拍下了第一张 X 射线照片。很快他将这一发现公之于众。由于这种射线有强大的穿透力，可以透视人体骨骼和薄金属中的缺陷，因此在医学界和工业中被广泛应用。

伦琴对 X 射线的发现，和他几十年如一日用心实践培养出的观察和判断能力是分不开的。对他来说，X 射线的发现既是偶然的，也是必然的。在科学发展的进程中，许多不了解真相的人把新发现归功于机遇，但新发现只钟情于那些摆脱任何偏见、崇尚完美实验艺术和极端严谨治学态度的科学工作者。伦琴对科学有崇高的献身精神，他认为 X 射线的发现和发明应该无偿属于全人类，不应受阻于专利、协议或契约等任何方式，或被任何一个组织控制，因此没有申请专利。伦琴的气度和胸怀为全世界的科学家树立了典范。他也非常谦虚，从不接受人们的赞扬和吹捧。伦琴于 1923 年因癌症去世。为纪念伦琴，他的雕像矗立在柏林的波茨坦桥边。

（资料来源：本书作者整理编写）

牛顿最大的贡献是在力学方面开创性的工作。他还出版了另一部科学经典著作《光学》，他认为光是由看不见的粒子组成的，成功解释了光的反射、折射等现象。荷兰物理学家惠更斯则持有不同的观点，他认为光是一种波，也能成功解释那些现象。这两种对光的本性截然不同的观点同时存在了约一百年，开始时由于牛顿声名显赫，粒子说占主导地位，但之后英国内科医生托马斯·杨做了著名的双缝干涉实验，使光的波动说开始占上风。1865 年，麦克斯韦预言了波速为光速的电磁波的存在，表明光是一种电磁波。

现在人类已经认识到，波动是运动的一种常见形式。声波、光波、水波、地震波及引力波等得到了广泛的研究。20 世纪发展起来的量子理论，认为电子等实物粒子也具有波动性。之后的发展又表明，光有时也会显示出粒子性，但这个概念不同于牛顿的光粒子模型。光具有波粒二象性，反过来，任何粒子也都具有波动特性，波无处不在，是物理学乃至全世界的研究课题之一。

（资料来源：本书作者整理编写）

第一节　波

波.mp4

一、波的产生

波是自然界中常见的一种物质运动形式，在日常生活中人们无时无刻不在和波打交道。每天早晨一睁眼，光，这个只占据电磁波谱中一段非常窄的波，带来外部世界的第一个信息；然后听到了声音，那是从空气中传来的声波；当打开计算机或使用手机来传播和获取各种信息时，都离不开各种波长的电磁波，可以说 20 世纪之后的人类正是通过电磁波来认识和改变世界的。

那么，波到底是什么呢？北宋时，有一天，宰相王安石讲《字说》，说一个字可以解释一个意思，比如东坡的"坡"字，就可以解释为"土之皮"。当时在现场的苏东坡笑道："如荆公所言，'滑'字难道是'水之骨'吗？"王安石一时语塞。坡乃土之皮，滑乃水之骨，那么"波"是否可以解释为水之皮呢？波，是水之皮的振动。水有很大的表面张力，水面的振动很容易被激发，例如，用一根头发轻轻触及水面就能看到水波。从某种意义上说，任何在某一点附近做往复运动的形式都是振动，而振动在空间的传播就形成了波动，简称波。

宏观上来说，自然界存在两种波。一种是机械振动在介质中的传播，称为机械波，它必须在弹性介质中才能传播，如水波、声波和地震波等。另一种是变化的电场和变化的磁场在空间的传播，称为电磁波。电磁波可以在真空中传播。现代物理学提出，微观粒子也具有波动性，这种波称为物质波。虽然各类波的本质不同，但波动在形式上有许多共同的特征和规律。

看看周围的波，先考虑容易理解的例子，比如绳子上的波，沿着地板拉紧一条软绳，将绳子的一端上下摆动，有种东西在绳子上传播，它到底是什么呢？这里实际发生了什么？再想想孩提时玩向湖里扔石头的游戏。如果把一块石头丢进平静的湖里，以石头的落水点为中心，波浪以扩大的圆环向外传播，可能会以为水会随着波动扩散出去，因为当波浪排到岸边时，水会溅到岸上的干燥处。但若在水面上放一片树叶，会发现叶子忽上忽下，并没有随着波浪向外运动。因此，水的每一部分只是上下晃动(也叫振动)，但并不随水面移动。所以，波并不传送物质。

再回到抖动绳子的例子，手拿绳子的一端，并让伙伴拿着绳子的另一端，当他抖动绳子时，这个脉冲到达你的手时，你的手也会跟着振动起来。让你的手这样振动需要做功，做功就需要能量，而沿着绳子传播的东西，正是能量。因此，波是通过介质的扰动，它传播能量而不传播物质。

 案例导学7-2

从海浪得到电能。如果在暴风雨天气时待在海边，就能领略到海浪的可怕威力，惊涛骇浪狠狠地拍打着海边的礁石，发出震耳欲聋的声音。有没有可能利用海浪的能量呢？

海浪确实携带能量，离海岸稍远的地方，海面上的水在波浪的影响下上下起伏，并在海浪运动方向上有一点向前的滚动。运动的水的动能会扩散在很大的区域，水的运动速度也不太大，很多人在研究如何设计一台实际可行的海浪能发电机。近年来有人提出一种设计理念，把浮标拴在海底，浮标的浮动部分是一个随海浪上下运动的大线圈，浮标内部是一块固定的长磁铁。发电原理是穿过磁铁的线圈运动会产生电压，当浮标向上运动转为向下运动时，产生的电压和电流方向会反向。这样利用海浪产生交变电流，电流通过电缆传到岸上的电站。

这个设计和其他想法已在世界各地进行测试和检验，也许在不久的将来真的可以利用海浪实现经济价值。

(资料来源：本书作者整理编写)

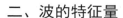

二、波的特征量

要定量地描述波的特征，波长、波的周期或频率和波速是一组重要的物理量。

波长是沿波的传播方向上相邻两个波峰之间的距离，一般用 λ 表示，波长反映了波的空间周期性。波前进一个波长的距离所需的时间称为波的周期，用 T 表示，这也是一个完整波通过沿波的传播方向上某点所需的时间。单位时间内，通过波的传播方向上某点完整波的数目称为波的频率，用 ν 表示。频率和波长互为倒数关系。波的振幅指它离开未受扰动的位置(即平衡位置)的最大扰动。波速指波在空间传播的速度，用 u 表示。波的特征如图 7.1 所示。

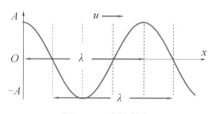

图 7.1 波的特征

波速与波的频率和波长有关，具体定量关系可以通过一个简单的实验来理解。想象注视水面上一个静止的点，观察通过这一点的水波，可以测量出一个波峰到达与下一个波峰到达之间间隔的时间(即周期)，也能测出波峰之间的距离(即波长)。速度是距离除以时间，因此，波速等于波长除以周期，可用公式 $u = \lambda/T$ 表示。这种关系适用于各种各样的波，包括声波和光波等。

对于实物物体来说，两个物体不会共享同一个空间，但两列波可以在同一空间存在。任何两列波都可以在空间叠加，当满足一定条件时(频率相同、振动方向相同和相位差恒定)，还会产生波的干涉，即波传播区域中波峰或波谷的高度和方向都相同的地方振动始终加强，某些高度相同但方向相反的地方振动始终减弱，且振动加强和振动减弱区域相互间隔。波的干涉是波的叠加的一种特殊情况，也是波所独有的现象。

驻 波

把一条软的长绳一端固定，手握绳的另一端上下摇动，在绳子上就会产生一列波，波碰到固定端会反射回来。通过适当的摇动绳子，会发现绳子的某些部分始终不动，这些点称为波节，某些地方振动始终最大，称为波腹。这种由两列等振幅、等波长的波沿相反方向传播时，叠加形成稳定干涉图样的波称为驻波。

吉他等拨弦乐器、钢琴等敲击乐器以及喇叭或单簧管等吹奏乐器在演奏过程中都会形成驻波。当空气吹过汽水瓶上端时也能形成驻波。弦或管的长度决定了声波的频率，这些频率与人们对音调的感觉有关。音乐中包含着丰富的物理学，为什么同一个音符，用钢琴

高等院校立体化创新教材系列

和小提琴演奏效果却很不一样呢？为什么在不同位置拨动会得到不同的音？用每种乐器在演奏某一音符时出现的频率混合可以解释音色。

(资料来源：本书作者整理编写)

三、多普勒效应

1842年的一天，奥地利物理学家及数学家克里斯琴·多普勒(Christian Andreas Doppler)路过铁路交叉口，恰逢一列火车从他身边驶过，他发现当火车由远及近时鸣笛音调(频率)越来越高，而火车由近及远时，其鸣笛音调越来越低。多普勒被这种物理现象迷住了，通过认真研究他发现，这是由于波源(或观察者)运动造成观察者接收到的频率与波源发出的频率不一致。后人为了纪念他，把这个现象命名为多普勒效应。

声波的多普勒效应可用于医学诊断中的彩超，检查心脏、血管等的运动状态。在交通中用于汽车测速，通过向行进中的车辆发射频率已知的超声波来测量反射波的频率，并根据反射波的频率变化计算出行进中的汽车车速。

多普勒效应不仅适用于声波，也适用于所有类型的波，包括电磁波。当光源接近探测者时，测量到光波的频率增加，频率增加又称为"蓝移"，因为这种增加是向着高频段(蓝色端)移动。当光源远离时，探测者测得它的频率降低。频率降低称为红移，指频率向光谱低频段(红色端)移动。科学家爱德文·哈勃(Edwin Hubble)使用多普勒效应得出宇宙正在膨胀的结论。他发现远离银河系的天体发射的光线频率变低，即移向光谱的红端，天体离开银河系的速度越快，红移越大，说明这些天体在远离银河系。

在日常生活中，物体移动速度有限，不可能带来很大的频率偏移，但移动通信在技术上要考虑多普勒效应，避免影响通信问题。

小贴士

多 普 勒

多普勒于1803年11月29日出生在奥地利的萨尔茨堡，他的家族从1674年开始便一直从事石匠生意，且生意兴隆。本来按照家庭的传统，多普勒将继续接管石匠的生意，由于他从小身体相当虚弱，不能从事家族生意。多普勒在萨尔茨堡上完小学后进入林茨中学，1822年在维也纳工学院学习，他在数学方面的天赋尤为突出，1825年以各科优异的成绩毕业，之后又去维也纳的大学学习。1841年，多普勒正式成为布拉格理工学院的数学教授。多普勒是一位非常严谨的教师，曾经因考试过于严厉而被学生投诉，接受学校调查。一天，多普勒带着他的孩子沿着铁路散步，一列火车从远处开来。多普勒注意到，火车在靠近他们时笛声越来越刺耳，然而随着火车的远去，笛声声调变低了。这个平常的现象吸引了多普勒的注意，为什么笛声的声调会变化？他潜心研究，不仅注重科学理论，还运用实验去反复证明实验结论。多普勒发现观察者与声源的相对运动决定了观察者所接收到的声源频率，这也是著名的多普勒效应。

1850 年多普勒成为维也纳大学物理学院的第一任院长，虽然他的科学成就使他闻名于世，但繁重的教务和沉重的压力使他的健康状况每况愈下，三年后在意大利的威尼斯去世，年仅 49 岁。

（资料来源：本书作者整理编写）

第二节 光

光是粒子还是波.mp4

一、光的波动性

1678 年，惠更斯发表的一篇关于光的理论的文章引起了人们的注意，这是在光的波动理论方面最早的重要尝试。早在 1665 年，胡克曾作出这个理论但轮廓非常粗糙，惠更斯发展了波的传播原理，用波动论解释了光的反射和折射。牛顿反对波动说，因为它显然不能解释光的直线传播。在 17 世纪和 18 世纪，科学家对光到底是一种波动还是一股粒子流存在争论。从兰利在 1888 年发表的演说中可以看出科学界的观点："当时有两个伟人，他们每个人都在自己的灯光照引下在黑暗中查看。对每个人来说，在灯光以外的一切都是偶然的；命运注定了牛顿的灯照耀得比他的对手更远，而且牛顿发觉灯光正好照到足以表明错误道路的入口处。"因此，之后的一个多世纪里惠更斯的观念被世人忽视并被搁置一边。

干涉是波特有的性质，如果光能够产生干涉效应，则上述争论也就有结果了。1802 年，托马斯·杨做了光的双缝干涉实验，证明光具有波动性。这位伟大的科学家有一个非凡的幼年时代，2 岁时就能流畅地读书，4 岁时已通读了 2 遍《圣经》，他一目十行，贪婪地阅读各种书籍，无论是古典的、文学的还是科学上的著作。他第一次彻底地用干涉原理解释了声和光，他包含有重要干涉原理的论文成为自牛顿时代以来发行的最重要的光学出版物，但是它们却并未在科学界留有印象，被称为"没有值得称为实验或发现的东西"。

为什么光的干涉要花费这么长时间才能得到认可呢？因为可见光的波长非常短，干涉屏的厚度或缝宽要小到与光的波长相似时才能看到，当时实验设备和技术有限，使干涉效应非常微弱难以观察。

日常生活中，肥皂泡或水面的油膜会呈现色彩绚丽的图案，这些色彩就是由光波的干涉产生的。当肥皂膜的厚度与光的波长差不多时，太阳光从空气射入肥皂膜的外表面，一部分光被直接反射，另一部分光折射入薄膜，又经肥皂膜的内表面反射回上表面，最后经折射又回到空气，和直接在外表面反射的光发生干涉叠加。有些光恰好干涉相消，有些光干涉增强，因而显示出多彩的颜色。

光的干涉提供了测量光波和其他电磁波波长的方法，可见光的波长很短，利用干涉原理制成的干涉仪可以用极大的精度测量非常小的距离。

高等院校立体化创新教材系列

案例导学7-3

在科学研究、工业生产及精密测量等方面，常用薄膜干涉法来测量薄膜的厚度或者检验光学器件平面的平整度，还可根据不同需求在光学仪器表面镀上一层适当材料来增加或减少光在该表面的透射。例如在照相机或望远镜中经常使用很多透镜。如果在每一个表面都有一定量损失，经过诸多表面后的光强就很弱了，且这些反射光会产生有害的杂光，影响成像清晰度。

近年来一些高楼商厦也开始使用不同颜色的幕墙玻璃来代替外墙。从楼内可以看到楼外的景色，但在楼外面却看不到楼内的情况，看到的只是某种颜色的反射光。其中的原理就是在玻璃上镀了一层薄膜，通过调控薄膜厚度使某种特定的光在膜内外产生干涉，从而使玻璃产生不同的颜色。在享用这种便利的同时也应该看到，幕墙玻璃的反射率很高，强烈的反射光超出了人眼的承受能力，称为光污染，这也是一种现代新型的环境污染。

(资料来源：本书作者整理编写)

引导案例7-2

全息摄影

也许最让人兴奋的干涉图样是全息图。在激光照明的二维感光片上，可以再现三维空间中真实的场景。全息摄影是英籍匈牙利裔科学家伽柏(Dennis Gabor)在1947年发明的，据此他获得了1971年的诺贝尔物理学奖。运用光的干涉原理，使照相时感光底片上不仅记录反射光的振幅，还可以记录其相对相位。全息，指把被摄物体透射或反射的光信号的振幅(强度)和相位等全部信息都记录下来，再现时就能得到物体的立体图像。用来制造全息图的光要有单一的频率，且所有部分必须完全同相，这样才能保证光可以发生干涉。1960年激光发明出来，利用激光制作的全息图，用普通光就可以看到它，在多种纸币上的全息图用肉眼也能看到。

如果连续摄像，还可以看到活动的立体景象。全息摄影在日常生活的许多领域都有应用，可以研究微小形变、微小振动、高速运动现象以及生物体的三维立体图像等。另外，除了可见光，还可以利用红外光、超声波和微波来制作全息图。红外和微波在军事侦察和监控上发挥着重要的作用。超声波全息在医疗诊断、水下侦测和工业上的无损探伤领域上具有独特的优势。

(资料来源：本书作者整理编写)

光可以从通常的直线路径照射到两种不同介质的接触面上发生偏折，它还可以通过另一种方式发生弯折，即衍射现象。在房间里能听到隔壁传来的说话声，这是因为声波可以绕过墙透过窗户和门缝传进来。这种波在传播过程中遇到障碍物时会偏离直线传播的现象称为波的衍射。光也可以产生衍射现象，干涉和衍射提供了光具有波动性的最好证据。

不过衍射也不全是好事，在显微镜下观察微小物体时出现衍射现象就不太好了。如果物体的尺寸大致与光的波长相同，衍射就会使图像变得很模糊。如果物体的尺寸小于光的波长，就看不到物体的内部结构。因此设计多高放大率的光学显微镜，都无法超越这个基本的衍射极限。

最黑的黑色

所有人造材料，甚至沥青和木炭，都能反射一定数量的光。从理论上讲，一种完美的黑色物质，无论从哪个角度照射在它上面，都会吸收任何波长的光，而不反射。

对创造最黑暗的黑的追求永无止境。2008 年，美国科学家制造了"最黑的黑"，一种超黑，这种奇特的材料由碳纳米管制成，它们只能反射 0.045% 的光线，这种黑色比黑色油漆的颜色深一百多倍。2009 年，莱顿大学的研究人员发现一层薄薄的氮化铌具有超强的吸光能力，在特定的观察角度下，其吸收光的能力几乎达到了 100%。2014 年来自英国的 Surrey Nano Systems 公司的 MIT 团队发明了一种叫"梵塔黑"(Vantablack) 的材料，能够吸收 99.965% 的可见光，被誉为世界上"最黑的黑色"，它主要采用极为细小的碳纳米排列而成的材质(每平方厘米至少包含十亿个碳纳米颗粒)，用它涂覆在三维物体上，可将其在视觉上变得平坦，如同被隐形。

超黑材料的早期试验是用可见光进行的，阻挡或高度吸收其他波长的电磁辐射材料可能有一天会被用于国防，使物体难以被探测到。

(资料来源：世界上最黑的黑色物质，是什么样子的？关于黑色的黑粉之争[OL]
https://baijiahao.baidu.com/s?id=1720907841436301948&wfr=spider&for=pc (2022-01-03))

传统文化与光的衍射

古代的文学作品中，赋是一种重要的文体，讲究文采、韵节，兼具诗歌和散文性质。三国时期曹植的赋继承了两汉以来抒情小赋的传统，吸收了楚辞的浪漫主义精神，开辟了辞赋的新境界。他在《洛神赋》中对洛河之神宓妃的描写极尽浪漫与真挚，形象鲜活而富有韵致。"明眸善睐，靥辅承权，瑰姿艳逸，仪静体闲。柔情绰态，媚于语言……"。其中对眼睛的描写用到了"明眸善睐"一词，形容女子的眼睛明亮而灵活。在 20 世纪 80 年代流行歌曲《冬天里的一把火》中的歌词"你的大眼睛，明亮又闪烁，仿佛天上星，是最亮的一颗"，也说明了大眼睛明亮。"明亮"从物理学角度来解释，就是分辨率高。人眼是一种精密的光学仪器，根据圆孔衍射原理及光学仪器分辨率的判据，眼睛大，大的瞳孔可使在视网膜上出现的一定距离内不同物点的衍射图样更清晰可辨，因而识别微小物点的能力就越强。

我国进入太空的第一人杨利伟返回地球后接受采访，提及"从太空看地球景色非常美

高等院校立体化创新教材系列

丽,但是我没有看到我们的长城"。在正常光照条件下,人眼瞳孔的直径为 3~4 毫米,人眼最敏感的波长为 550 纳米,根据瑞利判据,人眼的最小分辨角为 2.2×10^{-4} 弧度。杨利伟所乘坐的"神舟五号"太空飞船距地面最低处是 200 千米,可计算出太空中的宇航员用肉眼只能识别地面上相距 44 米以上的两个物体。长城的长度当然长于 44 米,但最宽处就未必达到 44 米(如北京八达岭长城宽度仅为 6 米左右),因此杨利伟在太空中无法辨认哪是长城,哪是道路,即使他看到了长城,也不能识别出来。

(资料来源:本书作者整理编写)

二、光的偏振

按照传播波的物体的振动方向相对波的传播方向是平行还是垂直,可以把波分为两类:横波和纵波。当物体振动方向和波的传播方向相垂直时,这种波称为横波,比如光波。当物体的振动方向和波的传播方向相平行时,这种波称为纵波,比如声波。

许多人使用偏光太阳镜减弱眩光使光线变暗,看 3D 立体电影时戴的眼镜也是偏光的。那么偏光究竟是什么?偏振光和普通光有什么区别?下面先来了解一下光波。

光波是电磁波谱中的一小部分,电磁波是由振荡的电场和磁场组成的,电场和磁场以及波的传播方向三者相互垂直,因此电磁波是横波,对人眼起作用的主要是电场振动,电场振动方向称为偏振方向。太阳或普通光源发出的自然光,在垂直于光传播方向的振动平面内,沿各个可能的方向振动,没有哪一个方向比其他方向更占优势。这种光称为非偏振光,可以看成是两个沿互相垂直方向传播且振幅相等的光矢量的合成。最常用的产生偏振光的方法是使用一块偏振片,这是一种特殊材料,只在一个方向上吸收光,而让垂直于这个方向的光通过。让一束光通过一个偏振片,若发现沿某一方向的光矢量被吸收了,而沿垂直于这个方向的光完全透过,这样的光称为完全偏振光。若这两个相互垂直的方向上都有光,只是光强不同,则把入射光称为部分偏振光。

偏振片不仅可以使非偏振光变为部分偏振光,还可以检测是否为完全偏振光。例如让一束自然光连续通过两个偏振片,通过第一个偏振片后出射光变为部分偏振光或者完全偏振光,再旋转第二个偏振片的方向,若透射光的光强在最强和最弱之间发生周期性变化,则入射光肯定是完全偏振光。

引导案例7-3

惠更斯和牛顿都研究过冰洲石晶体的双折射现象,即一束光通过冰洲石时会分裂成两束光。1808 年,法国工程师马吕斯(E. L. Malus)用冰洲石晶体观察落日在玻璃上的反射现象时,惊奇地发现只出现一个太阳的像!而不是一般双折射时的两个像。这说明反射光的性质发生了某种变化。以前人们认为,光被反射或折射时,它的物理性质是不会改变的,这个偶然发现否定了这一见解。马吕斯进一步用晶体观察烛光在水面上的反射现象时发现,当光束与水面呈 36 度角反射时,在晶体中的一个像就消失了;在其他角度时,两个像的强度一般是不同的。当晶体转动时,较亮的像将会变暗,较暗的像将会变亮。利用其

他物体表面反射时，也会看到类似现象，只是造成一个像消失的角度不同。马吕斯仔细分析了使反射光入射到双折射晶体中的折射现象，若入射面平行于晶体的主截面时，折射光为寻常光，若入射面垂直于主截面时，折射光为非寻常光。如果使经过双折射的光以 52 度 45 分的入射角射到水面上，在晶体的主截面垂直于水面时，非寻常光线全部透过而不发生反射；如果使主截面垂直于入射面(即平行于水面)时，则寻常光线全部透过而不发生反射。马吕斯由此引入了"光的偏振"概念。他证明寻常光和非寻常光在相互垂直的平面内偏振。马吕斯认为，这种现象说明光是横波。光的横波性质与传播光的以太介质存在矛盾，这使菲涅尔很郁闷，他说："这个假设与公认的弹性液体振动本质的概念如此矛盾，以至于我长久以来不能决定是否采用它，甚至当全部事实和长久的思考使我相信这个假设对于说明光学现象是必要的时候也是如此。"这是因为，纵波可以通过气体介质传播，而横向振动只能在固体物质中产生。如果光是横波，以太就应该是固体，很难想象固态的以太不对天体的运动产生阻力。托马斯·杨写道："菲涅尔先生的这个假设，至少应当被认为是非常聪明的，利用这个假设可以进行相当满意的计算。可是，这个假设又带来一个新问题，它的后果确实是可怕的……到目前为止，人们都认为只有固体才具有横向弹性。因此，如果承认波动理论的支持者们在自己的讲稿中所描述的差别，那么就可以得出结论：充满一切空间并能穿透几乎一切物质的以太，不仅应当是弹性的，并且应当是绝对坚硬的。

(资料来源：本书作者整理编写)

案例导学 7-4

　　在阳光充足的白天，从路面上散射过来的耀眼阳光，常使人难以看清周围的情况。这些光基本上是在水平方向振动的，因此只需戴上一副只能在竖直方向偏振的偏光太阳镜就可以阻挡大部分的强光。使光变成偏振光的方法有多种，不一定必须经过偏振片，例如，从一种透明材料如玻璃或水的光滑表面反射也可以产生偏振。当太阳光从地面以合适的角度反射时，反射的光波可以完全偏振，这个角度称为起偏角。偏光太阳镜的用处很多，例如，从湖面反射的光会产生强烈的眩光，这会给划船的人和滑水运动员带来烦恼，由于太阳位于或接近起偏角时这种光强烈偏振，偏光太阳镜能够消除这种眩光。偏光太阳镜还有助于减少湿滑路面或抛光汽车发动机罩所反射的太阳光产生的眩光，也可使滑雪运动员减少雪面反射太阳光产生的眩光。

　　偏光眼镜在看立体电影时也很有趣。两只眼镜同时看物体会产生立体感。立体电影是两卷胶卷同时放映，且偏光眼镜两块镜片的偏振方向互相垂直，这样，带上偏振眼镜看电影时图像叠加起来产生立体感。

　　许多动物也利用光的偏振。例如蜜蜂利用日光的偏振来导航。乌贼可以产生复杂的皮肤图案作为交流的手段，而这些图案是人类的眼睛所看不到的。

　　苏格兰物理学家戴维·布儒斯特利用光的偏振在 1816 年发明了万花筒，布儒斯特万花筒协会的创始人科济·贝克写道："他的万花筒引发了空前的轰动……从最低的到最高的，从最愚昧的到最博学的，所有阶层都爆发了一股狂潮，所有人不仅感受到，还表达出

高等院校立体化创新教材系列

这样一种情绪：他们的生活增添了一种新的乐趣。"美国发明家埃德温·兰德(Edwin Herbert Land)评价万花筒就是 19 世纪 50 年代的电视机。

（资料来源：本书作者整理编写）

三、光的本性

光是什么？它由什么组成？这些关于光的本性问题，一直是人类探讨的主题。关于光的本质，近代形成了波动说和微粒说两种观点并进行了长期的争论。

笛卡儿认为光是一种在以太介质中传播的压力，传递的速度无限大。但他又将光类比于物质微粒，用类似小球的微粒概念来解释光的反射和折射，没有给出关于光的本性的明确说法。胡克主张光是介质中细微快速的振荡运动，类似水波一样，在均匀的介质中，光运动的速度在各个方向都以相等的速度传播，如同把石块投入水中，在水面上激起的波或环。荷兰物理学家惠更斯发展了胡克的思想，他认为光的传播方式与声音类似，光是发光体中微小粒子的振动在弥漫于宇宙空间的以太中传播。

牛顿支持微粒说，他的光学研究是物理学中最重要的研究，在学生时代就最先观察了日冕。微粒说比较容易解释光的直线传播。19 世纪初期，托马斯·杨和菲涅尔等人的工作大大发展了光的波动理论。托马斯·杨提出光波的频率和波长的概念，并初步提出干涉原理，解释了光的干涉现象，测定了光的波长，对光的波动理论做出了重要贡献，但他认为惠更斯关于光是纵波的说法是对的。

法国工程师菲涅尔(A. J. Fresnel)对光学很感兴趣，他提出光的衍射理论，如果在光束的传播路径上放置一块不透明的圆板，由于光在圆板边缘的衍射，在离圆板一定距离的地方，圆板阴影的中央应该出现一个亮斑。法国物理学家阿拉果(Dominique Francois Jean Arago)用实验检验了这个理论预言，被圆板遮挡的阴影中心的确出现了一个亮斑，这个亮斑后来被称为"泊松亮斑"，这使大家开始接受菲涅尔的波动理论。但是，光的波动说对于晶体双折射和偏振现象仍然无能为力。

1845 年，法拉第发现了光的振动面在强磁场中会旋转，这表明光学现象和磁现象之间存在内在联系。1865 年，麦克斯韦发表了著名论文《电磁场的动力理论》，提出了电磁场方程组，表明电场和磁场以波动的形式传播，并求出电磁波的传播速度恰好等于光在真空中的传播速度，由此说明光是一种横向振动的电磁波。1886 年 10 月，赫兹在实验中证明了光的电磁波本质，从此之后，光的横波理论才被物理学家们普遍接受。

但是，当时的光学理论还不能解释光学现象的某些基本特征，例如，为什么一个特定的光化学反应发生与否，只取决于光的颜色，而不取决于光的强度？为什么短波射线在促进化学反应方面一般比长波射线更为有效？为什么若要使物体发射的辐射中包含短波的部分，就要求其有较高的温度，也即较大的分子能量呢？对于这些问题，现代的光的波动说都不能作出回答。尤其是它无法解释光电效应或 X 射线产生的阴极射线具有那么明显的与射线强度无关的初速度的原因。爱因斯坦指出普朗克开创的量子理论可以解决这些问题，普朗克做出如下推测：辐射振子的能量只能是某个最小量值的整数倍，在辐射的发射和吸

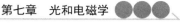

收过程中，只有这样大小的能量子才会出现，这个假说也称为光量子假说，可以回答上述提出关于辐射的吸收和发射问题。

关于光的本性的认识经历了漫长的过程。17—18世纪，一部分人认为光是粒子，另一部分人认为它是一种波动。19世纪电磁场理论建立后，光被证明是电磁波。爱因斯坦的光量子理论重新确定了光的粒子特性，由此人们认识到光既具有波动性质，又具有粒子性质。光量子理论和狭义相对论进一步启发德布罗意提出物质波理论。

【拓展阅读7-1】牛顿光学理论与旋转球见右侧二维码。

牛顿光学理论
与旋转球.docx

第三节　电　　学

一、电荷

1. 电学的早期研究

人们对电荷的认识最早从摩擦起电和自然界的雷电现象开始。尽管古人并不了解这些现象的本质，但出于好奇对这些现象进行观察并提出解释。古代盛行元气自然观和阴阳学说。古人认为，宇宙万物都由元气组成，各种事物的运动变化由阴阳两种因素决定，雷电现象就是阴阳激烈作用而产生的。《淮南子·地形训》中写道："阴阳相薄为雷，激扬为电。"生产实践发现，硬橡胶棒与毛皮摩擦后或者玻璃棒与丝绸摩擦后对轻微物体有吸引作用，这种现象后来被称为带电现象。人们认为硬橡胶棒和玻璃棒都带有电荷，进一步实验发现，两者所带电荷属于不同种类。把被毛皮摩擦过的硬橡胶棒所带的电荷称为负电荷，把被丝绸摩擦过的玻璃棒所带的电荷称为正电荷。同种电荷互相排斥，异种电荷互相吸引。

电的吸引和排斥一直是科学家感兴趣和作为娱乐的现象。玻意耳观察到干毛发很容易通过摩擦起电。他说："恢复了一定干燥度的一缕假发，会被一些人的皮肤所吸引，我在两位戴着假发的美丽女士身上得到了证据。"牛顿描述了用装在黄铜环上的圆玻璃杯做的实验，用粗糙的抹布把玻璃杯摩擦一会儿，会发现放在桌面上低于玻璃杯的小薄纸碎片开始被吸引，还会跳上跳下。在17世纪以前，由于无法获得大量的电荷，对电和磁现象的发现大多是定性的观察和零碎的解释。17世纪开始，才开始进行系统的研究。1660年德国工程师盖里克(Otto von Guericke)发明了摩擦起电机，它是一个安装在支架上可以自由转动的大硫黄球，用手或者布触碰转动的球面，在其上就可以产生大量电荷。尽管盖里克发明这个摩擦起电机的本意是为了研究地球的引力原因，但在客观上却为人们提供了一种产生电荷的有效工具。之后，人类进行了大量的静电实验并发现了静电感应现象、导体和绝缘体的区别及储存电荷的方法等。

18世纪中期，美国政治学家、科学家和外交家富兰克林(Benjamin Franklin)通过对摩擦起电和电荷传导现象的实验分析，提出了正电、负电的概念，得出电荷守恒的结论。有了电荷的概念，就可以定量地研究电荷之间的相互作用。

高等院校立体化创新教材系列

小贴士

富 兰 克 林

富兰克林(Benjamin Franklin)的家族来自英格兰中部的北安普敦郡和牛津郡,他的父亲为了逃离宗教迫害从班伯里移民到新大陆。富兰克林 12 岁时,父亲让他去印刷厂当学徒,在学徒期间,富兰克林坚持读书,写作上初露才华,17 岁时,因和哥哥不和,只身去了费城,之后又去了伦敦,有幸认识了斯威夫特、迪福和菲丁尔等名人,还结交了很多爱读书的朋友。富兰克林在伦敦待了一年半后,又回到了费城,1731 年在费城建立北美第一个巡回图书馆,成员相互切磋知识共同进步。

富兰克林身高近 1.8 米,体格健壮,身体灵活,说话风趣,回到英国后建立了自己的印刷厂,他开始写作,发表政治方面的论述,1732 年出版了《穷查理历书》,书中倡导人们把勤俭的美德作为致富的手段,这本书畅销了 25 年,给富兰克林带来了丰厚的利润和名誉。富兰克林还帮助建立了一个高等教育机构,即费城科学院,也就是现在的宾夕法尼亚大学。富兰克林主要通过自学研究科学,他是一个善于抓住机会从事科学研究的人。自从他看了一些电学实验的演示后,对电学研究产生了极大的兴趣,他很快发现了尖端放电效应,商人的敏锐直觉让富兰克林很快将这一发现用于发明避雷针。很快,避雷针成了教堂和其他高大建筑的标准设施。电学实验使富兰克林赢得了科学家的声誉。哈佛大学、耶鲁大学、威廉和玛丽学院也先后赋予富兰克林荣誉学位。

同时富兰克林也深入参加公共事务和公众生活,参与起草《独立宣言》。人们称赞他简朴的衣着,机智及温文尔雅的举止,他向人们展示自然人的美德,体现了启蒙时代很多可贵的思想。1790 年富兰克林在费城死于胸膜炎。费城的两万多人参加了他的葬礼。富兰克林年轻时曾为自己写下墓志铭:"印刷工本杰明·富兰克林的遗体,就像一部旧书的封面,印字、烫金已经剥落。躺在那里,成为虫食。但是他的作品不会消失,因为它会再次出现,由于作者的修订和更正,以新的、更完美的形式出现。"

(资料来源:本书作者整理编写)

2. 静电之间相互作用规律的研究

18 世纪中叶,牛顿力学已经取得辉煌胜利,人们借助已经确立的万有引力定律,对电力和磁力的规律作了种种猜测。德国柏林科学院院士艾皮努斯(F. U. T. Aepinus)1759 年对电力作了研究,他在书中假设电荷之间的斥力和引力随着带电物体距离的减少而增大,但是他并没有实际测量电荷之间的作用力。1760 年,瑞士物理学家和数学家丹尼尔·伯努利(Daniel Bernoulli)首先猜测电力会不会也跟万有引力一样,服从平方反比定律。因为自然现象中很多过程都服从平方反比定律,例如光的照度、水向四面八方喷洒和均匀固体中热的传导等无不以平方反比定律变化,这从几何关系可以得到证明,因为同一光通量、水量和热量等通过同样的球面,球面的面积 S 与半径 r 的平方成正比,因此强度与半径的平方成正比。

18 世纪后半叶科学家们在探索电荷之间电力的作用规律时已有一些猜测，直到 1785 年，法国科学家库仑(Charles Coulomb)发明的电扭秤实验最终解决了这一问题，得出了明确的结论，建立了今天所称的库仑定律。它的表述如下。

对于两个尺寸远小于它们间距的带电体，它们之间的作用力与它们所带电荷量的乘积成正比，并与两者间距的平方成反比，沿着从一个带电体指向另一个带电体的方向。记作 $F = k\dfrac{q_1 q_2}{r^2}$，其中 q_1 和 q_2 为两个带电体的电荷量，r 代表两个带电体之间的距离，$k = 9 \times 10^9 \, \text{N·m}^2 / \text{C}^2$ 是比例常数，称为库仑常数，与万有引力定律中的引力常数 $G(G = 6.67 \times 10^{-11} \text{N·m}^2 / \text{kg}^2)$ 很像，但其数值远比 G 大得多。

库仑定律在静电学中的重要性，类似于万有引力在牛顿力学中的重要性。从库仑定律的发现经历中，可以看到类比方法在科学研究中所起的作用。如果不对比万有引力定律，单靠实验的探索和数据的积累，不知要到何时才能得到库仑定律的表达式。库仑定律的建立，使电学研究进入定量化研究阶段，开始成为一门真正的科学。实际上整个静电学的发展，都是借鉴和利用牛顿的引力理论走下去的。当然，虽然电学的发展得益于牛顿力学的启示及类比方法，但是，实验验证的作用也不能抹杀，若没有库仑等人的精确测量，谁会对这一领域的新现象作出科学的解释呢？另一方面，类比法也有局限性，在科学的历史中也留有很多教训。

引导案例7-4

库仑定律与万有引力

引力和电磁力(电力和磁力)是自然界中的两种基本力。如果做一对比，就可以发现引力和静电力的异同。相同之处是，两者都和两个物体之间距离的平方成反比。第一个明显的不同是，引力依赖于两个物体质量的乘积，而静电力依赖于两个物体所带电荷量的乘积。第二个隐含的不同是，引力永远都是吸引力，因为质量不可能是负的，而静电力既可以是吸引力，也可以是排斥力，取决于两个物体所带电荷的符号。第三个区别是两者的强度。引力比静电力要弱很多，至少一个物体必须拥有极大的质量时，才能产生相当大的引力。

在原子或亚原子层次上的带电粒子受到的静电力要远比非常弱的引力重要。正是因为静电力将原子聚集在一起，所以静电力对一切材料的行为和特性起着至关重要的作用。

(资料来源：本书作者整理编写)

二、电流

1. 电流的发现

1780 年意大利解剖学家伽伐尼(Anatomist Galvani)在研究动物神经对刺激感受的实验时，发现当解剖青蛙的手术刀触及青蛙内侧的神经时，青蛙的四肢会立即痉挛起来，且在起电机上发生一个小火花，这与莱顿瓶通过导体放电类似。之后经过多次反复实验，伽伐尼发现这是由神经传导肌肉的一种特殊电流体所引起的,这种青蛙身上的电流体称为"动物电"。伽伐尼的这个发现引起了意大利物理学家亚历山德罗·伏打(Alessandro Volta)的浓厚兴趣,伏打研究发现,只要将导线连接的两种金属浸在液体或潮湿的物体中,就会出现这种电效应。他还发明了"电堆",在一块锌片和一块铜片之间,加上浸透盐水的厚纸板等潮湿物质夹层,再把几十个这样的单元叠起来,便可以在其两端引出强大稳定的电流,由此把电学的研究由静电引向动电。

2. 电流

正如水流是水分子的流动一样,电流是电荷的流动。在金属导体回路中,电子能在原子中自由移动。更精确地说,电流是电荷流动的流量,即单位时间内通过导线横截面积的电荷量。

电荷只有在它们受到"推动"或者"驱动"作用时才会流动。持续的电流需要合适的"电泵"装置来提供电势差(即电压),如同水泵,将水从较低的水箱抽到更高的水箱,使水流持续从高处流向低处。发电机或者电池就是电路中的"电泵",做功可将负电荷从正极拉回到负极。

电路中电流的大小不仅取决于电路两端的电压,还取决于回路中的电阻。这类似于水管中的水流大小不仅取决于管道两端的压力差,还与管道本身形成的阻力有关,管道越宽和越短,受到的阻力越小。导线的电阻取决于它的材料、长度、粗细及温度。电压、电流和电阻之间的关系可以用欧姆定律定量地给出,即电流等于电压除以电阻。

【拓展阅读 7-2】电击见右侧二维码。

电击.docx

案例导学 7-5

烤面包机中隐藏着开关,当你使用烤面包机烤面包时,为什么烤过了的面包片会突然跳出?为什么电热水壶中水烧开后会自动断电?为什么电动咖啡机会不断通电或断电来保持咖啡的温度?这些电路的开关在哪里呢?

许多带有加热元件的电器会使用某种恒温器。恒温器是一种对温度敏感的开关,当温度达到某个阈值时,它会断开电路。当你拆开某些电热设备(确保未通电),追踪里面的导线,就会在电路中发现一块金属片,这块金属片通常位于入口附近可以感到余温的位置。余温是由烤面包机的加热线圈加热导致的,这块简单的金属片与导线构成了恒温器。

这块金属片由两片金属纵向粘在一起组成。当温度升高时,不同金属以不同的速率膨胀,因此加热设备使得双金属片的一边长、一边短,发生弯曲。膨胀率较大的金属片位于弧的外侧,膨胀率较小的金属片位于弧的内侧,以补偿膨胀率较大金属片的较大长度。按下烤面包机的按钮时,双金属片在不弯曲时与一个金属突出点接触,而在发热和弯曲时与金属突出点脱离,断开电路,棘轮松开,弹出面包片。

在对温度非常敏感的室内恒温器中,双金属片的形状一般是圆形的,在小空间里可以使用更长的金属片。还可以方便地调节温控器的设定值,通过旋钮拧松或拧紧圆形双金属片来设定温度，使得当温度升高到设定值时，自动断开电路。

这种简单的物理效应涉及不同金属的热膨胀率，已广泛应用到各种电器中。有些应用还尚未发明，你可以尝试发明新的应用并申请专利。

(资料来源：本书作者整理编写)

三、电场

库仑定律给出两个带电体之间相互作用的定量关系，电力通过怎样的方式传递呢？力是物体与物体之间的相互作用，这种作用常被习惯地理解为是一种直接接触作用。举个例子，推箱子时，你的手直接接触箱子而把力作用在箱子上。但是引力和电力却可以发生在两个不接触的物体之间，那么，这些力究竟如何传递呢？历史上围绕这个问题曾经给出两种解释。一种观点认为这些力是超距作用，不需要中间媒介，不需要传递时间，就能实现远距离相互作用。另一种观点认为这些力通过空间一种未知的弹性介质来传递。近代物理学表明，超距作用的观点是错误的，电力的传递需要时间，传递速度约为光速。

19世纪初英国物理学家法拉第(Michael Faraday)提出新的观点，他认为在电荷周围存在着一种特殊形态的物质，即电场。电荷与电荷之间的相互作用是通过电场来传递的。电场对电荷的作用力称为电场力。法拉第以惊人的想象力提出了"场"的概念，受到了爱因斯坦的高度评价，他认为想象力比知识更重要，因为知识是有限的，而想象力概括着世界上的一切，推动着进步，并且是知识进化的源泉。

电场和实物粒子一样，具有质量、能量和动量等物质的基本属性。相对观察者静止的电荷在其周围空间产生的电场称为静电场。

小贴士

法 拉 第

迈克尔·法拉第于1791年9月22日出生在英国泰晤士河南岸纽因顿，是一个铁匠的儿子。他说："我所受的教育是最平常的，比在普通学校中基本的读、写、算多不了多少，我课外的时间都消耗在家里和街道上了。"他在家附近的一个图书装订和文具店铺里当童工。法拉第最初对科学感兴趣出于一个偶然的原因。当时他在装订《不列颠百科全书》，读到其中一页有关"电学"的文章，作者是泰特勒(James Tytler)，虽然观点有些另类，但激励法拉第尝试证明文中的说法。与此同时，法拉第还积极参加关于科学主题的讲座，和其他年轻人讨论科学问题，通过这种方法，法拉第受到了包括电学、流体静力学、光学、化学等方面的基本科学教育。一次偶然的机会，戴维的化学实验室发生爆炸，眼睛受伤，需要一个抄写员继续进行实验，法拉第被推荐给戴维，由于他的出色表现，很快成为戴维在皇家研究院的助理。

之后不久，法拉第开始独创性的工作，此后的二十年，法拉第一个又一个伟大的科学发现蜂拥而至。他对科学的第一个重要贡献是发现苯，30岁时发现了电磁旋转现象，40

岁时发现了电磁感应，并利用这种效应制成了世界上第一台发电机和变压器，54岁时发现了磁光效应和反磁性现象。对于这样的年龄，当时没有哪一位科学家的创造性研究能出现得这么晚且这么持久。

随着思维能力的衰退，法拉第退出科学界，开始专注教学，尤其是为青少年举办科学讲座。丁铎尔评价法拉第是一个强有力的研究者，"作为一名教师，没有什么能抵得上他的力量和传播的芬芳。"1857年，法拉第因机能自然衰竭而去世，享年75岁，按照他的遗嘱葬于海格特墓地。

(资料来源：本书作者整理编写)

第四节　磁　　学

电磁场.mp4

一、磁场

人类发现磁现象远比发现电现象要早得多。据历史记载，我国早在春秋战国时期就陆续在《管子·地数篇》等古籍中找到有关磁石的描述。司南也是古人最早的磁性指南工具。在家里搜集一些磁铁可以做些简单的实验。磁铁可以吸引钉子等金属制品，却不吸引银、铝等以及大多数非金属制品，这种性质称为磁性。磁铁存在着两个磁性很强的区域，称为磁极。地球是一个大磁体，如果将条形磁铁水平悬挂起来，磁铁将自动转向地球的南北方向，指向南方的磁极称为磁南极，指向北方的磁极称为磁北极。

同种磁极相斥，异种磁极相吸。这条规则与电荷之间相互作用力的规则很相似，电荷是同种电荷排斥，异种电荷相吸。但是，磁极和电荷有一个非常重要的区别，即电荷分为正电荷和负电荷，可以单独存在，磁极却不能单独存在。尽管物理学家们猜测会有像单个电荷那样分立的磁荷，但实验上一直没有被发现。

在相当长的历史时期内，人们认为磁和电本质上完全不同，对磁的研究进展非常缓慢，直到1820年4月，丹麦物理学家奥斯特(Hans Christian Oersted)在一次讲座上做演示实验时，偶然发现小磁针在通电导线周围受到磁力作用会发生偏转，这才揭开了电与磁现象之间的内在联系。小磁针这么一动，听众没有什么特别感觉，对奥斯特来说却很震惊，他苦做了三个多月的研究，终于向世界宣布电流的磁效应，这件事在欧洲学术界引起了巨大轰动。法国物理学家安培得知此消息后立刻重复了奥斯特的实验，发现磁铁对载流导线也有相互作用。上述实验都表明磁现象和电荷的运动之间有密切关系。

随后安培根据实验结果提出了著名的分子电流假说。他认为一切磁现象的根源都是电流，磁性物质分子中存在回路电流(即分子电流)，分子电流相当于磁铁元，物质对外显示的磁性，是物质中分子电流对外磁效应的总和。近代物理学表明，安培所提出的分子电流由原子中核外电子的绕核运动和自旋运动形成。电荷的定向运动形成电流，因此，磁现象的本质源于运动的电荷。

与静止电荷之间的相互作用一样，磁铁与磁铁、磁铁与电流、电流与电流以及磁铁与运动电荷之间的作用力都是通过周围特殊形态的物质，即磁场来传递的。就其本质来说，运动的电荷在其周围会产生磁场。磁场对放入其中的运动电荷的作用，称为磁场力。恒定电流周围激发的磁场不随时间发生变化，称恒定磁场。

【拓展阅读7-3】地球磁场见右侧二维码。

地球磁场.docx

霍尔效应

1879 年，美国物理学家埃德温·霍尔将一个矩形黄金薄片放置在一个垂直于薄片的强磁场中。假设 x 和 x' 是矩形的两条平行边，y 和 y' 是矩形的另外两条平行边。将电场两端连接到 x 和 x' 侧，使薄片的 x 方向产生电流，则在 y 和 y' 之间会产生一个微小的电压，这个现象称为霍尔效应，该电压称为霍尔电压，与外加磁场的强度及电流的乘积成正比。

开尔文评价霍尔的发现可和法拉第相比，澄清了磁场对电流的磁力产生的物理机制，并提供精确测量半导体材料电学特性的途径。霍尔效应具有无损探测的特点，如今被广泛应用于流体流量传感器、压力传感器、汽车点火定时系统等各种磁场传感器之中。

2013 年，以薛其坤院士领衔的清华大学物理系和中科院物理所合作团队，实验上首次观测到不需要外加磁场的量子反常霍尔效应，这一发现可被用于发展新一代低能耗晶体管和电子学器件，进而推动信息技术的进步。杨振宁院士评价这项研究成果是从中国实验室中，第一次表现出诺贝尔物理学奖级别的论文。

(资料来源：本书作者整理编写)

二、电磁感应

奥斯特、安培和其他科学家的研究表明电流可以产生磁场，拉开了电与磁相联系的序幕。从方法论中的对称性原理出发，既然电流能产生磁场，那么反过来，磁场可以产生电场吗？这成了很多科学家共同关心的问题。1820 年，就在奥斯特发现电流磁效应之后不久，就有人宣布"成功地"实现了磁生电，这些消息虽然轰动一时，但很快就被否定了。人们设计了各种实验，试图找到磁生电的踪迹，但都以失败而告终。例如，瑞士物理学家科拉顿(J. D. Colladon)在 1825 年做过这样的实验，他把磁铁插入闭合线圈，试图观察线圈是否产生感应电流，为了避免磁铁对电流计的影响，特意把电流计放在隔壁房间里。他一个人做实验，只能来回跑，他先在一个房间里把磁铁插入线圈，再跑到另一个房间去观察电流计的偏转，每次都发现电流计的指针没有偏转。其实他已经接近发现的边缘了，只是实验安排有问题，失去了观察到瞬时变化的良机。

1822 年，法拉第在自己的日记里写道"由电产生磁，由磁产生电"的大胆设想，开始着手磁生电的艰苦探索。1824 年，法拉第第一次试图观察磁生电的现象，这次实验没有成功。1825 年，他又做了一次实验来寻找磁生电现象，再次得到否定的结果，过了四个月，法拉第做了第三次实验，差一点就要成功了。他笃信自然力的统一，经过近 10 年的艰苦

高等院校立体化创新教材系列

研究，经历了一次又一次的失败，终于在1831年从实验上证实了磁场可以产生电场。

在没有任何外界电源的情况下，可以通过简单移动磁铁进出环形导线来产生电流，而不需要电池或其他电源。法拉第的实验大体可以归为两类：一类是磁铁与线圈发生相对运动时，线圈中产生了电流；另一类是以一个通电线圈取代磁铁，当电流变化时，在它附近的其他线圈中产生了电流。电磁感应被总结成法拉第电磁感应定律，表述如下。

线圈中的感应电动势与线圈的匝数、线圈的横截面积和线圈中磁场变化率的乘积成正比。

由电磁感应所产生的感应电流的大小不仅取决于所产生的感应电动势，而且与线圈连接电路的电阻有关。

电磁感应现象在生活中随处可见。在马路上，一辆汽车行驶过埋在地下的导线线圈，改变穿过线圈的磁场，从而触发路灯。混合动力汽车利用它将汽车刹车制动的能量转换成电池中的电能。机场、地铁口等安检系统中装有垂直线圈，如果乘客携带一定量的铁制品，就会改变线圈中的磁场，从而触发报警装置。

法拉第宣布发现电磁感应后不久，又有两项关于电磁感应现象的重大发现问世。一是美国物理学家亨利(Joseph Henry)在用电磁铁装置进行电报机实验时，发现通电线圈在断开时会产生强烈的电火花，即自感现象。当时他无法做出解释，在得知法拉第发现的电磁感应之后，才明白其中的道理。另一个是楞次(Heinrich Lenz)把法拉第的发明和安培的磁力理论结合在一起，提出了确定感生电流方向的基本判据。他说："设一金属导体在一段电流或一个磁铁附近运动，则在金属导体内将会产生电流。电流的方向是这样的，如果导体原来是静止的，它会使导体产生运动，运动方向与静止时产生的运动方向相反。"

在生活中，当把家用电器的插头突然从插座拔出，或要插入插座时，常会看到有电火花从插座里飞出，这就是由电磁感应引起的自感现象。当电流被断开或接通的瞬间，电流在很短的时间内发生了很大的变化，因此会产生较高的自感电动势，在断开处形成电弧。这也是为什么一般应该先关闭开关再断开电器连接，而不是直接拔出插头的原因。

电 磁 铁

安培在实验中将一根铁棒放在线圈中，他发现当电流接通时，铁棒就像永磁体。1824年，英国皇家炮兵军官斯特金通过在铁制马蹄铁上绕几圈裸铜线，制造了一个U形电磁铁。1829年，亨利对此进行完善，他在较厚的U形铁芯周围使用多匝绝缘铜线，制造了可提起一吨铁的电磁铁。电磁感应原理指出磁场变化会产生电流，亨利与法拉第被认为是这一原理的共同发现者。当时，奥斯特的发现问世不到10年，科学界就已经在寻找磁力的实际用途了。

(资料来源：本书作者整理编写)

三、麦克斯韦的电磁场理论

随着自然科学的飞速发展，数学知识的应用和表述不仅是一种形式，而且是一种思维，可以看到，数学的表现形式可以与物理学的思想完美地结合在一起。在这方面，英国物理学家麦克斯韦(James Clerk Maxwell)的电磁场理论是一个重要典范。爱因斯坦对他的研究给予很高的评价，认为自从牛顿奠定理论物理学的基础以来，物理学公理基础最伟大的变革是由法拉第和麦克斯韦在电磁现象方面做出的贡献引起的。麦克斯韦在电磁理论方面的研究可以和牛顿在力学理论方面的研究媲美。和牛顿一样，他是站在法拉第和汤姆孙这两位巨人的肩膀上，在创建电磁场理论的十余年奋斗中，做出的伟大历史综合。

麦克斯韦认为，为了利用某种物理理论来获得物理思想，应当了解物理相似的存在，这种相似指一门科学的定律和另一门科学的定律之间的局部类似。他还特别注意数学公式的类比，指出科学的宗旨就是要把自然界的问题归结为数学计算来精确确定各个物理量。麦克斯韦及时总结了电磁学方面的所有成就，从描述电磁现象的物理概念和物理规律中看出了两种不同性质的带有方向的量，他分别称之为"量"和"强度"，后来改为"通量"和"力"，从空间的"通量"还显示出"力"，指出只有当"通量"发生变化时才能产生"力"。

麦克斯韦电磁场理论的基本思想是：随时间变化的磁场会产生感生电场，而随时间变化的电场会产生变化的磁场，继而这变化的磁场又会产生变化的感生电场。如果介质不吸收电磁场的能量，电场和磁场的相互转化过程就会循环下去，形成不可分割的统一电磁场，并由近及远地传播出去形成电磁波。大量实验和事实已经证明电磁场确实有能量、动量和质量，是和实物一样客观存在的物质形式。

从麦克斯韦方程组中能推导出关于电磁场的所有知识：从静电学到张量微积分，甚至一些光学知识。它把一个主题的所有知识浓缩到一组信息当中，而且这些信息已经成为现代物理学的基石。麦克斯韦方程所揭示的电磁学原理是我们日常生活中所有电气电子设备的工作基础。

麦克斯韦用类比方法解释物理现象的内在联系，用精确的数学语言建立电磁场理论，并非常重视加强数学与物理实验之间的联系。他创建了世界上著名的"卡文迪许实验室"，认为"习惯的用具钢笔和纸张将是不够的了，我们将需要比教室更大的空间，需要比黑板更大的面积"。他始终保持谦逊，称自己只不过是一支笔，写出了法拉第等科学家的杰出思想。

【拓展阅读7-4】麦克斯韦请扫描右侧二维码。

麦克斯韦.docx

四、电磁波谱

如果将小木棍插入静止的水中并摇晃，水面上将产生波浪。同样，麦克斯韦告诉我们，如果在空中来回摇动带电杆，就会在空中产生波动，电场和磁场的振动互相激励，从电荷的振动向空间发出电磁波。波

电磁波谱.mp4

在传播过程中不会改变速度，这由电磁感应定律和能量守恒定律决定。如果光速变慢，变化的电场会产生较小的磁场，反过来产生更弱的电场，持续下去波动就会消失，波就不能从一个地方传递到另一个地方。同样地，如果光速变快，变化的电场会产生较强的磁场，反过来产生更强的电场，一直下去能量会逐渐增大，这将违反能量守恒定律。麦克斯韦计算出电磁波的波速是每秒 30 万千米，计算过程中没有使用已有光速的值，却根据电磁场方程算出了光速，他立即意识到这就是光的本性，光是一种在特定频率范围内的电磁波。光学从此成为电磁学的一个分支。

电磁波按照频率不同来分类所形成的排列称为电磁波谱(如图 7.2 所示)。从无线电波延伸至 γ 射线的电磁波连续范围，每一部分的描述名称仅仅是历史上按照不同的发送或接收电磁波的方式来分类，电磁波都是由振动的带电体产生的电磁场扰动以光速穿过电磁场向外传播，区别是频率和波长不同。电磁波通常也被称为电磁辐射，因为它们是从带电体辐射出来的。

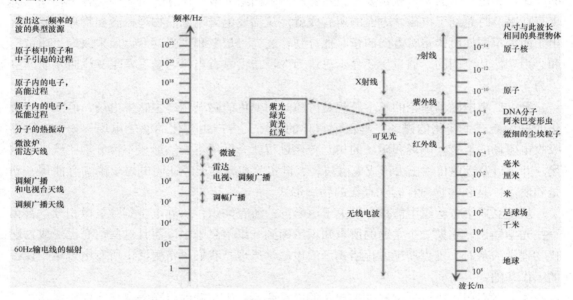

图 7.2　电磁波谱

人们以前认为空间是空的，因为看不到弥漫在空间无所不在的各种电磁波。在地球上有很多比人类更敏感的生物。例如，响尾蛇可以感知红外线，探测周围环境的"热图像"。人眼看到的月蛾呈浅绿色，月蛾能感知紫外波段的光，栖息在绿叶上时，其他生物很难发现它们，但月蛾之间无法伪装，它们眼中的对方都是色彩斑斓的。蜜蜂也能察觉紫外光，事实上，在紫外光下许多花卉都有美丽的图案，蜜蜂可以看到这些图案并被引导着围绕花朵飞翔。这些迷人而复杂的图案完全隐藏在人类的感知范围之外。当今人类已经沉浸在数以百计的无线电信号、源于大爆炸的宇宙背景辐射等其他多种多样的电磁辐射之中。

【拓展阅读 7-5】世界著名的射电望远镜见右侧二维码。

世界著名的
射电望远镜.docx

电磁辐射会导致两个全球性的环境问题，臭氧枯竭和全球变暖。臭氧 O_3 来自太阳的高能紫外辐射氧气 O_2 分子分解，生成氧原子随即和氧气结合而形成，它也容易被各种化学反应分解掉。同温层的臭氧层对地球上的生物很重要，因为它吸收了太阳的大部分紫外辐射，从而保护生物免受有害辐射的伤害。在过去的一个世纪里，人类用的普通家用工业化学制品毁掉了地球大气中大部分臭氧，因此全球应该行动起来，采取强有力措施保护臭氧层。

水蒸气和二氧化碳称为温室气体，因为它们能够强烈吸收红外辐射。地球对外辐射红外线，因此，温室气体对于平衡地球的能量必不可少。由于地球盖了一层大气"毯子"，地球向外辐射的能量又被"毯子"反射回来，使地球的温度升高，这种效应称为温室效应。人类活动所产生的二氧化碳越来越多，使温室效应逐渐加剧。全球变暖会产生多种多样的不良后果，人类必须采取行动来阻止温室气体排放的进一步快速增加。

引导案例 7-6

无论遇到什么事情，都可以用物理定律来解释。人生就像是一间巨大的物理实验室，任何闯入生命突如其来的事情，归根结底是源于牛顿运动定律的基本概念：一个力作用在物体上，使物体的运动状态发生变化。对于电磁学理论来说，其实没有那么复杂和枯燥。一般来说，原子中的电子只是绕原子核打转儿，直到聪明的人类发明了电池，一边是富含电子的材料，另一边是电子不足的材料，把两边相连，电子就会游过电解质，争先恐后地去找质子，这股单一方向的涌动就会产生电流。

打开电灯时，会发现灯瞬间就亮了，你还以为电子的速度跑得非常快，一下子从那头跑到了这头，其实电子实际并没有跑多快，也没有跑多少距离，只是电线里挤满了很多电子。这就好像一座细长的桥，连接陆地和小岛，桥上有很多蜗牛，当你看到陆地这头蜗牛才刚爬上大桥时，小岛那边已有蜗牛登陆了，这并不是因为蜗牛爬得很快，而是桥上早已挤满了蜗牛而已。

至于电磁场，一个带电的粒子会在其周围产生一个场，这个场可以看成这个电子的影响范围，一旦有另一个带电粒子想要闯入这个电子的电场，就会被驱逐。对于磁铁也是一样，磁铁在其周围产生磁场，一旦两块磁铁相互靠近，就能感受到相吸或者相斥的力了。

（资料来源：本书作者整理编写）

第五节 原子和原子核

一、原子模型

1. 原子论

美籍犹太裔物理学家理查德·菲利普斯·费曼(Richard Phillips Feynman)曾经说过：

高等院校立体化创新教材系列

"如果在某种灾变中，所有科学知识都将被毁灭，只有一句话能传给后来的智能生物，那么，怎样能以最少的语言包含最多的信息呢？我相信那就是原子假说，即万物都是由原子组成。原子是一种小粒子，它们永不停息地四处运动，当它们分开一个小距离就彼此吸引，或被挤在一堆时则相互排斥。在这一句里……有着关于这个世界的极大量的信息。"

你见过原子吗？你怎么知道原子的存在呢？原子的概念可以追溯到公元前 5 世纪的古希腊，那里诞生了大量具有独创性思维的思想家，在研究自然现象中思考宇宙万物的本源。物质就是如木头、谷物、铁块、火腿、水、珠宝等这些实体。这些不同的物质肯定有一个共性，到底是什么呢？希腊人德谟克利特想象了一个思想实验来考虑这个问题，他设想，如果把一块金子切成两半，接着把其中一半再分成两段，持续这样细分下去，这种分割能否一直进行下去呢？应该有一个极限，即有一个不可分割的粒子，所有的物质都是由这个小到觉察不到的粒子构成，这个粒子称为原子。

直到 19 世纪初，英国气象学家约翰·道尔顿在化学研究中证实了原子的思想。他假设一切物体都是由原子组成的，这可以解释化学反应的本质。但依旧没有原子存在的事实。由于原子太小，用可见光看不见，1970 年用扫描电子显微镜拍摄到了钍原子链的图像，这是第一幅单原子高分辨率图像。美国加利福尼亚州圣荷西市的 IBM 阿尔马登实验室采用扫描隧道显微镜显示了一幅由 48 个铁原子构成的圆环，环内的波纹显示物质波动的本质，这幅图还显现出科学的艺术之美。

【拓展阅读7-6】怎么知道所有物质都是由原子组成见右侧二维码。

怎么知道所有物质
都是由原子组成.docx

 小贴士

物质的质量之源 希格斯玻色子

你知道吗？有一种粒子，它可以决定物质是否拥有质量，它也可以变成其他粒子，它还可能隐藏着一些宇宙的秘密。这种粒子就是希格斯玻色子，被称为"上帝粒子"。它是物理学中最重要和最神秘的发现之一，也是人类对自然界理解的一个里程碑。

希格斯玻色子是粒子物理学中最重要的粒子之一，它是一种亚原子粒子，大小是质子的 1/100，质量是质子的 126 倍。它于 1964 年被英国物理学家彼得·希格斯(Peter Higgs)预言，科学家最终利用欧洲的大型强子对撞机(LHC)证实了它的存在。因提出希格斯粒子的预言及其相应的物理学机制，希格斯获得了 2013 年的诺贝尔物理学奖。

希格斯玻色子的另一个重要性质是其能与其他粒子相互作用，使它们具有质量。可以这样想象，希格斯场像分布在宇宙中的糖浆，越小的粒子可以越轻松地穿过希格斯场，例如电子或光子，质量很小甚至没有质量，而越大的粒子在穿过希格斯场时会被减速，获得越多的质量。这个性质为发现暗物质粒子带来前所未有的期待。目前，弱相互作用大质量粒子(WIMPS)是最有可能的暗物质粒子，那么它应该会与希格斯场相互作用，从中获得质量，同时希格斯玻色子衰变为暗物质。LHC 近期新一轮实验的重要目标之一就是通过希格斯玻色子寻找暗物质粒子。希格斯玻色子是探究物理学最深层奥秘的关键工具。它引发人们对基本粒子的关系、宇宙中的物质，以及宇宙命运的思考。

(资料来源：本书作者整理编写)

若有一种物质仅由一种原子组成，这种物质称为元素。元素和原子常被混淆，两者的区别在于元素是由原子组成，而不是相反。比如，一枚纯 24K 金戒指，是由金原子组成的，而较低 K 值的金戒指是由金元素和其他元素组成的。到目前为止，超过 115 种元素已被实验证实。当不同元素的原子由于化学键结合在一起时会形成化合物，如水和甲烷等。而一种物质与另一种物质没有化合结合只是混合在一起，称为混合物，例如沙和盐的结合是混合物。原子论把周围能看到的宏观现象和看不到的微观现象联系在一起。

2. 原子核的发现

新西兰籍英国物理学家欧内斯特·卢瑟福(Ernest Rutherford)做了一个著名的金箔实验，一束带正电的粒子(α粒子)从一个放射源直接通过一片很薄的金箔纸。他观察到大部分粒子通过金箔时没有发生偏转，有些粒子的直线路径发生了偏折，而令人惊讶的是，一些粒子出现了较大的偏转，少量粒子甚至被弹回来了！这说明这些被弹回的粒子应该是撞到什么质量较大的物体上了。卢瑟福后来描述说发现粒子反弹是他一生中最难以置信的事情，就如同一枚 38 厘米长的炮弹轰击一张薄纸后被反弹回来一样让人难以相信。根据上述实验，卢瑟福作出假设，每个原子必然包含一个核心，叫作原子核。没有发生偏转的粒子穿过原子的空白区域，少数粒子受到带正电的致密原子核排斥，个别粒子恰好撞击到原子核后发生反弹。

围绕原子核运动的粒子是电子，1897 年英国物理学家约瑟夫·约翰·汤姆孙(Joseph John Thomson)经实验发现电子的存在，之后美国物理学家罗伯特·密立根(Robert Andrews Millikan)做了油滴实验，测出了电荷的质量。

3. 原子模型

实验发现不同的物质会产生不同特征波长的光，这种特征谱线就是物质的原子光谱。常用的方法是将一种物质在本生灯的火焰中加热，通过棱镜来观看它发出的光的颜色继而分析其特征波长。在卢瑟福实验期间，化学家们的工作重点是使用分光镜进行化学分析，物理学家们试图找出原子谱线的规律。

原子谱线是分立的，实验上得到了一些规律但无法用经典的物理学给予解释。玻尔将发现的原子核、关于电子的知识、氢原子光谱的规律性以及普朗克和爱因斯坦的新量子观念整合在一起提出著名的原子行星模型：电子在环绕原子核的轨道上运行，就像行星在环绕太阳的轨道上运行一样。玻尔提出的原子行星模型说明了元素的一半化学性质，可以预测缺失的元素，并导致铬元素的发现。

到了 20 世纪 20 年代，和电子有关的新实验和原子行星模型发生了矛盾，之后为了解释新实验结果，原子的行星模型被原子的量子理论所代替。

二、原子核与放射性

1. 质子和中子的发现

直到 20 世纪人们才了解原子核的结构。卢瑟福的α粒子散射实验证实了原子的中心是原子核,那么原子核内部有什么呢?更多的散射实验来探索这些问题。卢瑟福和其他人的进一步实验结果表明,用α粒子轰击钠和其他元素,可以把某些粒子打出氢原子核,这个粒子就是带正电的质子,质量要比电子大得多。

原子核由质子构成的假说也暴露了很多问题,其中最明显的就是原子核的电荷。例如,氮原子核的电荷是+7e,原子核中若有 14 个质子,其带电荷为+14e,电荷数太大。1932 年,英国物理学家查德威克(James Chadwick)发现用α粒子轰击铍打出来的发射物再去轰击一片石蜡,会有氢核从石蜡中射出,若假设一种没有电荷、质量接近质子质量的新粒子也在这个氢核中,就能很好地解释氢核的质量,这个新粒子就是中子。因此原子核由带正电的质子和不带电的中子组成。

中子的发现还解开了另一个谜团,同一种元素的原子核质量可以有不同的值,是由原子核中的中子数不同引起的。中子还可以当作强有力的探针,用来探测原子核的结构。因为中子不带电,能打进原子核并重新排列原子核,用中子做的大量新实验还会产生令人更为吃惊的结果。

2. 放射性

1896 年,法国物理学家亨利·贝可勒尔(Henri Becquerel)像往常一样,结束了一周的工作,将一些含铀化合物放在抽屉里后去度周末,偶然的原因在同一抽屉里放了一块未经曝光的照片底板。等他回来后惊奇地发现,保存在暗抽屉里的照片底版却感光了。不认真的人可能不会在意这件事,贝可勒尔却觉得蹊跷,也许铀和照片底板的曝光有关系,他又重复了几次类似实验,认为一定是铀辐射出某种东西致使感光板曝光。两年后波兰物理学家玛丽·居里和她的丈夫皮埃尔·居里也发现了放射性物质镭。

更深入的研究表明,有些原子的原子核内部会自发地向外释放线原子核的结构自发地改变了,这称为放射性衰变。日常生活中超过 99.9%的原子是稳定的,除非受到外界干扰,否则这些原子的原子核始终是稳定不变的。另一些种类的原子,即原子序数大于82(铅)的元素都具有放射性。

放射性的历史比人类还要远古,它是自然界的一部分,并且一直存在于宇宙中,存在于呼吸的空气中以及土地里。事实上,正是地球内部发生的放射性衰变把水加热,变成天然温泉喷涌而出,气球中填充的氦也是放射性衰变的产物。

放射性衰变会发射出三种不同类型的辐射,分别用希腊字母α、β和γ来命名。α射线带正电荷,是一串氦核流。β射线带负电荷,是一串电子流,而γ射线完全不带电,是光子流(电磁辐射)。

放射性衰变可以在很多领域内进行检测,它也是一种计时的钟,根据一种物质已经衰变了多少可以读出流逝的时间。

【拓展阅读7-7】烟雾报警器见右侧二维码。

烟雾报警器.docx

放射性衰变对人体的影响

放射性衰变对人体的生物学伤害有以下三种。

第一为辐射病，放射性会损害骨髓中的造血细胞和肠道壁细胞。对全身 25～100 雷姆的照射会造成血液的短期变化，但人体几乎不会察觉。100～300 雷姆会引起发烧、呕吐、脱发及皮下出血。

第二为突变。放射性会引起精细胞或卵细胞中遗传物质 DNA 的遗传发生变化，可以一代接一代地产生变异。这个效应对生物进化很重要。

第三为癌变。放射性会导致普通体细胞的癌变。虽然放射性衰变能引起癌症，但少量的放射性辐射可以治疗癌症，杀死有缺陷的细胞。

直到现在，关于人们日常生活中所受到的放射性辐射对人体造成的伤害还有许多争议。有些研究认为小剂量也会对人体造成潜在的伤害，而有些学者认为小剂量是无害甚至是有益的。放射性来自两大类，一类是天然的，如大地的氡气、宇宙射线、岩石和土壤等；另一类是人工的，比如医学上 X 射线检查、核医学以及一些消费品等。每年每人大概会受到1/3雷姆的放射性照射。

（资料来源：本书作者整理编写）

案例导学 7-6

食源性疾病指食品中致病因素进入人体引起的感染性和中毒性疾病，包括常见的食物中毒、肠道传染病、人畜共患传染病、寄生虫病以及化学性有毒有害物质所引起的疾病。我国每年仅食物中毒事件就会导致几百人死亡，几千人中毒。食源性疾病已成为我国头号食品安全问题。

但宇航员在宇宙中从来没有发生过食源性疾病。为什么呢？因为航天飞行中携带的食物经过放射性钴源产生的高能 γ 射线辐射。这种放射性会将沙门氏菌、大肠杆菌、微生物或者寄生虫完全消灭。

那么，为什么市面上不能提供经过辐射照过的食品呢？因为公众对辐照食品的副作用还不是很了解。

食物辐照确实可以杀死谷物、水果和蔬菜中的昆虫，而且小剂量的辐照能防止土豆发芽和增长新鲜水果的保质期。辐照不会接触到食物，食物也不会变成放射性的，它只是辐射的一个接收体。但是辐照确实会留下化合物被破坏的痕迹。至今对辐照后的食物是否安

高等院校立体化创新教材系列

全，各国还是持保留意见。尽管全球包括比利时、法国和荷兰等 37 个国家都支持辐照食品，但在美国还是很少使用。也许随着对食物辐照的更多研究可以澄清食物辐照对人体的影响。

(资料来源：本书作者整理编写)

本章思维导图

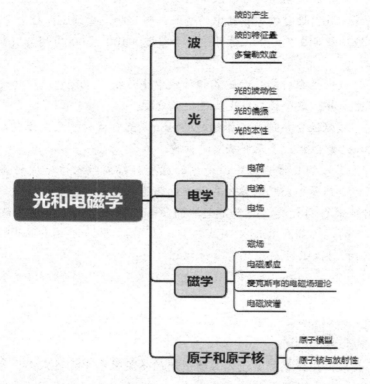

(1) 波动是振动状态的传播，波传递能量而不传递物质。干涉和衍射是波独有的特征。

(2) 自然界中存在两种电荷，正电荷和负电荷，同种电荷互相排斥，异种电荷互相吸引。两个静止的带电体之间的作用力与它们带电量的乘积成正比，与它们距离的平方成反比。静止的电荷周围会产生电场。电荷之间的作用力是通过电场来传递的。

(3) 磁现象的本质源于运动的电荷。磁铁与磁铁、磁铁与电流、电流与电流、磁铁与运动电荷之间的作用力都是由磁场来传递的。

(4) 随时间变化的磁场会产生感生电场，随时间变化的电场会产生变化的磁场，继而这变化的磁场又会在较远处产生变化的感生电场。电场和磁场的统一体称为电磁场。振动

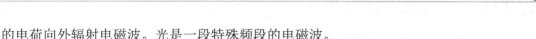

的电荷向外辐射电磁波。光是一段特殊频段的电磁波。

(5) 物质由原子组成，原子中电子在绕原子核的轨道上运动。有的原子核会自发向外辐射而改变自身结构。

基本案例

据统计，近十几年来我国发生的火灾中，约 30%是由插座引起的，居各种失火原因之首。不少人觉得"万用孔"插座很方便。2010 年 6 月 1 日，国家市场监督管理总局和国家标准化管理委员会联合发布的 GB 2099.3—2008《家用和类似用途插头插座 第 2 部分：转换器的特殊要求》标准开始强制执行。标准明确禁止生产万用孔插座，转换器产品只允许两极和三极插孔分开组合的形式，俗称新五孔插座。

案例点评

"万能插座"设计时需要同时满足三极插头和两极插头的插入，插孔较大，使用时插孔弹簧片和插头接触面积较小，在使用大功率电器时发热严重，很容易引起火灾。三个插口的插座的主要特征是插头上有两只扁平的插脚，用来连接线缆中的两根线，一根"火线"(通电)，一根"零线"(不带电)，而圆圆的插脚连接电气系统中的地线，这根导线会直接连在地上。电源线另一端的电器可以通过插头连接所有的三根导线。

思考讨论题

(1) 电器的火线不慎接触到电器的金属表面，若你触摸了这台电器，会受到危险的电击吗？

(2) 电击的伤害由电流通过人体引起，是什么导致了电击？是电压还是电流？

基本案情

红绿灯处的车辆传感器。在有的街道路口路面上会看到圆形或菱形的图案，如果汽车停在这个图案上就可以指示交通灯是否变色。路面上的图案隐藏了一个很大的多匝数导线回路。这个回路是一个电感器，汽车是钢制的，当汽车行驶到回路上方时，会增加线圈中电流产生的磁场，这一效应和把磁铁放入线圈中类似。这样电感的改变会影响整个电路的行为，可以根据多种电路设计来将电感的这一改变转换为控制交通灯的信号。

思考讨论题

(1) 传感器的原理是什么？

高等院校立体化创新教材系列

(2) 还可以在什么地方使用传感器来自动控制信号？

分析要点

(1) 了解磁现象的本质。

(2) 了解法拉第的电磁感应定律。

复习思考题

一、基本概念

波动　波速　波长　频率　波的干涉　波的衍射　光的偏振　电场　电流　磁场
电磁感应　电磁场理论　原子模型　放射性衰变

二、判断题(正确打 √，错误打 ×)

(1) 光比无线电波传播得更快。　　　　　　　　　　　　　　　　　　　(　)

(2) 如果鸟的两只脚分得很开站在高压线上就会受到电击。　　　　　　(　)

(3) 电磁场是物质的一种形式。　　　　　　　　　　　　　　　　　　(　)

三、单项选择题

(1) 以下哪一种是真正的波？(　)

　　A. 正在倒下的多米诺骨牌

　　B. 海滩上的海浪

　　C. 瀑布

　　D. 扔到平静湖面的石头引起的波纹

　　E. 上述答案都正确

(2) 两根磁铁棒之间的力不可能是万有引力，是因为(　)。

　　A. 此力太强，而万有引力太弱

　　B. 此力比万有引力还弱

　　C. 此力有可能是排斥力，万有引力一直是引力

　　D. 此力作用距离短，万有引力作用距离长

(3) 以下物体哪个质量最小？(　)

　　A. 质子　　　　　　　　　　　　B. 中子

　　C. 氦原子核　　　　　　　　　　D. 电子

四、简答题

(1) 波动和实物的运动有何不同？

(2) 我们怎么知道传播光不需要空气？

(3) 磁力是由哪种物体产生的？

五、论述题

视觉是人类获取外部信息最重要的渠道，与视觉紧密相连的光现象称为人类最早关注并思考的问题之一。从西方《圣经》中表述"神说，要有光，就有了光"到"羲和育十日"的传说，从欧几里得的反射定律到墨子的"光学八条"，从开普勒的《折光学》到牛顿的《光学》，光学成为发展最为悠久的物理学科之一。自然中的光学现象非常普遍，我们可以很容易将生活中的光学现象搬到实验室来，例如，用头发丝和激光笔可以展示单丝衍射现象并结合理论知识完成对发丝粗细的比较和测量，手机屏幕密集的像素分布本身构成一个光栅结构，用它反射太阳光可以观测光栅光谱。你还能想出哪些类似且方便易行的实验呢？

高等院校立体化创新教材系列

第八章　相对论和现代时空观

核心概念

相对性原理　光速不变原理　长度收缩　动钟变慢　爱因斯坦质能关系　等效原理

引导案例 8-1

爱因斯坦的"追光实验"

　　爱因斯坦小时候是一名平庸的学生和一个空想家。上学之前是个迟钝的儿童，3 岁才开始学说话。但他喜欢思考并提出问题。据爱因斯坦自己回忆，在 5 岁时就对指南针的指向产生浓厚的兴趣，想要弄清楚原因。他 12 岁时对欧几里得的平面几何很好奇，16 岁时在瑞士阿劳州立中学学习，爱因斯坦很欣赏阿劳中学的教育，他认为这所学校的自由精神和不依赖外部权威教师的淳朴热情，培养了他的独立精神和创造精神。爱因斯坦很好地利用这些条件，自由思考并和师生自由讨论。无意间从科普读物中得知光是以 30 万千米每秒运动的电磁波，他突然想到一个问题："假如一个人能够以光的速度和光一起跑，会是什么情况呢？"光是电场和磁场不停振荡、交互变化而向前推进的波，难道和光并肩前行时，振荡着的电磁波就不向前传播了吗？无论是依据经验，还是按照麦克斯韦的电磁理论方程，看来都不会有这样的事情。爱因斯坦凭直觉作出判断，这不可能，他得出结论，人永远也不可能追上一束光。这个有趣的思想实验一直陪伴着他，他提出"追光"问题后思考、学习并研究了 10 年之久，成为引导他创建相对论的一个动因，最终在 1905 年发表了 6 篇论文，提出有划时代意义的"光的量子论""狭义相对论"和"布朗运动理论"。那年爱因斯坦年仅 26 岁。

（资料来源：本书作者整理编写）

　　你是否有这样的经验，坐在一列火车里，火车停在站台上，眼看着窗户外面另一列并排停着的火车，突然感觉自己所在的火车在悄无声息地倒退，再看看站台的地面，你所在的火车其实纹丝不动，而是对面的火车在向前开动。

　　一切运动都必须相对某个参考系来测量，而此参考系有可能也在运动。伽利略和牛顿曾讨论过在物体运动速度不太大时，在不同参考系中考察同一运动状态的相对性问题。但是，如果追上光，并与光一起运动，就会出现一些不可思议的事情。为了探讨这个问题，爱因斯坦在 1905 年引入狭义相对论，考察相对做匀速运动的不同参考系中物体的运动状态，1915 年他又提出了广义相对论，讨论引力及做加速运动的参考系之间的关系。这两个理论是现代物理学的重要基石，是 20 世纪自然科学最伟大的发明之一，对物理学、天文学乃至哲学都有着深远的影响。

（资料来源：本书作者整理编写）

第一节　狭义相对论

伽利略相对性.mp4

一、运动的相对性

　　首先思考关于相对性的一个典型问题。假设小兰在公共汽车上，朝车头方向扔皮球，小明站在路边，看着汽车开过。小兰和小明都测量皮球的速度，他们的答案是否相同？可以把小兰和小明当作两个参考系，只要他俩的运动状态不同，就说他们在做相对运动。相对性理论就是描述在两个参考系中观察同一个事件运动状态之间的联系。

　　为了更清楚一些，假设公共汽车以 15 米每秒的速度运动(相当于 54 千米每小时)，小兰以 10 米每秒的速度相对汽车向汽车前方扔皮球。那么，这个皮球相对于站在地面的小明来说，运动速度是多少呢(如图 8.1 所示)？

图 8.1　相对运动

高等院校立体化创新教材系列

先来看一秒内的情况，小兰测得皮球向着汽车前方运动了 10 米，但在小明看来，皮球还要加上一秒内汽车向前运动的 15 米，因此，皮球的运动速率相对于小明来说是 25 米每秒，这也是伽利略相对性原理给出的答案。再举个例子，从你手中掉下一本书，这本书将在重力的作用下竖直下落。倘若在匀速运动的火车上掉下一本书，这本书仍然会竖直掉下。可是，如果在做实验时，火车突然加速了，会怎样呢？书还是会掉在地上，只是会落在靠后一点的地方，这是因为书还在空中时，火车已经向前走了一段距离。

在匀速运动的参考系中做力学实验，会发现实验结果跟在静止的地面上做的实验完全相同，伽利略和牛顿都讨论过这些现象，并把这些规律总结为相对性原理：力学定律在任何惯性系中都是等价的。

换句话说，在一个以不变速率运动的封闭房子里做任何实验，都不能告诉你，你所在的房子是运动还是静止。这里的惯性参考系指牛顿运动定律成立的参考系。相对惯性系做匀速运动的参考系也是惯性系，相对惯性系加速运动的参考系称为非惯性系。研究地面上物体的运动时，可以把地球近似当作惯性系，因为它的自转和公转加速度比较小。研究地球围绕太阳运动时，就不能把地球看成惯性系了。

那么，是否存在一个绝对静止的参考系呢？1887 年美国物理学家迈克尔逊(Albert Abraham Michelson)和莫雷(Edward Morley)设计了精密的实验，试图探测地球相对于绝对静止的参考系——以太的运动，结果却未能检测到地球相对于以太的任何运动。这是 20 世纪开始时令物理学家费解的实验事实之一。

小贴士

迈克尔逊-莫雷实验

19 世纪确立光的波动说，即光以波动形式传播。那么，传播光波的介质是什么呢？科学家认为传播光的介质是以太。以太最早由亚里士多德提出，他认为宇宙中充满着以太，以太是看不见的、无色无味、没有任何属性的物质。以太之所以存在，就是为了找到一个绝对静止的参考系，力学定律在这个参考系中完全成立。如果以太真的存在，就可以在以太这个绝对静止的参考系中对比其他所有的参考系，继而推断出其他坐标系中物体的运动状态。

19 世纪 80 年代迈克尔逊和莫雷在克利夫兰凯斯西储大学(Case Western Reserve University)进行实验，使用迈克尔逊专门设计的非常灵敏的干涉仪(现称为迈克尔逊干涉仪)，利用干涉现象来探测光速或光所走距离在不同参考系中的小差异，以确定地球相对于以太运动的情况。

他们的实验思路很简单，你也能想得出来。如果以太静止，地球运动，在地球表面就会感觉到充满宇宙的以太像大风一样吹拂着，正如静止的空气中，快速跑步能感受到的风一样。如果一束光在以太风中逆风前进，那么，这束光的运动一定比横向穿过以太的光束慢。

迈克尔逊的干涉仪中，从一个单色光源中分出两束路径互相垂直的光，一条光路径设置为平行于地球在其轨道上运动的方向，另一条光路径垂直于第一条路径。两束光线被反射镜反射回来后汇聚在干涉仪里会产生干涉现象，从而可以计算出两束光速度的差值。但是，这个实验却测不到两束光的速度有何不同。将干涉仪方位调整 90 度，使原来逆着以太风的光变为横越以太风，原来横着以太风的变为逆着以太风，再测两束光的速度，发现结果仍然相同。

迈克尔逊-莫雷实验的结果令人失望，按照实验所依据的假设，实验是可以检测出来的，但实验却未能检测到地球相对于以太的运动。这在科学中是司空见惯的，未能得到预期结果反倒是一个重要结果。这个实验想证明以太是存在的，结果却证明了以太是不存在的。

(资料来源：本书作者整理编写)

二、狭义相对论的基本假设

麦克斯韦的电磁场理论指出，光是电磁波，电磁波以光速传播，光在真空中的传播速率恒为常数 c。如果伽利略相对性原理是普遍法则，即物理规律在一切惯性系中都成立，意味着麦克斯韦的电磁场理论在所有惯性系中也成立，可以推出真空中的光速相对任何惯性系都相同。

按照牛顿的力学观点，相对惯性系做匀速直线运动的参考系也是惯性系，即惯性系之间相差一个相对运动速度 v。按照速度叠加法则，如果静止的你手拿一个手电筒，向同伴发出一束光，你的同伴若迎着光以速度 v 匀速运动，则他测得的光速为 $c+v$，若他顺着光运动，他测得的光速为 $c-v$。但是，电磁场理论指出，你的同伴匀速运动，可以看成一个惯性系，因此你的同伴看到的光速应该也为 c (如图 8.2 所示)。

图 8.2 在不同的惯性参考系中测量光速

上述例子表明，相对性原理、速度叠加法则和电磁场理论三者存在矛盾。杨振宁曾经说过物理走到尽头是哲学。在经典物理学的黄昏之际，放眼望去，晚霞纷飞，物理学革命

高等院校立体化创新教材系列

需要哲学的反思，才能迎来科学的黎明。爱因斯坦以独特的思想智慧重新审视了人类原有的经验，面对光速的恒定，为什么不管观察者的状态如何，光速永远都是每秒30万千米？

光速的不变性.mp4

爱因斯坦灵机一动，把这个问题变为一个命题。既然光速不变是实验事实，他就接受，清楚地认识事实是逻辑程序的第一步。就这样，光速恒定的难题变为光速恒定定理，成为狭义相对论的一个基本假设，称为光速不变原理：真空中的光速对一切不做加速运动的观察者都相同，不论光源或观察者的运动状态如何。

另一方面，既然除了伽利略的相对论原理之外，没有更好的相对性原理，爱因斯坦就直接借用过来，并把伽利略相对性原理推广，使之不仅包括力学规律，也包括电磁理论在内的所有物理规律，作为狭义相对论的另一个基本假设，即相对性原理：任何不做加速运动的观察者观察到同样的自然规律。

狭义相对论正是建立在光速不变原理和相对性原理之上，彻底抛弃以太理论，形成对空间和时间认识的重大颠覆。爱因斯坦在科学研究中坚持以实验事实为出发点，反对以先验的概念为出发点。当迈克尔逊—莫雷实验的零结果使物理学家大为震惊、失望，纷纷起来修补经典理论基础这个旧船的漏洞时，爱因斯坦大声疾呼："让我们仅仅把它当作一个既成的实验事实接受下来，并由此去着手做出它应得到的结论。"1921年他谈到他的相对论时说："这个理论并不是起源于思辨，它的创建完全由于想要使物理理论尽可能适应于观察到的事实。"他不仅把实验事实作为认识的出发点，也把它作为定义基本物理量的方法。他指出牛顿的绝对时间概念之所以错误，就在于它不是以实验事实来定义，不能被观察到。他借助于量尺、时钟和假想的思想实验，得到了"同时"或"同步"以及时间的操作定义，这一思想方法对后来量子力学的建立产生了很大的影响。

引导案例8-2

中国史书《宋会要辑稿》中记载，宋仁宗至和元年(1054年)人们在天空中观察到一颗客星，在开始的23天内客星非常亮，之后逐渐暗淡，两年后隐去。现代天文学观察考证，这颗客星是超新星爆炸之后的景观。超新星是临近死亡的恒星，爆发时发出非常强烈的光，之后形成蟹状星云。这颗客星距地球约6300光年，爆炸后向外膨胀的速度约为1100千米每秒。如果按照牛顿的速度叠加理论，应该在23年的时间内都可以用肉眼看到这颗客星，但实际观察时间只有2年。这个事实表明，光速不满足速度叠加原理，光速恒定，且与光源的运动无关。

(资料来源：本书作者整理编写)

三、狭义相对论的时空观

1. 时间的相对性

爱因斯坦的光速不变性表明，人们关于时间或空间的直觉观念一定存

时间的相对性.mp4

在错误。速度等于距离除以时间，如果光速对所有观察者都相同，就必须放弃时间和空间对所有观察者都相同的概念，这违反了直觉和常识。爱因斯坦曾说："一个新的想法突然出现了，而且在相当程度上是凭借直觉获知的。但直觉只不过来源于早先的思想历程。"

爱因斯坦认为对时间概念的分析是解决问题的关键，时间无法被绝对地定义，时间和物体速度之间存在着不可分割的联系。更确切地说，关键是要认识到，在一个观察者看来似乎是同时发生的两个事件，在另一观察者看来却不是同时发生的。但是不能说哪个观察者是绝对正确的，也就是说，无法宣称这两个事件是绝对同时发生的。

因为设计速度很高的真实实验难度很大，为了应对这些问题，爱因斯坦设计了一个关于火车的思想实验来解释这个概念。假设闪电击中了站台上的 A 点和 B 点，对处于站台上 A、B 两点中间 M 点的观察者来说，由于从两处发出的光线到他距离相等，恰好在同一时间传播到他那里，因此，他看到闪电同时击中站台上的 A 点和 B 点。想象一个正乘着火车快速运动的乘客，他看到的是什么呢？假设他恰好站在火车的中点，此时正在经过站台上中点 M 处的观察者。如果火车相对于站台静止不动，那么火车上的乘客和站台上的观察者都会看到闪电同时击中站台上的 A 点和 B 点。但是如果火车正以光速相对于站台向右移动，那么，在闪电的传播时间中，火车上乘客的位置向右移动，这样，乘客首先看到 B 点发出的闪光，然后才看到 A 点发出的闪光。因此乘客会断定，闪电先击中 B 点，后击中 A 点，闪电击中 A、B 两点的这两个事件并不是同时发生的。于是爱因斯坦得出结论，对于站台上是同时发生的若干事件，对于相对站台运动的火车来说却不是同时发生的。

这一看似简单的洞见，在爱因斯坦那个年代却显得格外激进，因为它意味着，不存在绝对时间，任何参照系都有其自身的相对时间。曾提出量子不确定关系的伟大物理学家维尔纳·海森伯日后回忆说："这是对物理学基础的改变，它出人意料，激进而彻底，需要由一个富有勇气和革命精神的年轻天才来完成。"自从牛顿将绝对时间作为《自然哲学的数学原理》中的一个前提条件之后，绝对时间就一直是物理学的一个支柱，它意味着时间是独立存在的，且不依赖于它的任何观察者而自行流逝，绝对空间也是如此。

引导案例 8-3

时间是什么，在整个人类历史过程中，哲学家、物理学家、数学家、生物学家和其他科学家从未停止过思考这个问题。在哲学家杰拉德·惠特罗的著作《时间是什么》的开头写了这样一则故事：一位俄罗斯诗人在第一次世界大战期间来到了伦敦。这位诗人的英语说得很不好，当他走在街上，向一个当地人问道："请问，时间是什么(现在几点了)？" "你问我干什么？"当地人气愤地回答道："这是一个哲学问题！"

时间是一个难以捉摸的东西。根据直觉，所有事件是一个跟着一个按照时间顺序接连发生的。因此时间是线性的、一维的和定向的。把生活的三维空间当作时空的一个"部分"是非常自然的想法，比把事件想象成第四个维度要简单得多。问题是，我们是否能够理解有关线性、方向性和时空的概念，使其既能对应我们对时间的经验和直觉，也能解释科学家们在物理科学各个领域的实验中所得到的信息。1952 年，爱因斯坦在其相对论科普书籍的附录《相对论与空间问题》中说："从三维空间演变至今的情况来看，现实世界是一个四维的存在"。

流形是数学中的标准几何对象，惠特尼的嵌入定理表明，任何 n 维抽象流形都可以作为子流形嵌入足够大的 $2n$ 维空间中。因此，我们无法在三维空间中创造出克莱因瓶(在数学领域中是指一种无定向性的平面，比如二维平面，就没有"内部"和"外部"之分。克莱因瓶的结构可表述为：一个瓶子底部有一个洞，现在延长瓶子的颈部，并且扭曲地进入瓶子内部，然后和底部的洞相连接)，但可以构建一个四维空间中的子流形。

从相对论的角度来看，时空的等效性对位移具有重要影响。时间旅行不过是连续时空的位移，因此时间旅行也是瞬间传送的一个空间案例。

(资料来源：本书作者整理编写)

为了区分静止和运动，爱因斯坦引入"固有"和"相对"的说法，如果本身是静止的，所看到的时间就是"固有"时间。若有个时钟相对我们运动，则这个时钟的时间就是"相对"时间。相对时间比固有时间要慢，这也称为动钟变慢效应或者时间延缓。固有时间指，两个事件之间流逝的时间是在这样的参考系中测量的，在这个参考系中，两个事件发生在空间内的同一地点。假设在某个参考系 S' 中同一地点发生的两件事的时间间隔，即固有时间为 Δt_0，则相对这个参考系以速度 υ 运动的参考系 S 中所测得的时间为相对时间 Δt，这两者之间的定量关系为

$$\Delta t = \frac{\Delta t_0}{\sqrt{1 - \upsilon^2/c^2}} \tag{8-1}$$

在 S 系中的观察者把固定在 S 系中的钟与固定在 S' 系中的钟进行比较，会发现在 S' 中的钟走慢了。

时钟运动得越快，不随时钟运动的观察者看到运动的时钟时间运行得越慢，如果时钟以光速运动，则我们看到运动的时钟上的指针似乎不动了，时钟是永恒的。而光子以光速运动，因此，光子没有时间流逝。

如果一个人快速掠过你身边，查看大家的时钟，他会发现我们的时钟运行变慢了，我们会发现他的时钟运行也变慢了(如图 8.3 所示)。每个人都可以得出结论，认为对方的钟变慢了，那么，到底谁对谁错呢？谁的钟是真正准确的呢？其实两个观察结果都准确，这种情况并不是钟的机械原因等引起的变慢，而是时间本身的一种属性。宇宙中并没有单一的、普适的时间，每个时空领域里测出的结果可以和另一个时空领域测出的结果不一样。

为了测试爱因斯坦的时间延缓效应，1971 年科学家安排了四个铯原子钟放在民用飞机内，飞机环绕世界各地飞行两次，一次向西，一次向东，当它们环绕地球飞行后，相对于美国海军气象天文台的原子钟，观测到十亿分之一秒的时间差异，和爱因斯坦的预测一致。

上述这一切对人们来说难以理解，因为日常生活并不涉及高速运动，相对速度为 3 千米每秒(这也是强力来复枪子弹速度的两倍)时，1 秒钟的时间延缓效应才达到 10^{-5} 秒，几乎完全可以忽略，时间可以看成是绝对的。一旦运动速度非常快，例如飞船以 $0.999c$ 的速度相对地面飞行时，飞船上的 1 秒在地面看来长达 22.4 秒，此时相对论效应不能忽略

(如图 8.4 所示)。

图 8.3　动钟变慢示意图

时间的相对性：一些定量预言

相对速度/(千米每秒)	相对速度(和光速c之比)	观察者测量得到的相对于他运动的 时钟的一次嘀嗒声的时间长度
0.3	10^{-6}	1.000 000 000 000 5
3	10^{-5}	1.000 000 000 05
30	10^{-4}	1.000 000 005
300	0.001	1.000 000 5
3000	0.01	1.000 05
30000	0.1	1.005
75000	0.25	1.03
150000	0.5	1.15
225000	0.75	1.5
270000	0.9	2.3
297000	0.99	7.1
299700	0.999	22.4

图 8.4　时间的相对性预言

 案例导学 8-2

　　关于时间延缓，最普通的证明是高能粒子物理学。μ 介子是由大气层上空的质子和空气分子撞击产生的一种很轻的元素。在宇宙中 μ 介子的寿命很长，在地球表面就能检测到 μ 介子。但若在实验室里用加速器制造出来的 μ 介子，它们的生命却很短，短到还没来得及穿越大气层就衰变成别的粒子了。

　　为什么宇宙射线产生的 μ 介子的生命更长呢？长寿的秘诀就在于速度。宇宙射线制造出的 μ 介子的速度大约是光速的 99%，时间延缓效应非常明显，它的 1 秒在地球上看来是

7.1 秒。别的亚原子粒子也会有类似的情况，比如 π 介子，它的速度是光速的 80%，它的生命周期比慢速 π 介子快了 1.67 倍。这些高速运动的粒子本身的生命其实并没有延长，只不过是时间的相对流速慢下来了而已。

(资料来源：本书作者整理编写)

2. 空间的相对性

空间的相对性.mp4

除了时间延缓外，还有空间的改变。空间可以用尺子去测量，在运动方向上长度会缩短。和时间的相对性一样，把相对被测物体静止的参考系中测量到的长度，称为固有长度，用 l_0 表示，相对被测物运动的参考系中测得的长度称为相对长度，用 l 来表示。若一个参考系 S' 相对另一个参考系 S 以速度 υ 运动，在 S' 中测得相对其静止的杆的固有长度为 l_0，则这根杆相对 S 系来说是运动的，在 S 系中测量这根运动的杆的长度 l 为

$$l = l_0\sqrt{1 - \upsilon^2/c^2} \tag{8-2}$$

相对长度比固有长度短的这种长度收缩效应只发生在运动方向上，在垂直于该运动方向上没有变化(如图 8.5 所示)。长度收缩首先由爱尔兰物理学家乔治·菲茨杰拉德(Georg Francis Fitz Gerald)提出，之后由荷兰物理学家亨德里克·洛伦兹(Hendrik Antoon Lorentz)用严格的数学语言表达了出来。这种长度上的变化，后来美国物理学家和科普作家伽莫夫(George Gamow)写了一本非常有趣的书叫《物理世界奇遇记》，描述了汤普金斯先生在听相对论讲座时，因为听不太懂就昏昏欲睡，在梦中他来到"相对论世界"，有个骑自行车的人向他快速驶来，他惊讶地发现这个骑自行车的人非常奇怪，横向宽度很窄，而且骑得越快其宽度越窄。汤普金斯回想起刚听的相对论知识后立即大悟，原来自己是到了相对论世界。

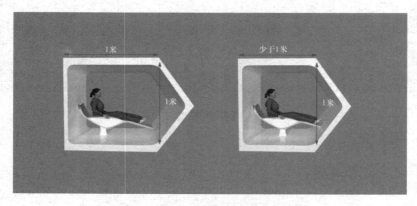

图 8.5 长度在运动方向上收缩

星际旅行爱好者可能会对长度收缩效应非常感兴趣，银河系中心距地球 25000 光年，相对地球参考系来说，如果星际飞船以光速运动，也需要 25000 年才能到达。但对星际飞船上的人来说，这些距离被收缩得没有距离，他们将一瞬间到达。

高速运动的物体才会有明显的长度收缩。日常所见的物体速度均远小于光速，长度收

缩效应难以察觉。就连超音速飞机，它的速度是光速的万分之一，它所产生的长度收缩效应也微乎其微，因此，经典物理学认为长度测量是绝对的。

3. 质量的相对性

爱因斯坦的光速不变原理，几乎影响了物理学中的每一样东西，如时间、空间等，也包括牛顿运动定律。牛顿第二定律给出，一个物体的加速度等于物体所受的力除以质量，如果这个物体受一个恒定不变的力，则这个物体加速度将保持不变，这意味着，物体的速度可以加速到无限大。但爱因斯坦的光速不变原理却指出没有任何物体的运动速度能超过光速。

如何来解释上述矛盾呢？可以发现，物体运动得越快，动能越多，物体的惯性也越大，这些多出来的能量好像是物体多出了一些质量。其中的道理如同对卡车和自行车在一段时间内施加同样的力，自行车获得的速度更大，这是因为卡车比自行车质量大的缘故。

一个相对物体静止的观察者观测到此物体的质量称为静止质量，用 m_0 表示。相对物体运动的参考系中测得物体的质量称为观测质量或者相对论性质量，用 m 来表示。两者之间的关系为

$$m = \frac{m_0}{\sqrt{1 - v^2/c^2}}\tag{8-3}$$

上述公式表明惯性质量在牛顿力学中是一个常量，但在相对论中是一个取决于物体运动速度的量。当然，一个运动的物体的实际质量，即物质的量是不会随速度的增加而增加的。当物体的速度接近于光速时，其相对论性质量接近于无穷大，因此没有什么办法可以使物体达到光速。光本身的速度是光速，因此，光线中的光子没有静止质量，光永远不会静止，实物粒子也永远不会到达光速。

四、质能等价

爱因斯坦不仅把空间和时间联系在一起，而且把质量和能量也联系起来。随着一个物体的运动速度增加，其动能会增加，引起相对论性质量的增加。动能是一种能量，是不是能量的增加就伴随着质量的增加呢？爱因斯坦分析得出一个简单的公式，把质量的变化和能量的变化定量地联系起来，即

$$\Delta m = \frac{\Delta E}{c^2}\tag{8-4}$$

可以做一个简单的实验来验证上述公式的正确性，假设用一盏灯加热一壶水。由于热量是一种能量，烧热水的同时就增加了水的内能。能量的增加会导致质量的增加，可以定量地算一算水的质量在加热过程中增加了多少。假设灯给烧水壶增加了 500 焦耳的热能，根据上述公式，$\Delta m = E/c^2 = 500\text{J}/(3 \times 10^8\,\text{m/s})^2 = 5.5 \times 10^{-15}\,\text{kg}$。这个例子中质量增加得太小了，非常难测。

在核电站反应堆中铀元素会发生一种叫核裂变的核反应，如果 1 千克铀发生核裂变，损失的质量大约是 1 克，这个质量容易检测得出，实验结果验证了爱因斯坦质能等价的预言。

质量的相对性.mp4

能量有质量，质量有能量.mp4

高等院校立体化创新教材系列

151

19 世纪的科学家认为静止质量在一切自然过程中是守恒的,化学家们进行了高精度的质量测量,也证明静止质量是守恒的。但爱因斯坦的相对论却否认静止质量守恒,但大部分科学家仍然认为物质是不可摧的,也许它的形式会发生改变,但总量是不变的。

爱因斯坦将上述结果推广到物体的相对论性质量,他提出物体的相对论性质量等于物体的总能量除以光速的平方,即

$$m = \frac{E}{c^2} \tag{8-5}$$

此即著名的爱因斯坦著名的质能等价公式 $E = mc^2$,能量有质量,质量也有能量。爱因斯坦极大地扩充了质量的内涵,质量是能量的一种量度,或者说能量和质量是物体性质两个不同的方面。在经典力学中彼此独立的质量守恒和能量守恒定律,其实是统一的"质能守恒定律"的不同侧面,它充分反映了物质和运动的统一性。

关于质能关系的实验验证,由于受实验条件限制,直到 20 世纪 30 年代才在伽莫夫的隧穿理论指导下,由英国剑桥大学的两位物理学家考克饶夫(John Douglas Cockcroft)和瓦尔顿(Ernest Thomas Sinton Walton)利用高压倍加器得到严格的检验。质能等价原理本身已经得到彻底的证实,它能正确预言核聚变或裂变等核反应中释放能量的多少。

质能等价原理 $E = mc^2$ 更深层次的物理意义是,能量和质量是同样的事物,质量是凝结的能量。如果想知道一个系统中有多少能量,就去测量其质量。

在日常低速的情况下,运动物体的时间、长度和质量完全保持不变,一旦物体的运动速度可以和光速比拟时,先入为主的惯性思维就不准确了,时间延缓、长度收缩和质量增重这些相对论效应就不能忽略。狭义相对论的时空观证明了牛顿物理学所适用的限度,表明时间、空间和运动是相互联系的,质量和能量是同一种东西。

相对论还提出了许多哲学问题,时间究竟是什么?它总是向前流逝的吗?是否有除时间和空间外的第五维空间呢?这么多未知的问题等待着未来的物理学家去回答,多么令人激动!

案例导学8-3

　　爱因斯坦提出的 $E=mc^2$ 具有重要意义。从 17 世纪后期开始,科学家对宇宙物质的运动提出了一系列基本假设,但爱因斯坦的研究改变了这些假设的内容。特别重要的是,他推翻了牛顿对空间与时间的描述。牛顿时空理论自创立以来,就成为构建物理学殿堂的根基,但爱因斯坦把原本牢不可破的根基变为奇异的东西,例如空间的弯曲、时间的膨胀、物质与能量等价等,这些思想无一不颠覆了人们固有的认知。

　　$E=mc^2$ 这个著名的方程的应用实例并不令人愉快,爱因斯坦也曾饱受非议。这个方程告诉我们,质量和能量是拥有不同的名字但本质相同的东西。爱因斯坦质能方程与人们的日常生活经验完全不相符,它在描述某些极端情形时却非常实用。牛顿物理学作为描述宇宙的模型,在大多数情况下行得通,尤其是当物质为中等大小且速度不快时,它的适用性极高,这一点也并没有因质能方程的出现而改变,但在描述超大体积且速度极快的物质

时，它就有缺陷了。一般来说，可以认为爱因斯坦的相对论对牛顿模型作出了重要修正，在绝大多数情况下，这种修正微乎其微，甚至可以完全忽略；但在某些领域，比如天体物理学中，这种修正就有特别的意义，决定了天文预测模型是精准的还是模糊的，可谓天壤之别。

在某些技术领域，相对论同样重要。最著名的例子是全球定位系统 GPS，它借助 24 颗卫星组成的网络来定位地球上的任何位置，且它的精度达到了令人吃惊的程度。GPS 定位涉及位置、速度和时间，计算要求并不复杂，但若以牛顿物理学为基础的话，计算就会出现偏差，进而导致整个系统混乱，差之千里的定位也就无任何用处了。相对论则为 GPS 的定位计算提供了修正方法，极大地提高了定位的精准度。

（资料来源：本书作者整理编写）

第二节 广义相对论

爱因斯坦的引力：
广义相对论.mp4

一、等效原理

爱因斯坦发现狭义相对论存在一个"固有的认识论上的缺点"，即他与牛顿力学一样，都把惯性参考系放在一个特殊的地位上，那么，究竟是为什么，把惯性参考系从所有的参考系中挑出来呢？牛顿没有找到答案，因此他假设了绝对空间的存在。而狭义相对论虽然否定了以太形式的绝对空间，但依旧将惯性系放在一个优越的地位上。

【拓展阅读 8-1】爱因斯坦和他发现的相对论见右侧二维码。

狭义相对论的另一个缺陷是它不能容纳引力定律。狭义相对论认为物体的质量将随着其运动速度的增加而增加，但在地球的引力下所有物体的加速度都相同，通过精确的扭秤实验证明，物体的惯性质量和引力质量在 10^{-9} 精度范围内是一个常数，而且牛顿的引力理论只能用伽利略相对性变换，而不能用狭义相对论的洛伦兹变换。爱因斯坦感到极大的困惑，他坚信自然界是和谐统一的，因此，要么对惯性系的优越性做出解释，要么放弃惯性系的特殊地位。

爱因斯坦和他发现的相对论.docx

小贴士

惯性质量与引力质量

质量有两种，一种称为引力质量(gravitational mass)，一种称为惯性质量(inertial mass)。引力质量衡量物体受到多少引力，例如物体受到地球的引力，重力质量就是地球给物体施加了多少重力。若物体甲比物体乙重两倍，则物体甲的重力质量就比物体乙大两倍。

惯性质量衡量的是物体对加速度的抵抗，比如，使卡车从静止启动到时速 50 千米所需的力，是使汽车从静止启动到同样时速时需要的力的 3 倍，则卡车的惯性质量是汽车的 3 倍。300 年前的物理学家就知道在地球上，惯性质量等于重力质量，不过他们却认为这只是巧合，其中没有什么含义。直到爱因斯坦发表广义相对论之后这种情形才有所改观。

爱因斯坦认为重力质量和惯性质量相等的"巧合"正是将他导向等效原理的"线索"。等效原理通过重力质量与惯性质量的相等而论及重力与加速度的相等。他的升降机实验说明的就是这个意思。狭义相对论处理的是非加速(即匀速)运动。如果将加速度忽略不计，那么只需要有狭义相对论就够了。由于加速度等同于重力，因此，若忽略重力不计，意味着是匀速运动情况，只需用到狭义相对论。但若将重力的效应考虑在内(有了加速度)，就要用到广义相对论。在物理的世界里，有没有哪些地方重力效应确实可以忽略不计呢？一是太空中远离一切重力(物质)中心的区域，二是空间中的极小区域。空间区域极小的话重力场的起伏巍峨地形就看不到了，此时可以忽略重力。

(资料来源：本书作者整理编写)

爱因斯坦将研究范围从惯性系扩大到非惯性系，他认为在任何一个参考系中，无论是加速还是不加速，自然规律都应该有相同的表现形式。狭义相对论表明物理定律对所有的非加速观察者都相同，那么对加速的观察者会怎样呢？这正是广义相对论的出发点。如何把相对论扩展到加速运动系呢？1907年的一天，爱因斯坦在伯尔尼专利局的办公室里向窗外凝望，后来他描述当时的场景，"突然之间我有一个想法，如果一个人自由下落，他就无法感受到自身的重量。"这个想法让他意识到重力和加速具有相同的本质(如图 8.6 所示)，阻碍物体运动状态发生改变的"惯性质量"和一个物体受到引力吸引的"引力质量"是相等的。

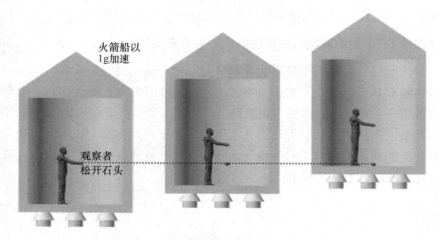

图 8.6　加速度的效应和重力的效应完全相同

爱因斯坦认识到惯性质量和引力质量是相等的，引入了新的物理观念"等效原理"：

空间某物体受到引力作用时，与物体以相应的加速度做加速运动时所产生的效应相同。换句话说，在一个封闭的房间里没法做一个实验来判断，你是在有重力的作用下处于静止，还是在没有重力的情况下做加速运动。

爱因斯坦从他的第一个思想实验中理解了光速不变原理，进而发展出了狭义相对论，而这个"等效原理"则为他开启了创造广义相对论的大门。为了建立广义相对论的数学体系，爱因斯坦不得不花费时间补习他并不擅长的数学，并且留下来一句略显无奈的名言："不要担心你在数学上遇到的困难，我保证我遇到的困难比你的更大。"

举个例子，太空中有一艘宇宙飞船，相对于一个遥远的恒星匀速前进，这时若有一颗行星从飞船后面飞来，由于行星对宇宙飞船内乘客的引力，乘客被拉向椅背，但他并没有看到这颗行星，会以为飞船在加速，因为以往坐车的经验告诉他，汽车突然加速时，由于惯性会突然向后仰去。但这次他错了，飞船并没有加速，而是他所受引力和加速度引起的效果相同。

等效原理描述了在加速参考系所做的观察和在引力场中所做的观察不可区分，但如果只应用在力学现象上，其实没有根本的变化。爱因斯坦进一步指出，这个原理是所有自然现象都具有的，对包括光在内的所有电磁现象都适用。继而他提出三项实验来检验，一是水星近日点的进动，二是光线在引力场的弯曲，三是光谱线的引力红移。这些都得到了实验上的证实，广义相对论开始广泛地被更多的人所接受。在某种程度上，可以说狭义相对论的出现是人类文明发展的必然成果，而广义相对论在很大程度上则是爱因斯坦独自进行无畏的长期探索，并且是个人天才迸发最终取得成功的结果。如果没有爱因斯坦，很难想象这样一个完全颠覆人类对时空认知的理论会在什么时候产生。在第一次世界大战刚刚结束时，人们正需要一个充满个人英雄主义的故事，一个玄而又玄的科学理论，可以暂时把人们的目光从满目疮痍的欧洲移开，转向浩瀚的宇宙。

二、引力和时空

1. 引力下光的弯曲

广义相对论是对引力本质的研究，爱因斯坦认为引力效应是一种几何效应，物体的质量会使其附近的时空弯曲，物体在弯曲时空中运动时在感觉上表现出一种引力的效应。按照爱因斯坦的观点，并不存在什么引力，地球由于自身的重量使其周围的空间弯曲，因此物体滚落向地球是弯曲空间中的自由运动，这也是地球吸引物质的表现。地球环绕太阳的圆周运动也是这样的引力效应，太阳使时空弯曲，地球沿着这些弯曲自由下落(根本不受力)。

由时空弯曲可以直接推出当光线经过巨大物体体系(比如太阳)时，光线也会弯曲(如图 8.7 所示)。这个提法引起了公众的想象力，数不清的科幻小说也由此而问世。爱因斯坦还认为，这个理论可以由日食时的观测证实。遥远恒星的光通过太阳附近时产生偏折，形成一道弧线拐向地球，如果在日全食期间，拍下太阳背后恒星的照片，再过六个月后，地球运动到太阳和这个恒星之间，在夜间拍下同一恒星的照片，将二者进行比较后，便可测得恒星位置的偏离。第一次世界大战结束后，1919 年 5 月发生日全食的时候，英国天体物理学家爱丁顿率领两支英国观测队，分别到达南美洲的巴西和非洲西岸的普林西比，首次进行了检验光线偏折的日全食观测。根据相对论的理论，爱因斯坦推算出当星光从太阳边缘掠射到地球上面时，光线弯曲的角度是 1.74 角秒。从观察结果来看，检测数据均与爱因斯坦预言值符合。1919 年 11 月 6 日，英国皇家学会正式宣布了他们的观测结果，这一消息引起全世界空前的轰动，一时间世界各地报纸头版头条都报道着"科学革命""宇宙新理论

高等院校立体化创新教材系列

和牛顿观念破产"等科学新闻。爱因斯坦把洛伦兹给他这个消息的电报给一起讨论问题的学生看,学生激动不已,但爱因斯坦却很平静地说:"我早就知道这个理论是正确的,难道你对它怀疑吗?"学生反问道:"如果观测结果和您的理论不符合,那您会做何感想?"爱因斯坦回答:"我只能为上帝感到遗憾。"爱因斯坦对相对论和时空弯曲的自然规律非常自信。

图 8.7　引力使光线弯曲

地球的质量相比宇宙中很多行星来说还很小,不会使周围的空间发生明显的弯曲,因此在周围的环境中,通常检查不到光线的任何弯曲。然而,靠近质量比地球更大的物体时,光线弯曲很大,以至于足以被检测到。随着科学技术的不断发展,现在可以利用很多先进的手段和方法更加精确地证实光线在大质量天体附近经过时会产生偏折的结论。

20 世纪 60 年代,一些天文学观测的结果表明,宇宙中确实存在引力坍缩所产生的天体,这种会吞噬一切的天体得到了观测证实,是广义相对论的又一次胜利。现在宇宙学家们开始相信,在银河系内大约存在着一亿个由燃烧殆尽的死亡恒星发生引力坍缩而形成的黑洞,也证实一些巨型黑洞和弥漫在星系中的暗物质维系着整个星系。1936 年, 爱因斯坦曾经推导过,引力可以使光线弯曲,在宇宙中,物质可以起到透镜的作用,即"引力透镜"。直到 1979 年,人类才第一次观测到爱因斯坦所预言的这种现象。目前人类发现宇宙中最大的引力透镜之一,距离地球大约有 40 亿光年的距离。宇宙学家们在地球上通过这个透镜回望过去,可以看到 130 亿年前宇宙诞生之初,那些最终形成星系的种子。在这个引力、质量、时间和空间交互作用形成的宇宙中,引力透镜成为人类回望宇宙发展历史的放大镜。今天,广义相对论的应用范围远远超出了爱因斯坦最初的想象。例如,没有广义相对论的修正,人类就不可能使用高精度的全球定位系统 GPS。实际上,当人们通过摄像机捕捉影像,放映动画片,利用光纤电缆打电话和上网时,都应该感谢爱因斯坦,相论对已经如此直接和广泛地进入了人们的日常生活。从这个意义上讲,爱因斯坦和他的相对论理论,已经远远超越了他所处的那个时代。

引力和时间：引力红移

相对论表明，重力会使尺子的长度收缩，也会使时钟走得比较慢。引力越强，钟走得越慢。如果你沿着引力的方向运动，例如，从一座摩天大楼的顶部到地面，或从地球表面走到水井底部，在你到达那个点的时间比你离开的那个地点的时间要慢。可以通过等效原理和时间膨胀应用到加速的参考系中来理解引力使时钟变慢效应。

太阳附近的钟会比地球上的钟走得慢。检验这种钟慢效应的一种方法，就是比较太阳附近氢原子发射的光谱线和地球上氢原子发射的光谱线。由于太阳附近引力强，对应的时钟会变慢，因此，太阳表面氢原子发射的波周期变长，频率减小，由于光速不变，谱线的波长会更长，使颜色朝红色方向移动，这种效应被称为引力红移，它能反映太阳表面因引力而引起的钟慢效应。之后人们做了各种形式的实验，检验银河系中其他一些恒星的引力红移和地面上的引力红移，实验结果都与广义相对论的预言一致。

时间的测量不仅取决于相对运动，也依赖于引力。在狭义相对论中，时间膨胀依赖于一个参考系相对于另一个参考系的运动速度。在广义相对论中，引力红移取决于引力场中一个点相对于另一个点的位置。如地球上所见，测量到恒星表面的时钟发出的滴答声比地球上的更慢。如果恒星收缩，其表面向内移动使引力更强，这将导致其表面上的时间越来越慢，应该会测量到恒星之间时钟的嘀嗒声间隔更长。但是，如果用恒星本身作为恒星时钟来测量，会注意到时钟的嘀嗒声没有什么不寻常之处。

假如一位坚不可摧的人站在巨大的、开始坍缩的恒星表面上，作为外部的观察者可以看到，当恒星表面收缩到更强的引力区域时，恒星表面上的时钟在逐渐变慢。但是恒星表面的人并没有发现他自己的时间有什么不同，他在自己的参考系中观察各种事件，也没有看到什么不同寻常的变化。就算坍缩的恒星继续收缩并向黑洞转化时，时间也在正常运行。但是在外部的我们感觉到恒星表面上的时间接近完全停止的状态，我们看到他的时钟的嘀嗒声之间或他的心跳声之间变得无限长。从我们的坐标系来看，他的时间完全停止。这说明引力红移不再是微小的作用，而是起主导作用。

还可以从引力对光子的作用角度来理解引力红移现象。当一个光子从恒星表面飞过时，它受到恒星引力的作用而"变慢"。它失去能量(注意，不是速度)。由于光子的频率正比于它的能量，因此，它的频率随着能量的降低而减小。观察光子时，我们看到它与由质量不太大的光源发出的光子相比具有较低的频率。它的时间已经变慢，就好像时钟嘀嗒作响的声音变慢一样。在黑洞的情况下，光子完全无法逃脱，在它试图挣脱的过程中，它失去了所有的能量和频率。光子频率的引力红移到零，与观察到光通过坍缩恒星时速度趋向于零的结果一致。

(资料来源：本书作者整理编写)

在狭义相对论和广义相对论中注意到时间的相对性非常重要。在这两种理论中，你没有办法延长自己的寿命，只是以不同速度或在不同引力场中运动的其他人可能认为你具有较长的寿命。但你的寿命是从他们的参考系中看到的，绝不是你自己的参考系。时间的变化总是归因于"其他人"。

2. 宇宙中新的几何学

爱因斯坦认为空间和时间必须放在一起称为时空，其在重质量附近是弯曲的，物体总是力图沿着弯曲时空的"直线"运动。在三维空间中弯曲不太好理解，可以简化问题，先来讨论二维情况下"弯曲时空"是什么样的。

假想一只昆虫，没有眼睛，生活在一个平面上，它只能在平面上运动，如果二维空间弯曲，比如是个球面，昆虫只能在球的表面上到处爬行，但是它不能"仰视""俯视"或者"朝外面"观看。虽然它是瞎子，但可以用腿及感觉器官做很多事情，比如它可以画出线条，并测量长度，它会把直线画成两点之间的最短距离，但对于球面上的昆虫来说，它无法离开球面找出真正更短的线。而在我们看来，这条直线看起来是一条曲线，是两点之间最短的圆弧。

人类生活在三维空间中，你会很自然地问，如何想象三维空间在任何方向都是弯曲的呢？因为没有四维空间来观察三维空间的弯曲，就好像可以在三维空间观察二维空间的弯曲一样。假定在平面上有一只昆虫，而且假定这个"平面"的表面有些小凸起。凡是有小凸起的地方，昆虫会得出结论说，它的空间具有小的局部弯曲区域。在三维中也有同样的情况，凡是物质堆积的地方，三维空间就有局部弯曲，即一种三维凸起。

欧几里得几何定律适用于在平面上画出的各种图形。例如，一个圆的周长与它直径的比例等于π，所有三角形内角和为 180 度，两点之间最短的距离是一条直线。但是，把这些图形画在球的曲面上，欧氏定律就不再成立。如果画在一个三维球面上，则三角形内角之和大于 180 度，这样的几何称为闭几何。如果画在一个鞍形曲面上，内角之和小于 180 度，称为开几何。内角之和等于 180 度称为平直几何(如图 8.8 所示)。在曲面上来看，组成三角形的线并不都是"直的"，但若把三角形限制在平面内，又是最平直的。

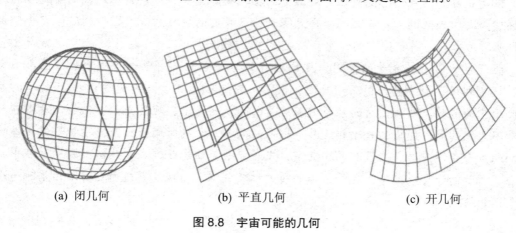

(a) 闭几何　　　　　　(b) 平直几何　　　　　　(c) 开几何

图 8.8　宇宙可能的几何

光线路径总是遵循最短程线原则。假设在地球、金星和火星上，三个实验分别用来测量由这三颗行星之间传播的光线形成的三角形的角度。当光线经过太阳时发生弯曲，这三个角的和大于 180 度。因此，围绕太阳的空间是正弯曲的。绕太阳做轨道运动的行星在正弯曲时空中四维的最短程线传播。

根据广义相对论，重力等于加速度，使时空弯曲的就是重力，当重力效应可以忽略时，时空是平直的，所有的线都是直线，所有的时钟都同步。但在宇宙中，引力就不能忽略了，物体质量越大，使时空弯曲得就越厉害，落体运动和光线等都是沿着弯曲的时空沿最短线路行进的。广义相对论预言，虽然宇宙局部可以发生弯曲，但总的宇宙是平直的，宇宙大爆炸后形成的空间中，低温辐射的最新研究表明宇宙是平坦的。这是因为如果是像鞍状一样的开几何曲面，它会永远延伸下去且发出的平行光将会发散。如果是球面一样的闭几何曲面，发出的平行光束最终会交叉并且环绕回到它们的出发点。在这样的宇宙中，如果能用理想的太空望远镜仰望无穷远的太空，你有可能会看到自己的后脑勺，当然你必须有耐心等待数十亿年。而在实际平坦的宇宙中，平行光始终保持平行，将一去不复返。

因此广义相对论需要新的几何学：空间不再是一种空白的区域，而是一个更加灵活的、可以弯曲和扭曲的空间。引力场由它如何弯曲和扭曲来描述。广义相对论是弯曲的、四维时空的几何。如果想象不出四维时空，不要气馁，爱因斯坦本人也经常告诉他的朋友们："不要作无谓的尝试，我也想象不出来。"但是，四维时空的本质是质量的存在导致时空弯曲或扭曲，反过来，时空弯曲必然表明存在着质量，人类没有想象质量之间的引力，而是完全放弃了力的概念，认为质量是对它们所在的弯曲时空运动做出的反应。

人类不能想象四维时空中的凸起和凹陷，因为处于三维空间中，但可以通过考虑二维的情况，比如重球静止在水床中间，这样一个简单的类比来感觉这种扭曲的空间。重球质量越大，它凹陷的二维表面就越大。当另一个弹珠在水床上滚过时，离重球越远的地方，弹珠的运动路径是比较直的，在靠近重球附近时，弹珠的运动路径将呈现曲线形状。如果曲线靠近它本身，路径就像是椭圆。围绕太阳的行星就在类似于沿太阳周围弯曲时空中的四维短程线运动。

到现在为止，人们发现，广义相对论已和牛顿力学一样，成为物理学体系中的一个古典理论，都以整个宇宙作为研究对象，探索物质的运动规律以及无处不在并制约着一切的引力。这种力学理论，是对古希腊先哲们哲学思想的延续，甚至可以看作对一个古老神学问题的回答：人类究竟有没有可能理解造物主所创造的世界？爱因斯坦在生命接近黄昏之时，给密友莫里斯·索洛文(Maurice Solovine)的一封信里提道："我将世界的可理解性，看作一个奇迹或者一个永恒之谜。" 他认为这个世界最不可理解的就是，它竟然是可以理解的。广义相对论在最大限度上揭示了宇宙存在的方式及原因，并通过数学手段说明了可能并不存在一个人格化的造物主。爱因斯坦运用最为复杂的数学方法，以最为勇敢的想法，最终以一种古典方式发展了经典力学。相对论表明的时空规律是不变的和绝对的，而不是相对的。

高等院校立体化创新教材系列

小贴士

引 力 波

2014 年年末，科幻电影《星际穿越》引发了全球轰动，故事的开头讲述了一位天体物理学家在美国的激光干涉引力波天文台(Laser Interferometer Grabitational-Wave Observatory，LIGO)通过引力波探测，在太阳系内部发现一个巨大的虫洞，进而在虫洞的另一端发现了一个巨大的黑洞。对于虫洞的假设来自爱因斯坦和天才助手内森·罗森(Nathan Rosen)提出的一种设想，这是一种仅存在于理论中的可能连接起遥远时空两端的一种极为不稳定的"时空桥"。这种时空桥即使存在，也可能极不稳定，甚至无法容纳一个粒子通过，因此，宇航员们驾驶着宇宙飞船从虫洞中顺利通过，这其实是一种暂时难以实现的科学幻想。但是引力波却是一种更为接近实际的广义相对论的产物。《星际穿越》电影中提到的 LIGO 也是现实中确实存在的机构。宇宙学观测中人们已经发现了引力波存在的间接证据，物理学家仍然在苦苦寻找这种时空褶皱存在的直接证据。

2016 年 2 月 11 日 LIGO 合作组宣布首次直接探测到来自遥远宇宙中的引力波，一时掀起了一股"引力波热"。从爱因斯坦的广义相对论预言引力波的存在至今已经有 100 年了，到底什么是引力波呢？1936 年，爱因斯坦在与助手罗森研究广义相对论方程式中，发现从方程本身推导出类似于电磁场一样波动的横波。开始时爱因斯坦并不相信这组解有实际意义，但是与美国物理学家霍华德·罗伯特森(Howard Robertson)讨论之后使他相信，这一组方程解真的具有实际意义，它说明了时空本身的波动，也是引力波的存在。物质具有质量，会使它周围的时空发生弯曲，当物体的运动状态发生变化时，空间也会发生移动，这些移动在整个宇宙空间产生波纹，受扰动的波纹以光速向外传播，这些波称为引力波。

任何加速运动的物体都能产生引力波，一般物体的质量越大，其加速度越大，产生的引力波也越强烈，但即使由普通的天文事件所产生的最强引力波也是极微弱的。只有极为剧烈的天体活动，如超新星爆发、黑洞之间发生碰撞等，才可能产生出可以被人类探测到的引力波。虽然引力波那么微弱，但它们无处不在，来回摇动你的手，你就产生了引力波，它非常微弱，但的确存在。

利用引力波可以探测宇宙的奥秘，人类甚至可以利用发射引力波实现对宇宙的光通信，这种幻想是否能够成为现实呢？21 世纪是否有可能成为研究引力波的世纪？这是广义相对论留给人类的一个有趣问题。

(资料来源：本书作者整理编写)

三、相对论与政治及艺术

在相对论问世前的近三百年时间里，牛顿基于定律和绝对确定性的机械宇宙观构成了启蒙运动和社会秩序的心理基础。人类对因果性、秩序以及义务都深信不疑。然而，世界大战的爆发，社会阶层的崩溃以及经典物理学的瓦解，似乎走向了不确定性。哥伦比亚大学的天文学家普尔在爱因斯坦的广义相对论理论得到 1919 年日食观察的部分证实后对《纽约时报》说："在过去的若干年里，整个世界陷入了一种动荡之中，既有精神上的，也有物质上的。""实际上，动荡、战争、罢工和布尔什维克起义的暴力特征，很可能反映了整个世界背后的某种更深层扰动。这种扰动已经侵入科学领域。"《纽约时报》关于相对论的社论《攻击绝对》声称一切人类思想的基础已被颠覆，一种新的哲学将迄今为止作为物理学思想公理基础的所有知识几乎一扫而空，颠覆了几个时代以来的确定性。

人们逐渐开始将相对论和道德、艺术以及政治上的一种新的"相对主义"联系起来。哲学家、作家、艺术家和其他学者，情不自禁地在某种程度上被这股哲学吸引，人们对绝对的事物不那么信任了，不仅是时间和空间，还包括真理和道德。其实这并非爱因斯坦相对论的本意，他曾想把相对论称为"不变性"理论，因为根据相对论，结合时空所遵循的物理定律实际上是不变的，而不是相对的。正如英国哲学家以赛亚·伯林(Isaiah Berlin)后来悲叹道："相对论一词已被广泛误解为相对主义，即否认或怀疑真理或道德价值具有客观性，这恰恰与爱因斯坦的看法相反。他是一个质朴的、具有绝对道德信念的人，他的经历和他所做的一切都表明了这一点。"

广义相对论引发的热潮在当时人类社会的各个层面都引发了巨大的反响，支持和反对的声音同样激烈。在整个 20 世纪 20 年代，总共发表了几百篇反对相对论的文章，其中大多数都是由对物理学一无所知的门外汉所作，这正反映出广义相对论对于科学界以外整个社会的冲击。爱因斯坦的相对论改写了物理学领域的时空观，而西班牙画家巴勃罗·毕加索(Pablo Picasso)同一时期在绘画领域成功探索出新的时空表达方式。毕加索的立体主义开山之作《阿维尼翁少女》第一次展现给观众的不是吸引而是震惊。画面由五个女性组成，中央的女性有着正面的脸颊，却有着一个从侧面表现的鼻子。左边女性有着全部侧面的脸，但眼睛又是正面的，身体的轮廓分不清各个部位的位置，迈出的腿也不知是左是右。右侧的两名女性有着非洲木雕般的脸庞，表情狰狞，坐着的女子似乎背朝着我们，但脸却面向观众。毕加索不再使用单一固定视点的传统绘画方式，而是将不同视点所得观察付诸同一画面，成为历史上第一个将画面从三维带向四维的画派，这使观众无须移动自己的身体就可以看到这五名女性前后左右的全部影像。这种构图、色彩和形状的运用展现了毕加索无限接近爱因斯坦相对论理论，以几何的方式将同一个物体的几个不同的角度影像放进同一个平面，一元焦点透视规则被打破，时间的唯一性原则也被打破。

西班牙超现实绘画大师萨尔瓦多·达利(Salvador Dali)的绘画则更进一步验证了爱因斯坦的相对论理论。有一天傍晚，达利感到很疲惫，取消了晚场电影计划之后，他去吃了晚饭，全套法餐下来，达利以奶酪盘作为最后一道菜收尾。切开外皮后，柔软的卡门贝尔奶酪的内心流了出来，眼前的情景使达利创造出融化的钟表这一意象。他画的《记忆的永恒》空间非常宏大，无限远处有石台、石板和石山，石山上长着一棵枯树，画中心有一个像婴儿一样沉睡的物体。树枝、石台和婴儿身上各搭着一块融化的表，每块都软塌塌的，左下方还有一块没有融化的表，被扣在石台上，蚂蚁爬满了表背。这幅画有各种版本的解读，从相对论的角度来看，将要融化的表象征着牛顿的绝对时间概念被打破了，挂在树枝上的表完全融化，说明它们并不完全属于观察者所选择的参考系，此时时空发生了弯曲。

爱因斯坦的广义相对论指出，通过大量实验证明物质的分布及其运动会使周围的时空发生弯曲，反过来弯曲的时空也会影响物质的运动。这一点充分表现在那块盖在沉睡婴儿身上的表，表本身使婴儿的外形轮廓发生改变，这是时空弯曲和物质运动相互影响的结果。

法国最伟大小说家之一的马塞尔·普鲁斯特(Marcel Proust)给一个物理学家朋友写信时说："我多想和你谈谈爱因斯坦啊。我不懂代数，他的理论我一点儿也不明白，但我们在扭曲时间方面似乎有异曲同工之妙。" 他也在摧毁 19 世纪文学的确定性，就像爱因斯坦使物理学发生革命那样。无论误解与否，也无论是否是对相对论的庸俗化解读，爱因斯坦的相对论理论是通往 20 世纪文化史的途径。美国诗人罗伯特·弗罗斯特(Robert Frost)、阿齐博尔德·麦克利什(Archibald Macleish)等都曾在作品中直接引用了爱因斯坦和他的物理学。法国哲学家让-保罗·萨特(Jean-Paul Sartre)评价说相对论完全适用于虚构的世界。在劳伦斯·杜雷尔(Lawrence Durrell)的小说《巴尔萨泽》中的主人公宣布相对论对抽象绘画、无调性音乐和无形式文学负有直接责任。虽然实际上相对论对其中任何一项都没有直接责任，更多的是和现代主义的神秘相互作用，并不是理论的胜利迫使人们接受它们，从而影响人类的精神，恰恰相反，是人类的精神已经主动地按照某种方式发展了，才使相对论的产生和成功成为可能。第一次世界大战晚期，"相对论"已成为欧洲娱乐餐厅里的笑话主题，虽然爱因斯坦的理论对于绝大多数外行人来说都是无法理解的，但他却成为继达尔文之后，其姓名和形象广为世界各地受过教育的外行群众所熟悉的科学家。

 案例导学8-5

广义相对论与量子力学

"在量子力学上我用的脑力比相对论还多。"爱因斯坦的这句话不常被人想起，如同人们会经常忽略爱因斯坦除了发现狭义相对论和广义相对论，同时也是量子力学的创始人之一。1905 年是爱因斯坦的奇迹年，他发表了三篇著名的论文，其中之一就是利用光量子理论解释了光电效应。自狭义相对论诞生以来，爱因斯坦因相对论多次被提名诺贝尔物理学奖，却一直没有得到瑞典委员会的通过，之后因为发现了光电效应定律而获奖。但是这篇赢得了诺贝尔物理学奖的论文却很少被人提及，原因之一是在现代物理学的一大支柱理论量子力学的诞生和发展过程中，并没有出现过一位个人英雄式的人物，爱因斯坦只是其中的一位，在量子力学领域熠熠生辉的众多物理学家中并没有过分地突出，而且爱因斯坦对于量子力学的态度与其他大多数量子物理学家的实用主义态度之间的分歧越来越大，使他逐渐远离了量子力学发展的最前沿。另一个原因是广义相对论和量子力学至今都存在着不可调和的矛盾。这两个理论无法实现统一，在自然界的四种相互作用之中，量子力学可以描述其中的强相互作用、弱相互作用以及电磁相互作用，却始终无法对广义相对论所描述的引力进行量子化。

爱因斯坦晚年时对量子力学"非局域性"的怀疑态度逐渐加深，他认为量子力学的这种性质恰恰说明了它的不完备性，这又使爱因斯坦被贴上了"反对量子力学者"的标签，他作为量子力学创始人之一的身份进一步被忽略。事实上，爱因斯坦在开创广义相对论的过程中，也屡屡被量子力学的谜团所困扰，这也是他历时七年才完成广义相对论的原因之一。爱因斯坦在完成广义相对论之后，又踏上了第三次孤独的探索征程。在柏林周围的湖边为自己建了一所房子，在这里他开始思考科学探究的终极目标，构建一个统一的理论，把迄今分立的万有引力、电磁场力等统一起来。在他的余生就这一研究提出了很多想法，但没有一个被科学界普遍接受。

由于当时纳粹掌控德国，对犹太人爱因斯坦的攻击愈演愈烈，爱因斯坦关于相对论的著作在柏林国家歌剧院前被公开烧毁，他的个人财产也被全部没收充公。爱因斯坦只好从柏林科学院辞职，移往美国的普林斯顿。随着爱因斯坦的到来，普林斯顿高等研究院又吸引了很多其他一流的科学家。爱因斯坦主动放弃了德国国籍，普林斯顿成了爱因斯坦的家，他在那里生活了 22 年。爱因斯坦描述普林斯顿是一个小小的半神半人居住的招人喜欢和讲究礼仪的世外桃源。在离开欧洲之前，爱因斯坦最光辉的岁月已经结束。步入老迈之年后，爱因斯坦在普林斯顿的研究成果比先前在欧洲时少很多，尽管爱因斯坦知道成功的机会很小，但他仍然坚持寻求大统一场论，越来越脱离物理学发展的主流，而普林斯顿高等研究院也非常尊重他的个人意愿。爱因斯坦说："我不爱交际，因为社会交际会干扰我的研究，而我只为工作而活，它甚至会缩短我非常有限的生命。在这里我没有亲朋挚友，不像我年轻时或后来在柏林那样，可与朋友无拘束交流和倾诉，也许是因为我的年龄吧。我常常感觉到，上帝忘了我在这里。随着年龄的增长，我为人处世的标准也在提升，我不与骄傲自大者交往。"

广义相对论和量子力学都诞生于 20 世纪初，这两个理论自诞生以来，都显示出强大的生命力，以摧枯拉朽之势迅速摧毁了以牛顿力学为中心的古典物理学大厦，随后一座同样辉煌的现代物理学大厦以这两个新理论为基础迅速地建立起来。但这两个理论对于大众的吸引力以及在社会上产生的反响，却相差巨大。广义相对论在诞生之后极短的时间内就引起了世界性的狂热，并且热度至今不减，这个理论横空出世后，探讨的是每个人都自认为理解并且熟悉的话题：空间和时间、质量和引力。正是在这种大多数人都认为完全没有疑问的领域里，广义相对论给出了颠覆性的解释，自然会对世界上大多数人造成极大的震动。

而在诸多令人感到困惑的、违反人们生活常识的实验结果中逐渐摸索，慢慢地建立起来的一套专门用来描述微观世界的量子物理学理论体系，对普通人的生活来说，距离太过遥远，尽管量子理论同样也取得了惊人的成功，但是人们至今仍然对它的本质缺乏理解，物理学家对量子力学的本质充满争议。

广义相对论之后，物理学还会面临怎样的挑战、未来最有可能在哪些领域取得突破呢？美籍犹太裔物理学家理查德·费曼(Richard Phillips Feynman)曾经说过："哲学对科学家的用处，就像是鸟类学对鸟类的用处一样"，也许很难通过哲学和科学史研究找出未来的线索。但是，纵观过去一百年来人类研究物理学的历史，当今物理学的天空被更多的乌云笼罩着，一朵是暗物质，另一朵是暗能量。这两个物理学的难题都与广义相对论有关，

高等院校立体化创新教材系列

在探测暗物质和暗能量性质的过程中，广义相对论一定还将发挥更重要的作用。现代物理学仍然试图寻找一种理论把一切物质都包含其中，广义相对论和量子力学的对抗和融合依然是21世纪物理学关注的焦点。

(资料来源：本书作者整理编写)

第三节　窥 视 宇 宙

一、宇宙的起源

爱因斯坦用相对论描述空间和时间的运作方式，那么空间的结构是什么样？地球是太阳系的一部分，太阳是组成星系的无数个恒星之一，而星系自身又组成星系团。那么，宇宙的大尺度结构是什么？它又如何变化？人类自诞生以来，就执着于探索宇宙的奥秘，从古老的神话传说，到如今的巡天宇航，一代代人用智慧谱写了神奇的宇宙故事。中国古代认为是盘古开天辟地。毕达哥拉斯最先用"宇宙"一词指大千世界，中国战国时期便有"上下四方曰宇，古往今来为宙"，宇和宙分别表示空间和时间。佛说三千世界，"世"指时间，"界"指空间。人类所知的每一种文化都有自己的传说，描述着宇宙的起源、本质和人类在宇宙中的位置。

最初人们对宇宙构造的认识是地在下面，天在上面。之后发现日月星辰都围着地球转，觉得地球应该是飘浮在空中，这样最合理的形状应该是球形，因为只有这样沿各个方向才是相等的。再之后哥白尼提出行星运动的中心不是地球，而是太阳，地球只是无数行星中的一个，绕太阳旋转的同时自转。随着科学技术的不断发展，人类开始认识到太阳系也只不过是浩瀚的银河系中普普通通的一颗恒星。如果用最强大的哈勃望远镜向宇宙看去，可以看到无数个极其遥远的光点，每一个光点都是一个星系，让人深切地感受到宇宙的无边无际。

在人类探索宇宙奥秘的过程中，科学家们做出了很多大胆的猜想，提出各种宇宙结构模型，其中最具影响力并逐渐被人们所接受的模型之一是宇宙大爆炸模型。广义相对论对宇宙的起源和演化得出的惊人猜测如下。

在137亿年前，宇宙从一个非常小的奇点开始爆炸，这个奇点具有无限高的温度和无限大的密度，释放出能量和物质，大爆炸之后宇宙持续膨胀，温度及密度迅速下降。在爆炸过程中不断生成电子、原子、中子、等离子体、分子等物质，后来气态物质在引力的作用下逐渐凝集成星云，星云在引力的作用下不断收缩，形成星系或星系团，再演化成恒星、行星系统，造出今天的宇宙。

宇宙的大爆炸生成观和我国古代哲学家、道家学派的创始人老子的"道"及其有生于无的宇宙生成论思想有异曲同工之妙。老子认为："无，名天下之始；有，名万物之母。"由此可见，"无"作为天地混沌未开之际的命名，而"有"是作为万物产生之本原，"道"作为世界的总根源，本身包含着"无"和"有"两个方面。宇宙来源于一个

"奇点"，宇宙"从无中创造"出来，其生成的根源是一次奇异的大能量事件爆发，宇宙初始的这种"无"在本质上是一种潜在的有，它是宇宙后继可观察物质激发产生的根源所在。宇宙随着时空的演化膨胀和能量的转换而持续发展，处于真空基态中的量子场，如光子、电子、夸克等量子场都获得了能量进入激发态，从真空中奔涌出来，形成了现实世界的可观察物质粒子，即显示物理观察效应上的"有"，这便是老子所说的"有"。《老子·四十二章》中讲："道生一，一生二，二生三，三生万物，万物负阴而抱阳，充气以为和。"老子的"道生万物"思想表明，世界万物存在统一性，在统一性中又存在着阴阳的对立，统一与对立可以相互转化，从而形成新的可观察的"始有"，化出大千世界的万物万象来。老子的宇宙生成演化观表明，宇宙生成在总体上表现为"有生于无"，在演化上表现出由"道"始经一、二和三的过程，再到生万物。由此可见，老子的宇宙演化观，与大爆炸宇宙学描绘的物质生成与演化在思想上是相融的。

大爆炸理论的正确性得到了一些观察证据的验证，但是，对这一事件的原因和具体过程的理论解释还在继续研究中。

大爆炸理论的证据

我们怎么知道宇宙开始于一次大爆炸呢？可以从以下三个证据得到证明。

第一，宇宙的观测结果表明，所有星系都在相互远离，好像是被一次爆炸推开似的。基于现在观察到的星系远离速度和距离，回溯到星系出发时的时间，则所有星系应该在大约 140 亿年前是聚在一起的。

第二，宇宙大爆炸理论推测至今宇宙中仍然残留着大爆炸时的辐射，虽然不再燃烧，但有余热辐射，充满整个宇宙，这个辐射冷却到 3 开尔文的温度。1964 年，美国射电天文学家彭齐亚斯(Arno Allan Penzias)和威尔逊(Robert Woodrow Wilson)在调试巨大的喇叭形天线时，出人意料地接收到微波波段辐射，经过测量和计算，得出辐射温度为 2.7 开尔文，并确定它是宇宙微波背景辐射。这个发现被列为 20 世纪 60 年代四大天文学发现之一，能够获得宇宙诞生时所发生的宇宙膨胀过程的信息，彭齐亚斯和威尔逊也因发现宇宙微波背景辐射于 1978 年获得了诺贝尔物理学奖。

第三，对宇宙中各类天体的化学元素相对含量的研究发现，氦元素相对含量占总化学成分的 24%，这一数值远远超过恒星内的热核反应所提供的氦元素丰度。由光谱分析得出所有星系的化学组成都十分相似，可以断定氦元素相对含量来源于宇宙诞生初期。对不同元素相对含量的观察结果和大爆炸理论的预言完全一致，这是支持大爆炸理论的又一个强有力的证据。

(资料来源：本书作者整理编写)

高等院校立体化创新教材系列

二、宇宙暴胀

宇宙暴胀和
宇宙简史.mp4

1979 年美国理论物理学家、天文学家阿伦·古斯(Alan Guth)提出一个重大的宇宙学发现，即宇宙暴胀理论，这是迄今为止对宇宙可能会怎样开始膨胀以及物质和能量的起源最好的科学解释。

古斯认为，宇宙开始时比一个质子还要小，在 10^{-36} 秒内经历了一次超级迅猛的膨胀阶段，膨胀速度远超于光速，体积膨胀了 10^{25} 倍。在这里你会发现，狭义相对论不是预言任何物体的运动速度都不能超过光速吗？广义相对论指出，宇宙的膨胀是空间本身在膨胀，对它没有速度限制，空间中的物体及它们周围的空间仍然处于静止。这好比你在机场的人行水平电梯道上保持静止，但电梯道一直带着你前行一样。

宇宙在极小的亚微观尺寸上，时间和空间是不连续的、断裂的或者"量子化"的，每小段时间约为 10^{-49} 秒，每小段空间直径约为 10^{-35} 米。在这一小段中发生了 10^9 焦耳的能量涨落，这么多的能量聚集在这么小的区域内产生了 10^{32} 开尔文的高温。宇宙就这样立即开始膨胀。在早期宇宙温度极高时，自然界中四种基本的力场——引力场、电磁场、弱力场和强力场基本是融合在一起的，随着宇宙的膨胀和逐渐冷却，引力最先从统一力中释放出来，接着是强力，最后是弱力和电磁力，它们具有不同的特性。

关于能量，暴胀并不改变宇宙的净能量，而是以相等的数量生成负能量(引力势能)和正能量(动能、辐射能以及生成物质所需的能量)。古斯曾经说，人们说世界上没有免费的午餐，但宇宙却是最盛大的免费午餐，是时间、空间、物质和运动的种子。

三、暗物质

弗里茨·兹威基意识到我们漏掉了宇宙的大部分

随着更为强大的望远镜和观测设备的发明，宇宙似乎向天文学家展示了它的所有秘密。然而，弗里茨·兹威基(Fritz Zwicky)对星系团进行的一项相当低调的计算，却揭示我们实际上错过了宇宙的大部分。

兹威基出生在保加利亚的瓦尔纳，他的父亲曾是挪威驻瓦尔纳的大使。6 岁时他搬到瑞士，和祖父母住在一起，后来考入苏黎世联邦理工学院学习数学和物理。27 岁时，他得到加州理工学院的一个研究员职位，主要研究超新星("超新星"一词是他为大质量恒星爆发现象而创造的)。

按照标准做法，星系质量可以用它们的亮度来测量。兹威基按照速度往回推算，发现计算出的星系移动得太快，后发现星系团的质量比根据测量计算得到的质量大 40 倍左右。于是他把这种看不见的物质命名为暗物质。兹威基的理论一开始并没有被广泛接受，直到多年以后薇拉·鲁宾(Vera Rubin)在发表的论文《从 NGC4605 得到 21 个具有大范围光度与半径的星系团的旋转特性》中，通过引入暗物质阐明了天文学中的很多问题。

天体的质量越正常，暗物质的含量就也越高。据估计，暗物质的数量大约是正常物质的 5.5 倍，它也被称为重子物质。直到今天，暗物质仍然是天文学乃至整个物理学中的最大知识空白之一。许多科学家团队正在努力研究，试图用不同的方法来识别暗物质，希望尽早揭开这个谜团。

（资料来源：本书作者整理编写）

以往认为，宇宙主要由可以看见的发光恒星和少量其他不发光的行星构成，但在过去的几十年里得知，构成宇宙的成分远比这些多。科学家推测，还有另外一种全新的物质形式，它们不是由质子、中子、电子或者已知的各种粒子(比如中微子)组成的，没有人知道它的组成。这种物质称为暗物质，它不与电磁辐射相互作用，因此，不能发光、辐射光和吸收光，所以，我们看不见也检测不到它。但是暗物质对星体有引力作用，约占宇宙总量 23%。

为什么科学家会假设有暗物质这样的物质存在呢？这是因为在天文学家观察恒星和气体云环绕它们的星系中心公转时，发现它们的公转速度极高，按理说星系会飞散，但实际上星系还是保持在一起，因此推测肯定是暗物质对它们有引力作用。另一方面，从遥远的星系到达地球的光，在经过其路程上散布的星系的引力场时，光是弯曲的，可以推算出光实际产生了更多的弯曲，沿路的星系中必须包含比实际能看到的物质还要多的暗物质。

然而究竟什么是暗物质，物理学上还没有定论，暗物质激发了宇宙射线和高能物理实验中的许多探索工作。目前各国科学家，正在进行各种加速器和非加速器的实验，试图找到这种暗物质。

1989 年，美国国家航空航天局(NASA)曾发射过一颗宇宙背景探测者卫星并观测到了宇宙微波背景辐射在不同方向上存在着微弱的温度涨落。为了进一步研究这种各向异性现象，1995 年 NASA 接受建议，2001 年发射了威尔金森微波各向异性探测器(Wilkinson Microwave Anisotropy Probe，WMAP)，并于 2003 年第一次清晰绘制了一张宇宙婴儿时期(大爆炸后不到 38 万年)的图像。宇宙的年龄大约是 137 亿年，38 万年寿命宇宙的图像相当于一个 80 岁左右的人在他出生当天拍摄的照片。这一年，由 WMAP 以其对宇宙学参数的精确测量，取得了决定意义的成果。宇宙中普通物质只占 4%，23%的物质为暗物质，73%的物质为暗能量。这是迄今为止暗物质存在的最有说服力的证明。同年，由斯隆基金会资助、众多单位参加的国际性天文研究项目——斯隆数字太空勘测(Sloan Digital Sky Survey，SDSS)，根据大量天文观测所得到的数据也给出了类似结果，探讨了多年的疑案终于有了明确的答案。2003 年年底，《科学》杂志把这一成果选为当年第一大科技成果。

暗物质有质量，可以参与引力相互作用，却不参与电磁相互作用和强相互作用，与其他物质相互作用也可能非常弱，但科学家相信，作用再弱也会被观测到，因此，可以利用探测器来直接测量暗物质与物质相互作用所产生的光、热和电信号等。但这些信号非常弱，很容易被来自宇宙射线中的各种粒子所覆盖。为了屏蔽掉高能量的宇宙线本底，科学家把实验室搬到地下深处，已建成的意大利格兰萨索国家地下实验室深达 1500 米。2010

年，在我国四川建成的中国锦屏地下实验室，垂直岩石覆盖深达 2400 米，是国际上岩石覆盖最深的地下实验室，被誉为国内外物理学家眼中的实验天堂。地下实验室放置我国自主设计研发的质量约为 1 千克的高纯锗探测器，对 10 万电子伏特以下轻暗物质探测十分灵敏。2014 年 11 月发表了重要的实验结果，为寻找暗物质存在区域及理解多个实验组发布的互相矛盾的暗物质实验数据提供了灵敏度更高的证据，受到全世界瞩目。

加速膨胀的宇宙
和暗能量.mp4

四、暗能量

　　宇宙暴胀之后会永远膨胀下去吗？膨胀速度是在加快还是在减慢？宇宙膨胀变慢似乎是合情合理的，和竖直上抛的球的速度会被向下的重力减慢一样，宇宙膨胀的速度是不是也会被宇宙中所有物质向内的引力拉着而减慢呢？20 世纪 90 年代，宇宙学家设法测量出宇宙膨胀速度的减小率，对遥远的超新星进行的大量观测结果却让人大吃一惊，宇宙的膨胀根本没有减速，反而在加速！

　　我们知道，宇宙中的星系相对宇宙空间是静止的，只有空间在膨胀，根据牛顿定律，运动状态的变化会产生加速度，加速度又是由力引起的，加速膨胀意味着有什么物体对空间有推力。到底是什么东西呢？应该不是普通物质和暗物质，因为这两者对物质的力是引力而不是推力。因此科学家猜测宇宙中一定有一种非实物的能量，称为暗能量。另一个证据来自几年来对微波背景辐射研究精确地测量出宇宙中物质的总密度，但是所有的普通物质与暗物质加起来大约只占到其三分之一，仍然有大约三分之二的短缺，这一短缺的物质就是暗能量。暗能量占宇宙总质量的约 73%。把普通物质、暗物质和暗能量的质量加起来正好可以得出使宇宙的总体几何变成平直所需要的质量(如图 8.9 所示)。暗能量与暗物质一样，会影响宇宙的形状，还没有人知道它们的具体组成情况。

暗能量(身份不明)：73%

暗物质
(身份不明)：23%

其他不发光成分：
星系际气体 3.6%
中微子 0.1%
超重黑洞：0.04%

发光物质：
恒星和发光气体：0.4%

图 8.9　宇宙的大致构成

　　暗能量和暗物质的探索方兴未艾，随着发射更多的探测卫星，对宇宙进行更多精确的观测来进一步系统研究宇宙的膨胀规律，物理学家还有很长的路要走。

第四节　探寻地外生命

探寻地外智能.mp4

一、地球上生命出现的条件

美国的建筑师和未来学家富勒(Richard Buckminster Fuller)曾经说："有时候我想我们是孤独的，有时候我想不是。不论哪种情形，思绪都蹒跚不定。"我们是孤独的吗？人类对这个问题已经思索了至少 2000 年。现在已经掌握了一些物理学工具，如牛顿运动定律、电磁辐射和狭义相对论，可以对地外生命这个问题进行探讨，以观察数据为基础，推测一些可能性。

首先从重要的观察结果出发，即地球上已经出现了人类，为什么人类能在地球上出现和生存下来呢？有以下几点因素。

(1) 地球与太阳的距离适中。若离得太近则太热，若离得太远则太冷。

(2) 地球质量大小合适。如果质量太小，引力不足以维持大气圈。若质量太大，大气层太厚就会含有更多有毒气体。

(3) 地球自转速度适当。若自转太慢，生命进化过程会停止。若自转太快，地表的火山和地震活动就会过于频繁。

(4) 地球上有液态水。

作为地球上的居民是幸运的，那么，在茫茫宇宙中还有其他类似的适合生命出现的行星吗？

对地外智慧生物的探索是从什么时候起由科幻故事变为科学研究的，很难说清楚。但是在 1961 年 11 月召开的一次天文学会议也许是关键性的里程碑。组织这次会议的是年轻的美国天文学家和天体物理学家法兰克·德雷克(Frank Donald Drake)，他为搜寻外星无线电波而着迷。在实验室主任的支持下，他邀请到几位天文学家、化学家、生物学家和工程师，其中也包括日后非常著名的美国天文学家卡尔·萨根(Carl Edward Sagan)，一同来探讨关于地外生命的科学。德雷克需要专家协助的课题最主要的目的是判定花费大量时间用射电望远镜听取外星光波是不是明智之举以及最有效的搜寻方式是什么。他很想知道，地球之外是否存在文明以及会有多少。在讨论人员到达之前，他在黑板上起草了一个公式，

$$N=Ng×Fp×Ne×Fl×Fi×Fc×FL \tag{8-6}$$

这就是著名的"德雷克公式"，用来推测可能与人类接触的银河系内外星球高智文明的数量公式。其中 N 代表银河系内可能与人类通信的文明数量，Ng 为银河系内恒星数目，Fp 为有行星的恒星比例，Ne 为每个行星系中类地行星数目，Fl 为有生命进化可居住行星比例，Fi 为演化出高智能生物的概率，Fc 为高智生命能够进行通讯的概率，FL 为科技文明持续时间在行星生命周期中所占的比例。

二、其他行星出现生命的可能性

刚才分析了地球上出现生命的条件，那么，是不是类似地球这样地质条件的行星都可

高等院校立体化创新教材系列

以出现生命呢？估算一下，先分析地球所在的银河系，要推广到整个宇宙，只需乘以 10 亿就可以了。在银河系中大约有 10%的恒星其质量和太阳非常接近，那么在这些类日恒星中，又有多少行星和地球相似呢？其实有很多不确定因素，只能大概猜测一下数量的上限和下限，银河系中恒星的数目大概是 4×10^{11} 个，估计单星比率占一半，单星中 10%的恒星和太阳类似，假设类日恒星都有行星，每个行星系中都有一个类地行星，这是估计数量的上限，是 2×10^{10} 个。还可以假设类日恒星中 10%有行星系统，而在行星系统中只有 10%的类地行星，这样可得下限是 2×10^{8} 个。这样定量估算后发现在银河系中有 2 亿到 200 亿颗类地行星，也许有出现生命的可能性。

除了要和地球有类似的外在条件，要诞生生命，还需要有水、氢、氮和气态碳这些通过化学反应能产生生命的基石。大多数生物化学家推测，只要有和原始地球相似的条件，生命就会在别的星球发展起来。若上述估计中有 1%的适合生命存在的行星中有生命基石，则在人类所在的银河系中，就会有上百万个行星上有可能存在生命。还有一个问题，就算有了简单的单细胞生命存在，那么，发展出像人类这样的智能的可能性又有多少呢？也许有很多个地方已经出现过，也许在银河系中只有在地球上才有智能。

1995 年，日内瓦大学的米切尔·梅厄(Michel Mayor)和迪迪埃·奎罗兹(Didier Queloz)首次发现了一个太阳系以外、围绕类日恒星运转的行星。这个被命名为飞马座 51b 的星球距离地球约 50 光年，是一个巨大的气团，体积大约只有木星的一半，它的公转轨道极为紧凑，以至它的一年只有四天，表面温度超过了 1000 摄氏度。尽管在这样的条件下没有任何生命可以存活，但是仅这样一颗行星的发现本身就是一个极大的突破。之后旧金山州立大学的杰弗里·马西(Geoffrey Marcy)(现就职于加州大学伯克利分校)带领自己的团队开始寻找太阳系外的第二个行星。迄今为止，天文学家已经确认了近 2000 个这类系外行星，它们的体积从小于地球到大过木星，大部分由 2009 年送上轨道的开普勒太空望远镜观测到。

人类也在向外太空发送信号，期待能被任何外星文明接收到。探索类地行星上大气化学成分的科学实验已经在持续开展，也许在不久的将来就能得到准确答案。

本章思维导图

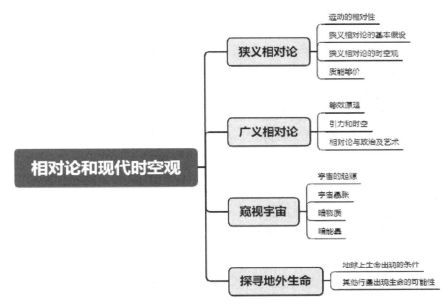

(1) 狭义相对论的两条基本原理：第一，相对性原理，物理规律对任何惯性系都是等价的；第二，光速不变原理，真空中的光速恒为 c，跟惯性系或者观察者的运动状态无关。

(2) 狭义相对论的时空观：时间、空间和物质的运动联系在一起，观察运动时钟的人测得的时间，比相对于此时钟静止的观察者测得的时间更长(时间延缓)。测量运动长度的观察者，观察到的长度比静止长度短(长度收缩)。

(3) 质能等价：物体的相对论性质量等于物体的总能量除以光速的平方，质量是能量的一种量度，或者说能量和质量是物体性质两个不同的方面。

(4) 广义相对论涉及引力、空间和时间的性质。等效原理：涉及加速参考系的观察结果和引力场的观察结果不可区分，任何由引力产生的效果都可以通过加速参考系来表示。

基本案例

双生子佯谬给出关于时间延缓的一个生动例子。假设一对双胞胎同时出生在地球上，一个登上一艘宇宙飞船，以 $0.75c$ 的速度飞向一个遥远的星球，20 年后(根据飞船上的钟的时间)回到地球上。另一个一直生活在地球上。这样，当旅行的兄弟再回到地球上时，地球上的兄弟过了 30 年(狭义相对论的时间延缓效应),因此,飞船上的兄弟年轻。但经常会出现这样的问题：由于运动是相对的,为什么这个效应不是反过来呢？为什么不是旅行的兄弟返回时发现他的兄弟更年轻呢？

案例点评

以在地球上的兄弟为静止参考系,飞船上的兄弟为运动的参考系。按照狭义相对论的时间延缓公式,飞船上的 1 年相当于地上的 1.5 年,飞船上过了 20 年,在地球上的兄弟则过了 30 年。由于飞船上的兄弟先离开地球,进行加速,又调头飞回地球,再慢下来停在地球上,这一旅行包括三次剧烈的加速运动,飞船不再是惯性参考系,因此狭义相对论不适用于飞船。但在地面上的兄弟一直静止,狭义相对论适用,最后他们在同一参考系中,肯定是飞船上的兄弟年轻。

思考讨论题

(1) 狭义相对论的两条基本原理是什么？
(2) 有什么办法使你的母亲比你还年轻吗？

基本案情

人们知道,引力是具有质量的物体之间的相互作用,光以光速运动,因此光没有静止质量。广义相对论指出通过引力,光线可以发生弯曲。

思考讨论题

(1) 这个说法自相矛盾吗？
(2) 在日常生活中为什么注意不到光线弯曲？

分析要点

(1) 理解质量和能量的等效性。引力能使光线弯曲,是因为光具有能量,能量等于质量。
(2) 地球质量太小,引力很弱,几乎观察不到光线弯曲。

复习思考题

一、基本概念

狭义相对论　相对性原理　光速不变原理　时间延缓　长度收缩　相对论性质量　广义相对论　等效原理　引力质量　惯性质量　大爆炸　暗物质　暗能量

二、判断题(正确打 √，错误打 ×)

(1) 物理规律在所有的参考系中都是相同的。　　　　　　　　　　　(　　)

(2) 运动系统中时间延缓是由于运动产生的一种错觉。　　　　　　　(　　)

(3) 宇宙的大尺度几何是平直的。　　　　　　　　　　　　　　　　(　　)

三、单项选择题

(1) 在一个以不变速度运动的封闭房子里，不看外面，能检测出加速度吗？(　　)

　　A. 可以，做简单实验就能检测你是否做加速运动

　　B. 可以，但实验必须用到光

　　C. 不能

(2) 小明在地球上，小兰乘坐飞船以 0.75 公里/秒的速度离开地球，小兰看到自己是 30 岁时，看到小明是(　　)。

　　A. 30 岁　　　　　　B. 20 岁　　　　　　C. 40 岁　　　　　　D. 45 岁

(3) 暗物质(　　)。

　　A. 不对其他物体施加引力　　　　　　B. 它的引力是推力而不是拉力

　　C. 由在实验室里从未观察到的材料构成　　D. 它的运动速度比光快

　　E. 与电磁辐射没有相互作用

四、简答题

(1) 狭义相对论与广义相对论的区别是什么？

(2) 看到闪电之后才能听到打雷的声音，这种打雷和闪电的不同时到达跟相对论的不同时相同吗？

(3) 狭义相对论中的"时间延缓"是什么意思？

五、论述题

通过上网浏览搜集关于"超时空旅行"和"超空间发动机"的报道资料，你从这些资料能够获得怎样的认识和推断？

第九章 量子观念

核心概念

波粒二象性　不确定关系　波函数　量子场　量子非局域性　反物质

引导案例 9-1

量子的广泛应用

1947 年，贝尔实验室的一个团队成功实现了晶体管的正常运行。他们之所以能够脱颖而出，是因为在晶体管开发的电子专家中，这个团队对量子物理的理解最为深刻、最为准确。正是量子相关的专业知识，成了助推电子工业发展的驱动力，集成电路、激光器、发光二极管(LED)等新的发展分支不断涌现。在发达国家，上述这些与量子密切相关的器件所产生的效益，已占到 GDP 的 35%。这只是一个粗略估算的数字，但足以说明在现代社会中量子的地位举足轻重。而且这一数字还没有包括因量子革命而发生重大改变的职业，比如科普作家，在电子工业之前需要撰写手稿，再把稿件邮寄给出版社，最后出版社印刷发表，而现在各项工作已完全被计算机和智能手机等所代替。

量子物理是如此令人着迷，它给予我们一种独一无二的视角，来探察我们所能接触的"真实"的最深层次。虽然量子物理始终强调，这种所谓的"最深层次"只是我们所能测量到的真实的表象，而"真正的真实"仍然隐匿于其下，但与很多纯粹的物理理论不同的是，量子理论不仅限于学术，也对每个人的日常生活产生了巨大且深远的影响。

(资料来源：本书作者整理编写)

案例导学 9-1

2023 年 2 月 12 日，本源量子的四台"中国造"量子计算机亮相安徽合肥，首次向中国公民免费开放参观，来自中国各地的几十位观众零距离了解现实版《流浪地球 2》电影中的量子计算机 MOSS 的雏形。早在 2017 年，世界上第一台超越早期经典计算机的光量子计算机在中国诞生！这台光量子计算机由中国科技大学、中国科学院—阿里巴巴量子计算实验室、浙江大学和中国科学院物理所等单位协同完成研发，标志着我国的量子计算机研究已迈进世界一流水平行列。中国首次实现了 10 光量子纠缠操控，利用量子点单光子源，构建了光量子计算机，速度比之前国际同行类似实验快了至少 2.4 万倍。2016 年 8 月，我国自主研制的世界首颗量子科学实验卫星"墨子号"成功升天。

量子计算机的概念最早于 1982 年由诺贝尔奖获得者费曼提出，是一类遵循量子力学规律进行高速数学和逻辑运算、存储及处理量子信息的计算机。普通的计算机在 0 和 1 的二进制系统上运行，称为"比特"(bit)，量子计算机在量子比特(qubit)上运算。我们知道电子的自旋有向上和向下两种方式，经验告诉我们，电子自旋要么向上，要么向下，不可能同时拥有向上或向下的自旋。量子论中的不确定性却允许电子同时处于这两个可能的状态上。这听起来没什么，但当量子比特大于 1 个时，就能感受到它的威力。两个量子比特就会有 2^2 即 4 个可能的状态，三个量子比特可以有 2^3 即 8 个可能的状态。随着量子比特个数的增加，将极大提高计算能力。

传统计算机每 18 至 24 个月才能提升一倍算力，人工智能行业数据量的增长大概每 3 个月就会提升一倍。量子计算机海量数据并行运算的优势，可为人工智能等行业提供更强的算力，让未来机器算得更快，变得更"聪明"。近日火爆全球的聊天机器人程序 ChatGPT，就是人工智能技术驱动的自然语言处理工具，输入几个简单的关键词，AI 就能帮你快速生成一部短篇小说甚至专业论文，是当今 AI 科技发展的一个缩影，这类人工智能技术可能为商业和民生带来巨大的机遇，同时也伴随着风险。预计到 2025 年，量子计算机将是当今世界最快的超级计算机，并将再一次改变人类的生活。

(资料来源：本书作者整理编写)

第一节　早期量子论

一、普朗克能量子假设

受辐射破坏的纸张

现代物理学的一条分支是控制和使用高能辐射。我们难以接触到大多数的高能辐射，但任何人却都可以使用其中的一种辐射，即来自太阳的辐射。太阳的紫外线能量足够破坏化学键，并重新排列分子，因此它可以让我们一瞥辐射及其产生的影响。

将彩色的手工纸放到阳光下晒几天，用一些不透明的物体(如笔、硬币等)盖住纸张，将它们放在太阳能照到的地方。一两天后可以发现纸张暴露在外面的部分颜色变浅了，太

高等院校立体化创新教材系列

阳的紫外线辐射破坏了纸张中的一些染料分子。还可以用种类和颜色不同的纸张进行几次实验。哪些种类的纸的颜色消失得最快？它们看上去有没有半衰期？如何判断呢？纸张之所以会褪色，是因为太阳光中的紫外线光子拥有足够多的能量，可以将让染料分子黏合在一起的电子移出轨道，染料分子就会分离，让纸张失去颜色。放在商店橱窗里，或放在露天家具之上的物品也会受同样的光学漂白现象影响。当你坐在强烈的阳光下时，太阳的紫外线会伤害你的皮肤，所产生的晒伤不是热损伤，而是辐射损伤。

(资料来源：本书作者整理编写)

19 世纪，冶金、高温测量技术及天文学等领域的研究得到了快速发展，人们开始研究热辐射现象。热辐射指物体内的分子、原子受到热激发而发射电磁波的现象。分子永不停息地做热运动是物质的基本属性，因此，任何物体在任何温度下都会产生热辐射。

量子物理学.mp4

热辐射的能量分布问题很早就在人类的生活和生产中有所触及。例如炉温的高低可以根据炉火的颜色判断，明亮得发青的灼热物体比暗红色物体的温度高。点燃的蜡烛火苗，红色部分温度低，黄白色部分温度高。热辐射能量集中的波长范围随物体温度不同而不同。物体在向外发射辐射能的同时，也会反射和吸收外来的辐射能。吸收本领越强的物体，颜色越"黑"，因为它几乎吸收了所有辐射，反射却很少。那么，世界上什么东西最"黑"，能吸收全部的外来辐射呢？19 世纪末的物理学家提出一个重要的理想物体模型——黑体，能够完全吸收外来辐射而没有反射。黑体不同于黑色物体，因为黑色物体也会有少量反射。人们在白天看到楼房的窗户总是黑暗的，因为进入室内的光在室内经过多次反射和吸收，从窗户反射出去的光已经非常微弱。

美国人兰利(Samuel Pierpont Langley)对热辐射做了很多工作，他发明了热辐射计，可以很灵敏地测量辐射能量。兰利的工作大大激励了同时代的物理学家从事热辐射的研究，1859 年基尔霍夫提出热辐射定律：任何物体其发射本领与吸收本领的比值与物体特性无关，是波长和温度的普适函数。既然这样，只需研究黑体的辐射，就能够得到反映电磁波与其物质相互作用的最基本规律。奥地利物理学家斯忒藩(Josef Stefan)和德国物理学家维恩(Wilhelm Wien)分析实验数据得出了黑体辐射能谱的经验公式，但都只能在某个波段上和实验符合得很好。普朗克意识到这两个公式应该都有合理的成分，他试图用内插法把这两个公式统一起来，得到一个新的辐射公式。德国实验物理学家鲁本斯(Heinrich Rubens)得知后，当天晚上就把自己的实验数据和普朗克的辐射公式仔细作了比较，发现理论公式无论在高频率条件下还是在低频率条件下都与实验数据保持惊人的一致。

既然普朗克的理论公式与事实一致，就说明它具有内在的合理性，但如何解释它的合理性呢？普朗克认为如果把它看作一个侥幸揣测出来的内插公式，它的价值是有限的。作为一个理论物理学家，普朗克不满足于仅找到一个经验公式。实验结果越是证明他的公式与实验相符，就越促使他去找到这个公式的理论基础。

普朗克研究的现象称为黑体辐射。黑体辐射是由无反射的、完全吸收的、平直(非光滑)的黑色物体发出的。由于黑色即毫无颜色(不吸收光也不反射光)，所以黑体没有颜色，除非给它加热。一个黑色物体如果亮起来，发出一种颜色，就知道那不是它自己发出或吸收那种颜色，而是给它提供了能量的缘故。现在假设有一个金属盒子，盒子上开一个非常小的洞，如果从小洞往盒子内部看，什么也看不到，因为里面没有光。把这个盒子加热，一直加到变红为止，现在再向洞里面看，能看到什么呢？对，会看到红光。

在 1900 年以前，所有的物理学家都认为，电子受到激发后会连续不断地释放能量，能量逐渐耗尽开始"下跌"，直到能量完全耗散。可是普朗克却发现原子振荡器不是这样。不论它吸收还是释放能量，这个能量值都一定，在发射能量时，是一阵一阵的"喷"出来，每喷一次，能量水平就降低一次，直到完全不再振荡为止。

他经过三个月的紧张工作，最终在 1900 年年底用一个能量不连续的谐振子假设，按照玻耳兹曼的统计方法，推出了黑体辐射公式。普朗克在推导过程中作了一个大胆的假设：在辐射场中有大量包含各种频率的谐振子，一个频率为 ν 的谐振子的能量是不连续的，只能是能量元(能量子) $\varepsilon_0 = h\nu$ 的整数倍，此即普朗克著名的能量量子化假设。其中 $h = 6.65 \times 10^{-34}$ 焦耳·秒 是一个普适常数，称为普朗克常量。这一假设和经典理论完全背离，例如荡秋千，停止推它，它的振荡会连续地、逐渐地变小，最后停下来。但量子论却要求秋千只能在 0 米、2 米和 4 米等这些振幅上振荡。经典物理学认为自然界的变化是连续的，而量子论认为不连续是微观层次上的行为准则。

1900 年 12 月 14 日，普朗克在德国物理学会上正式提出他的辐射公式，后人把这一天定为量子论的诞生日。爱因斯坦对普朗克的发现予以高度评价，他说："这一发现成为 20世纪整个物理学研究的基础，从那时起，几乎完全决定了物理学的发展。"从他之后经过了 27 年量子物理学才完成，可见，普朗克的量子论在当时是多么大胆。普朗克不仅是量子力学之父，也是普朗克常量的发现者。普朗克常量恒定不变，物理学家用普朗克常量计算各种频率(色彩)光线的能量大小(每种频率光子的能量等于这种光的频率乘以普朗克常量)。

普朗克的量子化观点起初遭到很多科学家的质疑，甚至他本人也为这种和经典物理学格格不入的观念深感不安，尽管他向科学界提出的能量子假说让他名声大噪，但他自己并不喜欢其中的意义。他希望他的同事能够为他做一件他自己做不到的事，即用牛顿物理学来解释他的发现，可是他知道，他的同事没有办法，谁都没有办法。他感觉这个能量子假说将要改变整个科学的基础。他的直觉没有错。

自然界的变化不是连续的，基本结构竟然是量子化的，这是什么意思呢？举个例子，譬如一个城市的人口。一个城市的人口显然只能以整数的人来变动。一个城市的人口不论是增加还是减少，其最低限度是一个人。它不可能增加 0.8 人，它可能增加或减少 19 人，但不可能增加或减少 19.35 人。在物理学的辩证里，人口量的改变只能是不连续地增加或减少，这就是量子化的改变。不论是增加还是减少，都是跳跃式的，而最小的跳跃就是一个人。

普朗克经过许多年的努力证明任何归于经典理论的企图都以失败告终之后，他才坚信能量子概念的提出和普朗克常数 h 的引入确实反映了新理论的本质，普朗克提出能量子假说具有划时代的意义。

高等院校立体化创新教材系列

【拓展阅读 9-1】普朗克见右侧二维码。

普朗克.docx

二、光的量子化

1. 光电效应

19 世纪后期，一些研究人员发现，当光照射到金属表面时，有电子从金属表面逸出，这种现象称为光电效应。说来有趣，如果说光电效应是光的粒子性的实验证据，但这一效应却是德国物理学家赫兹(Heinrich Rudolf Hertz)在研究电磁场的波动性时偶然发现的。当时赫兹只是注意到用紫外线照射在放电电极上时，放电比较容易发生，这种光电子形成的电流称为光电流，当时不知道这一现象产生的原因。1902 年，德国物理学家勒纳德(Philip Edward Anton Lenard) 对光电效应作了详细的研究，得出以下几点结论。

(1) 并不是任何频率的入射光都能引起光电效应。对某一种金属，要产生光电流，入射光的频率必须大于某一最小频率，称为遏止频率(也叫红限频率)。低于遏止频率，无论入射光强多大，照射时间多久，都不会产生光电流。

(2) 从光照到产生光电流的时间间隔很短，一般不超过 10^{-9} 秒。

(3) 光电子的最大初动能与照射光的强度无关，而正比于入射光的频率与遏止频率之差。

(4) 单位时间内从金属表面出射的光电子数目与入射光的强度成正比。

2. 爱因斯坦的光量子理论

按照经典电磁理论，波传递的能量正比于它的强度，而与频率无关。但从上述实验结果发现，光的频率才是决定性因素，如何解决这一矛盾呢？为了从理论上解释光电效应，爱因斯坦摆脱经典理论的束缚，在普朗克能量子假设的基础上进一步提出光子的假设，当光束与物质相互作用时，光的能量不是连续分布的，而是量子化的，由能量子组成。这里的能量子称为光量子或者光子。把光束看成一束光子流，一束光照射到金属表面时，就像撞球撞到另一颗撞球一样，从金属表面撞出电子。

1905 年 3 月，爱因斯坦在德国《物理学》杂志上发表了论文《关于光的产生和转化的一个试探性观点》，提出光量子理论和光电效应方程，成功地解释了光电效应的实验结果：当光入射到金属表面时，光子的能量被电子一次吸收，当入射光子的能量大于电子克服金属表面势垒束缚而做的逸出功时，电子才有初动能。若入射光子能量小于逸出功，则电子无法逸出。而且光子的能量被电子一次性吸收，不需要经历能量的积累过程。

爱因斯坦在提出光量子理论和光电方程时并没有得到普遍认可。这个革命性理论受到的怀疑甚至超过了同年爱因斯坦发表的狭义相对论。甚至一些相信量子概念的著名物理学家都反对他，就连量子假说的提出者普朗克本人也持否定态度。为了检验爱因斯坦的光电方程，实验物理学家开展了全面的实验研究。主要困难在于电极表面有接触电势差存在，氧化膜也会影响实验结果，需要有一个精确可靠的实验，对爱因斯坦的光电方程进行全面的验证。

美国科学家密立根(Robert Millikan)从 1910 年起着手于实现这项十分复杂的实验。为了能在没有氧化物薄膜的电极表面上同时测量真空中的光电效应和接触电势差，他设计了一个特殊的真空管，在这个管子里安装了精致的实验设备。实验样品固定在小轮上，小轮用电磁铁控制，所有操作都可借助装在外面的可动电磁铁来完成。先在真空中消除表面的所有氧化膜；然后测量消除氧化膜后的表面上的光电流和光电势并同时测量表面的接触电势差。密立根测量了不同电压和不同波长的单色光照耀后的光电流，通过实验数据求出了普朗克常量的值，和 1900 年普朗克从黑体辐射求得的值符合得极好。

爱因斯坦对密立根光电实验的意义作出如下的说明："我感激密立根关于光电效应的研究，它第一次判决性地证明了在光的影响下电子从固体发射与光的振动频率有关，这一量子论的结果是辐射的粒子结构所特有的性质。"正由于密立根 1916 年发表的实验结果全面地证实了爱因斯坦光量子理论对光电效应的分析，光的量子论才开始得到科学界的认可。在诺贝尔奖领奖词中，密立根并不讳言，他在做光电效应实验时，对爱因斯坦的光电方程和光量子理论曾长期抱有怀疑态度。他做这些实验的本来目的是希望证明经典电磁理论的正确性。但在事实面前他服从真理，反过来宣布爱因斯坦的光量子理论完全得到了证实。

 **案例导学 9-2**

现代科学技术中常用到光电转换技术，其中光电效应是一种重要的技术手段。例如微光夜视仪，利用夜间目标反射的低亮度的月亮星光等自然光，把它放大到几十万倍，可以在夜间进行侦查、车辆驾驶等作业。光子进入夜视仪后打在金属板上产生光电子，这些光电子又通过一个安放在光屏前的薄盘片，这个盘片上有数百万个微通道(即数百万像素)，电子进入微通道后实现电子倍增，最后投射到荧光屏上成像。成像的亮度可以达到肉眼直接观察亮度的数千倍，现在已经发展到了第三代。由于这种产品具有体积小、重量轻、图像清晰和功能全等特点，因此是军队、海关、新闻采访和自然爱好者等进行夜间工作不可缺少的装备。

(资料来源：本书作者整理编写)

爱因斯坦的光电子理论也证明了普朗克革命性的能量子假设。高频率的光，比如紫光是由高能量光子组成的。低频率的光，比如红光，是由低能量的光子组成的。因此，紫光撞击电子的时候，会使电子以高速弹出，红光撞击电子的时候，会使电子以低速弹出。爱因斯坦认为，光是由微粒构成的，一束光就像一连串子弹，这些"子弹"就是光子。爱因斯坦的观点和普朗克相似，事实上超越了普朗克。普朗克发现能量吸收和释放的过程中，是以能量子来吸收和释放的，爱因斯坦则认为能量本身就是量子化的。

继爱因斯坦提出光量子理论对光电效应做出完美解释之后，又提出光子具有动量的假设。1923 年，美国科学家康普顿(Arthur Holly Compton)在研究 X 射线被物质散射的实验中，再一次证明了电磁辐射的粒子性，光子不仅有能量，而且有动量。康普顿因此获得了

高等院校立体化创新教材系列

1927 年的诺贝尔物理学奖。

光的量子化.mp4

3. 光的量子化

爱因斯坦的光量子理论不仅解决了光电效应问题,还使人们对光的本性的认识有了飞跃。重温一下关于光的知识。用光做的双缝实验表明光是一种波。屏上的干涉图样是来自两条缝的光波叠加交替后所产生的加强或抵消的结果。但是,到底是什么在波动呢?光是一种电磁波,穿越双缝的是在空间分布的电磁场。这个电磁场是量子化的,只能取某些特定的能量值。当光撞击观察屏时,电磁场把它的一部分能量交给观察屏,这时在屏上就会看到一个光点。如何理解光子的粒子性行为呢?由于这些微小的撞击具有能量,而且发生在非常精确的地点,因此感觉它们具有粒子性的本性。但光子实际上并不是牛顿意义上的粒子,光子是延展的电磁场的能量增量。

直到今天,人们仍然不知道为什么辐射是量子化的,也不知道普朗克常量取它现在特定值的原因。在光的双缝干涉实验中可以看到,单个光子在观察屏上某处的出现非常有规律,看到明暗相间的干涉图样,是大量单个光子撞击观察屏的统计图样,如图 9.1 所示。电磁场能量减少一个能量量子,在屏上会显示一个光子。

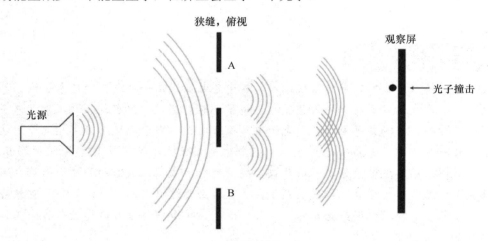

图 9.1　光的双缝干涉示意图

一个能量量子非常小,一盏 100 瓦的白炽灯每秒发射大约 10 焦耳的光能,假定这些光全是黄光,相当于每秒有 1000 亿亿个光子,你没法分辨每秒发射 1000 亿亿个光子和发射 1000 亿亿加一个光子的区别。正是因为能量量子非常微小,使科学家两千年以来从未注意到能量量子化,在日常生活中也不曾感觉到。

三、光的波粒二象性

自从 1895 年伦琴发现 X 射线以后,关于 X 射线性质的研究成了一个热门课题,当时有两种对立的观点,一部分人认为 X 射线是一种物质粒子,1912—1914 年,英国物理学家、原子序数的发现者莫塞莱(H. G. J. Moseley)利用 X 射线波谱验证了玻尔原子模型,又发现 X 射线的频率正比于原子序数的平方，再一次解释了 X 射线的粒子性。另一部分人则认为它是一种波动，1912 年德国物理学家劳厄(M. T. F. von Laue)提出，如果 X 射线是波长极短的电磁波，它通过晶体会产生衍射现象。这一现象被慕尼黑理论物理所的弗里德里希(Friedrich)和克尼平(Knipping)通过实验证实，当 X 射线通过晶体时，发现了明显的衍射现象，有力地显示了 X 射线的波动性。

X 射线时而像波，时而像粒子，使物理学家感到困惑。能否寻求一种理论将它的两种性质都表现出来，是物理学面临的新任务。布拉格和莫里斯·德布罗意等都把 X 射线看作波和粒子的一种结合，但没有人能提出合适的理论来描述它。莫里斯把几次国际物理学会议上关于 X 射线的讨论资料带回家给弟弟德布罗意阅读，使他了解这方面的研究动态。1919 年第一次世界大战结束后，德布罗意和兄长莫里斯合作进行 X 射线和光电效应方面的实验研究。后来德布罗意在一篇自传性的短文中写道："我曾长期同我的哥哥讨论如何解释关于光电效应和粒子谱的漂亮实验。同他长时间的讨论有关 X 射线的性质，使我陷入了波和粒子必定总是结合在一起的沉思。"

在讨论光与物质的相互作用时，比如光电效应和康普顿散射，体现了光的粒子性。在讨论光在空间传播的干涉、衍射和偏振性时，又利用了光的波动性概念。因此，光既有波动性，又有粒子性，即所谓光的"波粒二象性"。其实"波动"和"粒子"都是经典物理学从宏观世界里获得的概念，与常识比较符合，比较容易直观地理解它们。但是光子又是微观客体，微观客体的行为"波动"和"粒子"两方面融合在一起，其性质之怪诞和神秘，与人们的日常经验相去甚远，让人难以接受。

光在微观层次上具有波粒二象性，它看起来既像粒子又像波，究竟显示出哪一方面，取决于实际情况。例如，在光与其他物质相互作用时光以"量子"或者说"光子"的形式被发射和吸收。但当这些光的粒子在空间传播时，它们看起来却是振荡着的电磁场，显示出波的一切特性。光既具有体现粒子性的能量和动量(速度为光速)，又具有体现波动性的频率和波长，这两方面的性质用普朗克常量联结在一起。

引导案例 9-3

超光速实验

1995 年，奥地利物理学家、超光速实验的领导者冈特·尼姆茨(Günter Nimtz)通过一套超光速的实验装置将一段莫扎特的《第四十交响曲》的录音以"四倍光速"完成了传输，证明"超光速传输有序信号"是完全可行的。

超光速实验是量子隧穿效应的一个结果，使人类在较小的尺度上获得了"突破速度限制"的能力。当下人们已普遍接受光速是信息传输的最大速度，这是爱因斯坦在狭义相对论中提出的，即物体所能达到的速度极限是真空中的光速。形式最简单的超光速实验，是由一束光和一个势垒构成的，光束中的光子可以通过隧穿效应"穿过"这一势垒。因为隧穿是瞬时发生的，发生隧穿的光子通过"总实验长度"所花费的时间与通过势垒之外的"其余实验长度"所花费的时间相同。也就是说，发生隧穿的光子平均速度超过了光速。

高等院校立体化创新教材系列

还可以想象这样一个简单的装置，一个光子先正常花费一段时间通过一个单位长度的距离，然后利用隧穿效应瞬时"穿过"一个势垒，这个势垒也占据一个单元长度的距离。也即正常情况下需要双倍时间才能通过的距离，这个光子只花费了一倍时间，它的平均速度竟然达到了光速的两倍。在物理学家中，对光子是否真的突破了光速限制仍有争论，有人提出一种新的假说：信号在传输过程中发生了"扭曲"，这有点儿像赛跑临近终点线时，选手们通过身体前倾的方式来触线，这样花费较少时间完成比赛，使得速度更快。

（资料来源：本书作者整理编写）

小贴士

量子光学

从某种意义上说，所有的光学器件都与量子相关，它们对光子进行操控，其工作方式可用量子电动力学描述。诸如镜面反射、透镜聚焦等都是量子现象，对量子物理的深入理解引发了电子工业的深刻变革。在光学领域，表面上看起来不可能的事，却可以使用基于量子现象构筑的新型技术予以实现，这一新兴的领域称作"量子光学"或"光子学"。

量子光学的实现方式有两种，一种是使用"超材料"。超材料是在金属薄板上，通过特殊的方法对晶格进行重新构造，形成周期性的孔洞，以使其具有"负折射率"这一显著性能。当光束照射到超材料上时，它的光束偏折方向与光通过玻璃时完全相反。光学透镜存在分辨极限，当两个物体相距约为光波长时，就无法进行区分了；而负折射率可使超材料器件聚焦到更小的尺度上，这种程度的分辨率在以前只有电子显微镜能够达到。

另一项光子技术是光子晶体。与超材料不同的是，光子晶体存在于自然界中，如猫眼石、蝴蝶翅膀、孔雀尾等能够产生彩虹色的物体。作为电子工业中半导体的等价物，人造光子晶体可用于制造"光学计算机"，在这里用作信息载体的不再是电子，而是光子。

量子光学最为引人注目的应用，不像是发生在传统物理学领域，而更像是发生在《哈利·波特》或《星际迷航》中的"隐身术"。某些超材料可以通过偏折物体周边的光线，使物体变得不可见，就仿佛凭空消失了一样。对于较小的物体，已有技术在微波波段予以实现，但若想在光波波段也达到同样的目的却不容易，因为所使用的材料吸收了越来越多的光之后，其工作效率会变得越来越差。实现隐身还有其他备选机制，如通过光学方法对超材料原本受限的输出进行放大，或使用光子晶体来控制光的衍射方式等，人们还希望通过量子技术实现隐身。

量子光学器件现在随处可见的一种形式是LED，即发光二极管。LED所使用的灯管是20世纪50年代发明的，它通过量子效应来发光，当携带有能量的电子进入半导体的空穴时，发生价带到导带的辐射跃迁，释放出光子，形成光束的发射。近年来，在蓝光LED中，加入红光和绿光的成分，可实现白光发射，这将带来低能耗照明的巨大变革。

（资料来源：本书作者整理编写）

第二节 物质的量子奥秘

电子干涉：实物
粒子的波动性.mp4

一、德布罗意波：实物的波动性

由 X 射线的研究引起对波粒二象性的思索，是引导年轻的法国物理学家路易斯·德布罗意(Louis de Broglie)前进的因素之一。此外，普朗克的量子论、爱因斯坦的相对论和光量子学说对德布罗意物质波概念的形成起着更大的作用，德布罗意后来回忆说："我怀着年轻人特有的热情对这些问题产生了浓厚的兴趣，我决心致力于研究普朗克早在 10 年前就已引入理论物理的、但还不理解其深刻意义的奇异的量子。"郎之万的相对论演讲和对时间概念的分析也对德布罗意产生了影响，时钟频率的相对论性变化及波的频率之间的差异是基本的，它极大地引起了德布罗意的注意，仔细地考虑这其中的差异决定了他的整个研究方向。德布罗意很早就读过爱因斯坦关于光量子假说的文章，这些文章和对 X 射线的研究使他接受了光的波粒二象性的思想。

光的波动和粒子两重性被发现后，正当许多物理学家为此感到疑惑不解时，德布罗意却大胆地将光的波粒二象性推广到所有的实物粒子。德布罗意认为，自然界是对称的，既然人们长期以来过分重视光的波动性而忽略了其粒子性的一面，那么，从对称性的角度来考虑，对于实物粒子来说，是不是也是过分重视了物质的粒子性，而忽略了其波动性呢？1923 年德布罗意提出了实物粒子具有波动性的理论假设。出于对称性的考虑，德布罗意试图把光和实物粒子的理论统一起来，从联系辐射的波动侧面和粒子侧面的普朗克公式 $E = h\nu$ 出发，预言与每个实物粒子所联系的物质波的波长为

$$\text{实物粒子的波长} = \frac{\text{普朗克常量}}{\text{粒子的质量} \times \text{粒子的速度}} \tag{9-1}$$

$$\lambda = \frac{h}{mv} \tag{9-2}$$

(9-2)式称为德布罗意关系式，其中的波长称为德布罗意波长。实物粒子的能量和光子能量具有相同的形式 $E = h\nu$。动量和能量表示粒子性，而波长和频率描述波动性。如果把德布罗意公式用在一个实物粒子上，比如一个 14 克的铅球在地面上以 1 米每秒的速度滚动，则铅球所对应的物质波的波长大约是 6.6×10^{-34} 米，这比可探测的长度小得太多，因此人们从来没有注意到实物粒子的波动侧面。但对微观粒子来说，比如电子，它所对应的波长大约为 10^{-11} 米，这个长度在实验中是可以检测出来的，因此不能忽略。

【拓展阅读9-2】德布罗意见右侧二维码。

德布罗意.docx

二、物质波的实验验证

德布罗意在其博士毕业论文答辩会上，当有人提问怎么来验证他的物质波思想时，德布罗意回答说："通过电子在晶体上的衍射实验，应当有可能观察到这种假定的波动效应。"在他哥哥莫里斯的实验室中有一位实验物理学家威利尔(M. A. Dauvillier)曾试图用阴极射线管做这样的实验，试了试没成功，就放弃了。

高等院校立体化创新教材系列

1927 年，德布罗意的物质波假设终于得到了实验的支持。美国物理学家戴维森 (Clinton Joseph Davisson)和革末(Lester Germer)在实验室做镍片表面研究时，发现了电子的衍射效应，利用德布罗意波长的理论计算其结果和实验值完全吻合。1928 年，G. P. 汤姆孙[George Paget Thomson，电子的发现者 J. J. 汤姆孙(Joseph John Thomson)的儿子]又做了一个电子衍射实验，他把电子束直接打在一块很薄的多晶金属箔靶上，在靶后的屏上清晰地观察到了圆环状电子衍射条纹。这为实物粒子的波动性提供了最直接的证据，至此德布罗意的理论作为大胆假设而成功的事例获得了普遍的赞赏。戴维森和 G. P. 汤姆孙因发现电子的衍射共同获得了 1937 年的诺贝尔物理学奖。

电子波动性一个重要的实际应用是电子显微镜，简称电镜。电镜已成为现代科学技术中必不可少的重要工具。电子和光一样具有波动性，电子束和光束一样可以成像。电子径迹可以通过电磁场实现偏转和会聚。由于电子的波长比光的波长小得多，因此，可以大大提高分辨率，放大倍数是光学显微镜的上千倍。

【拓展阅读9-3】量子革命的时间线见右侧二维码。

量子革命的时间线.docx

三、物质波的统计解释

电子的衍射实验充分证实了实物粒子具有波动性的假设，但是实物粒子和波在牛顿物理学中是两个完全不同的概念。粒子是实物的集中形态，不可能同时有两个实物粒子占据同一空间。波是振动在空间的传播，具有干涉和衍射特性。如何把这两个对立的概念统一到同一个对象上去呢？

1926 年德国理论物理学家玻恩(Max Born)提出了德布罗意波的统计解释。他认为实物粒子的波动性并不是某种真实的物理量在空间的传播，而是一种概率波，波的强度代表空间某处发现粒子的可能性大小。以电子的衍射实验为例(如图 9.2 和图 9.3 所示)，以粒子性的观点来看，衍射的明暗条纹可表示电子在屏幕上出现的概率。明纹处说明电子在该处出现的概率大，暗纹处说明电子在该处出现的概率小。以波动性的观点来看，明纹处表示波的强度大，暗纹处表示波的强度小。

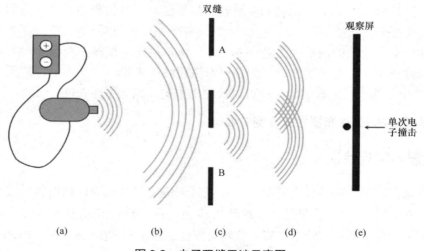

图 9.2　电子双缝干涉示意图

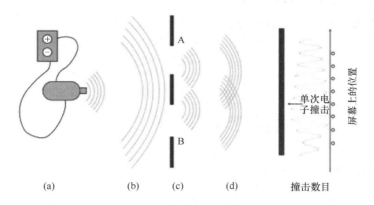

图 9.3 电子双缝衍射的波动示意图

(a)　　　　(b)　　(c)　　(d)　　　撞击数目

玻恩对德布罗意波的统计解释很快得到了大多数人的接受，他也因在这方面的工作于1954 年获得了诺贝尔物理学奖。玻恩在回忆他是如何想到这一统计解释时谦虚地把灵感归因于爱因斯坦的一个观点。爱因斯坦曾经把光波振幅的平方解释为光子出现的概率密度，从而使光子和波的二象性得以理解。可见，爱因斯坦在量子论的发展中也起了重要的作用。

【拓展阅读 9-4】玻恩见右侧二维码。

玻恩.docx

多宇宙解释

哥本哈根解释指出，当一个量子系统与另一个量子系统相互作用时，实物处于一系列概率的叠加态，每一种概率都对应一种不同的结果。而对于那些不接受哥本哈根解释的物理学家而言，"多宇宙解释"提供了一条可行的出路。多宇宙解释完全抛弃了波函数坍缩的概念，由美国物理学家休·埃弗莱特(Hugh Everett)设想和提出，同时这也是他博士论文的基础。在多宇宙解释中，需要考虑涵盖整个宇宙的"总波函数"，而不仅仅是被观测的这一部分。这种情况下，总波函数永远不会坍缩，每一时刻量子系统都可以选择处于不同的量子态，而且所有可能的量子态都是真实存在的。以电子自旋为例，它有"上""下"两个自旋态，那么一个电子的自旋就会使宇宙分裂为两个版本：一个版本中电子的自旋向上，另一个版本中电子的自旋向下。我们无法体验整个宇宙中的多个世界，因为我们不可避免地要从宇宙中选择一条唯一的路径来走，这也就是我们实际发生的结果，也可以说，是我们自己的其他版本，在别的宇宙中经历了其他可能性。多宇宙解释下，对双缝实验做出说明，不再有任何困难。一个粒子为什么能够同时通过两条狭缝呢？因为粒子在宇宙 A中通过了 A 狭缝，同时在宇宙 B 中通过了 B 狭缝。

对多宇宙解释的一个自然反应是，它与"奥卡姆剃刀原理"相悖。奥卡姆剃刀原理表述为在没有证据支持的情况下选择简单的机制。尽管现在奥卡姆剃刀原理通常被表述为

"用最少的假设来做假设",但它的原话却是"如无必要,勿增实体",用在这里看起来特别贴切。

(资料来源:本书作者整理编写)

第三节 量 子 力 学

一、量子力学概述

在 1925 年量子力学发现之前,物理学变得那样难以捉摸和奇怪。从 1900 年提出的能量量子化理论,到后来发现物质既是粒子又是波,物质的位置和动量不能够同时完全精确地测定,等等。物理学家痛苦而惊讶地发现,神秘的量子似乎使经典物理学全面崩溃了,物理学家们感到一种从未有过的无助。两百多年前牛顿所建立的经典物理学曾经给了他们多少勇气和力量,他们曾经骄傲自信地说:"只要给了初始条件,就可以算出任何物体在任何时刻的运动!"他们的心灵在纷扰的尘世里由此获得了多少慰藉与安宁。然而,量子的出现似乎突然间使这座确定性的经典理论大厦坍塌了,留下的只是一些支离破碎的经典残片。但是,不愿意服输的物理学家们却决心在这片经典废墟上建立起一座更加辉煌的量子理论大厦。

普朗克、爱因斯坦和玻尔等一批著名物理学家的开创性工作为量子力学的建立奠定了必要的基础,在此基础上,海森伯和薛定谔等在 1925 年至 1926 年建立了量子力学的矩阵力学和波动力学。量子力学描述微观现象的物理性质,由于微观现象与宏观现象在物理性质方面存在巨大的差异,使这门学科在建立后有不少物理学家难以理解和接受其中的一些思想,由此引发了关于量子力学解释的长期争论。

1925 年 6 月,年仅 24 岁的德国物理学家海森伯(W. K. Heisenberg)对量子力学的研究取得关键性的突破,提出描述量子力学的矩阵力学,首先打开了通向重新理解微观世界的大门,为量子力学作出了决定性的贡献。1924 年,为了用波动理论来解释康普顿散射实验,玻尔和荷兰物理学家克拉默斯(H. A. Kramers)等提出了一种"虚振子"理论,认为在原子周围存在一种辐射场,可以吸收和辐射"虚振子"。虽然这种理论很快被实验证明是错误的,但其基本思想却被克拉默斯保留下来,继续用于色散研究。哥廷根大学的玻恩(Max Born)当时一直在探讨如何从色散的经典理论过渡到相应的量子理论方法,受到玻尔等"虚振子"思想和克拉默斯色散公式的启发,玻恩认为要想从经典公式过渡到相应的量子公式,重要的步骤是把经典公式中的微分项代之以差分项,这是一条经验性规则。运用这条规则,玻恩成功地推导出了克拉默斯的量子色散公式。

海森伯对玻恩等人的工作十分熟悉,他也开始用克拉默斯等人的方法研究氢光谱强度问题,但不久遇到了难以克服的数学困难。他意识到,在未给出氢原子的运动方程之前,要合理计算其光谱强度似乎是不可能的。如何才能建立正确的原子运动方程呢?选择哪些量才能有效地描述微观客体的运动状况呢?爱因斯坦创立狭义相对论时所提倡的物理量可观察性思想对海森伯有很大启发。海森伯发现，玻尔等人的量子理论所依赖的大多是电子的轨道和绕行周期等一些不可观测的量，这或许正是已有的量子理论遇到重重困难的根本原因。因此，海森伯坚定地认为应该以原子辐射频率和辐射强度等可直接观测的物理量为基础，建立新的量子理论。

1925 年 7 月，海森伯完成了第一篇开创性的量子力学论文《关于运动学和动力学关系的量子论性解释》。在这篇论文中，海森伯开门见山地说明："本文试图仅仅根据那些原则上可观察的量之间的关系来建立量子力学理论基础。"接着他解释说，在量子论中用来计算可观察量的形式法则中，作为基本的要素包含了一些在原理上显然不能观察的量之间的关系，例如包含着电子的位置及绕转周期等。因此，代替已有法则的更合理的做法是，设法建立一个理论的量子力学，它与经典力学相类似，而在这种量子力学中，只出现可观测量之间的关系。我们可以把频率条件、克拉默斯的色散理论及其推广，看作通向量子力学最重要的一步。

海森伯将论文手稿送给导师玻恩审查，玻恩立即看出其中的重要价值，他邀请法国数学家约当(Jordan, Marie Ennemond Camille)合作，为海森伯的新理论建立一套严格的数学基础。在约当的协作下，他们于 1925 年 9 月完成了《关于量子力学》一文，借助矩阵数学方法，把海森伯的理论探讨发展成一门系统的量子力学理论。在对矩阵方法进行简要的考察之后，就能由变分原理推出运动的力学方程，并且一旦采用海森伯的量子条件时，就能从这些力学方程中得到能量守恒定律以及玻尔频率条件。1925 年 11 月，海森伯、玻恩和约当三人合作又完成了《关于量子力学 II》一文，全面阐述了矩阵力学的原理和方法，引进了正则变换，建立定态微扰和含时微扰理论的基础，讨论了原子角动量、谱线强度和选择定则，推广了矩阵力学的应用。至此，新的矩阵力学诞生了。奥地利物理学家泡利(Wolfgang E. Pauli)用矩阵力学的方法完整地解出了氢原子能级，推导出巴尔末公式的光谱项，并解释斯塔克效应，从而有力地证明了矩阵力学的有效性。

【拓展阅读 9-5】海森伯见右侧二维码。

和矩阵力学同时并行发展起来的描述量子力学的另一个理论是波动力学。波动力学由奥地利物理学家薛定谔(Erwin Schrödinger)在德布罗意物质波

海森伯.docx

理论的启发下，于 1926 年建立的。薛定谔在德国《物理学年鉴》上发表了题为《量子化是本征值问题(I, II, III, IV)》的四篇论文，用波函数来描述微观客体的各种性质，建立了波动方程，求解方程得出的本征值就是量子化假设中的分立能级，同时也给出了其他一些与实验一致的理论结果。薛定谔这四篇论文，建立了非相对论性波动力学的完整体系，构成了量子力学的重要内容。薛定谔的论文发表后，立即得到了物理学家的高度赞扬。普朗克在收到波动力学第一篇文章后给薛定谔写信说："我好像一个好奇的孩童听别人讲解久久苦思的谜语那样聚精会神地拜读您的论文，并为眼前展现的美丽而感到高兴。"

不久，英国物理学家保罗·狄拉克(Paul Adrien Maurice Dirac)又提出了相对论性电子运动的波动方程，在《皇家学会会报》上发表了论文《量子力学的基本方程》。这篇文章不仅成为现代物理学经典文献之一，也使狄拉克一下子名声大振，被认定是奠定新量子力

学的专家。1925 年狄拉克 23 岁，还是一位在读研究生，欧洲大陆的量子理论前辈几乎都不知道他，但于 1926 年 5 月，狄拉克就获得了博士学位并留在剑桥大学任教。1928 年狄拉克在《皇家学会学报》上发表了划时代的论文《电子的量子理论》，文中关于电子相对性波动方程就是大名鼎鼎的狄拉克方程。狄拉克方程是建立在一般原理之上的方程，而不是建立在任何特殊电子模型之上，由狄拉克方程还自然而然地得到了自旋，以及氢原子谱线精细结构的修正值，这是德布罗意和薛定谔无法做到的。最后狄拉克由他的新方程预言了一个基本粒子(正电子)的存在，而且居然在 1932 年被安德森在实验中找到了这个新粒子。著名的物理学家韦斯科夫(V. Weisskopf)回顾说："对早年从狄拉克方程得出的所有这些新认识在人们心中产生的激动、才艺和热情，今天的人是很难体会的。狄拉克方程中蕴藏有大量的东西，这比作者在 1928 年写下这个方程时所设想的还要多。狄拉克自己在一次谈话中就指出他的方程比这个方程的作者更有智慧，不过，我们应补充一句，找出这些新认识的正是狄拉克本人。"

只有证明了矩阵力学和波动力学两者的联系之后，才能统一量子力学。1926 年 4 月，薛定谔在发表的《关于海森伯-玻恩-约当的量子力学和我的波动力学之间的关系》的论文中，证明了矩阵力学和波动力学的等价性，即可以通过数学变换从一种理论转换到另一种理论。公式代表人类对现实理解的一个重要阶段，一个简单基本方程的发现会突然促进对整个科学领域的理解。薛定谔方程和狄拉克方程为先前神秘的原子物理过程带来了奇迹般的秩序，化学和物理令人迷惑的复杂性被简化成两行代数符号。1933 年，薛定谔和狄拉克因为"创立有效的、新形式的原子理论"共同获得了诺贝尔物理学奖。

在波动力学中，波函数是一个重要概念，但其物理意义是什么，薛定谔并未给出一致的表述，后来玻恩认为波函数描述单个粒子的行为，波函数模的平方表示粒子出现的概率密度。玻恩对波函数的概率解释很快得到了绝大多数物理学家的认可，但爱因斯坦坚决反对量子力学的概率解释，他在给玻恩的信中说道："量子力学固然是堂皇的，可是有一种内在的声音告诉我，它还不是那真实的东西。这理论说得很多，但是一点也没有真正使我更加接近上帝的秘密。我无论如何都不信上帝是在掷骰子。" 爱因斯坦认为波函数描述的不是单个体系，而是整个系统，量子力学是一种统计性理论，但是单个粒子的运动状态必然是决定论的，而不是统计性的。薛定谔也反对玻恩对量子力学的概率解释，他觉得如果电子像跳蚤一样跳来跳去，简直太不可思议了。量子力学建立之后，就如何理解其本质问题，形成了观点鲜明的两个阵营，一方是以玻尔为首的哥本哈根学派，另一方则以爱因斯坦和薛定谔为代表。尽管当年开展争论的两方物理学家都已经过世，但这两方争论的问题至今仍在持续。

【拓展阅读 9-6】狄拉克见右侧二维码。

狄拉克.docx

二、不确定关系

在经典力学中，物体的运动状态可以用位置坐标和动量来描述，按照牛顿运动规律，物体在任意时刻的位置和动量都可以同时准确地测量出来。

不确定原理：未来不由过去决定.mp4

但是，在微观领域里，由于粒子具有波动性，根据量子理论最多只能预计
物体未来某一时刻运动路径的概率。如何理解这种不确定性呢？可以把不确定性限制在最小的范围内，但不能等于零。1927 年德国物理学家海森伯(Werner Heisenberg)提出了不确定关系：粒子位置不确定量与动量不确定量的乘积不小于普朗克常量 h，数学公式上可以表示为

$$\Delta x \Delta p \geq h \tag{9-3}$$

即微观粒子的速度和位置不能同时精确地测定，二者存在一定的不确定性。除了位置和动量，时间和能量之间也有这种不确定关系

$$\Delta E \Delta t \geq h \tag{9-4}$$

式中，ΔE 表示能量的不确定量，Δt 表示时间的不确定量。这个关系式表明，如果某个粒子在亚稳态上停留的时间较长(Δt 较大)，则粒子具有较为确定的能量值(ΔE 较小)；如果某个粒子在亚稳态上停留的时间很短(Δt 较小)，则该态的能量值存在一个较大的弥散宽度(ΔE 较大)。

由于普朗克常量 h 很小，数量级为 10^{-34}，远远小于宏观物体的测量精度，因此在宏观领域可以不计 h 的影响，位置和动量可以同时准确测定(如图 9.4 所示)。在微观领域里普朗克常量不可忽略，不确定关系是一条重要的基本规律。产生不确定关系的根本原因在于测量系统和被测对象之间存在不可控制的相互作用，测量结果实质上是主体和客体同台共演的量子效应。

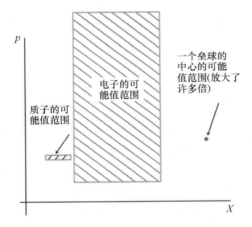

图 9.4　位置和动量的不确定性示意图

不确定关系以前被称为测不准原理，指出用经典力学方法描述微观粒子状态的准确性是有限度的，对其位置测量越精确，对其速度的测量就越不精确，反之亦然。这是由微观粒子的波粒二象性决定的，微观粒子既不是经典的具有确定运动轨道的粒子，也不是经典的波，即某种真实物理量在空间的传播。海森伯还认为不确定关系是由于观测仪器不可避免地会对微观粒子行为进行干涉，当用宏观仪器观测微观粒子时，仪器对被测量对象的行为产生干扰，使人们无法准确地掌握微观粒子的原来面貌。而且，这种干扰是无法控制和避免的，就像盲人要想知道雪花的形状和构造，就必须用手指或舌头去接触它，可这样做

时会把雪花融化了一样。对于微观客体，要同时测量成对的两个经典物理量在原则上所能达到的准确度受到由普朗克常量 h 的限制，得此失彼。不确定关系指出宏观世界与微观世界的区别以及宏观仪器和经典概念的局限性，反映了微观客体的波粒二象性和描述微观客体物理量的概率性质。

量子不确定性非常重要，它们已经在量子计算机中得到了应用。不确定性也是放射性衰变等原子核现象的核心。在生物双亲的 DNA 分子随机组合的过程中，DNA 化学键的不确定性起着一定的作用。宇宙大爆炸时，微观粒子由于不确定性变成之后物质依靠引力聚集为现在看到的巨大星系团的种子，而且微观物体的量子不确定性还在宇宙的总体布局上留下了永恒的印记。

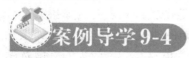

案例导学 9-4

互补原理

丹麦物理学家玻尔(Niels Henrik David Bohr)注重从哲学上思考问题，1927 年玻尔做了《量子公设和原子理论的新进展》的演讲，提出著名的互补原理。他认为在经典物理学中人们总是认为观察者可以置身于被观察者之外，但从量子论看来却不可能，因为对微观体系的任何观测，都会涉及被观察对象在观测过程中已经有所改变，因此机械式的因果关系不存在。对经典物理学来说互相排斥的不同性质，在量子论中却成了相互补充的侧面。例如波粒二象性正是互补性的一个重要表现，不确定关系等其他量子论也可以从这里得到解释。

互补原理是哥本哈根量子力学学派的基本哲学观点，该学派的思维与观点号称哥本哈根精神。准确观察和明确确定既相互排斥又相互补充，两者不能同时兼得，但合起来又是用经典概念描述微观客体性质所必需的。因此量子物理学具有互补性的特征，这个互补性指两类经典概念用于量子论中既相互排斥、又彼此补充的关系。以玻尔为首的哥本哈根学派认为，运用互补原理可以消除人们根据经典概念对量子理论产生的理解矛盾。例如关于微观客体的波粒二象性问题。以电子为例，云雾室照相径迹中它像个粒子，但在晶体衍射实验中它又像一列波。通常的理解是，粒子是实物的集中形态，波是实物的散开形态，但实物不能同时既是粒子又是波。玻尔等物理学家认为，这个矛盾是由日常语言受到限制而引起的。根据互补原理判断，电子既不是粒子，也不是波，因为粒子和波都是经典概念，在原则上并不能确切地用到微观客体上，波和粒子是两个不相容的概念，是两个相互排斥的经典描述方式。在给定条件下，用某一类仪器观测微观客体，客体其结果表现像粒子，而用另一类仪器观测，客体其结果表现又像波，这两类仪器和这两种结果都是互相排斥的，但它们又都是对同一微观客体给出的观测结果，是彼此互补的。

其实互补性的概念在两千五百年前就有了，在中国古代思想中起着非常重要的作用。中国的圣贤们用"阴"和"阳"的概念来解释自然界相互对立和相互消长的物质势力，认为一切事物的变化都是阴阳二气的消长变化或阴阳两种力量对立作用的结果。玻尔在 1937

年时访问中国，关于对立两极的概念给他留下了深刻的印象。10 年之后，由于他在科学上的杰出成就和对丹麦文化生活的重要贡献被丹麦政府封为骑象勋爵，他要为自己的礼仪罩袍上选择一个纹章图案时，他选定了象征阴阳对立互补关系的中国太极图，表示他承认古代东方智慧与现代西方科学之间深刻的和谐一致。互补原理也是一种重要的科学思想，随着理解的深入，绝大多数物理学家都接受了这种思想，承认它是量子力学的正统解释，与此同时，其他一些学科领域也承认互补原理的适用性。玻尔在论著和演讲中也多次反复阐述互补原理的内涵和重要性，把它作为一种哲学理念加以推广。

(资料来源：本书作者整理编写)

三、量子非局域性

量子非局域性：不可思议的超距作用.mp4

如果两个微观粒子在物理上相互作用，量子理论预言，它们的物质场会紧密结合起来，使这两个粒子变成单一的量子系统，具有一个共同的物质场。只要扰动其中一个粒子，不管这两个粒子分开多远，另一个粒子立即就知道了。这样的两个粒子之间存在特定的量子关联关系，这种现象称为量子纠缠(如图 9.5 所示)。量子纠缠已被世界上许多实验室所证实，虽然目前不太清楚其确切含义，但对哲学界、科学界乃至宗教界产生了深远的影响。

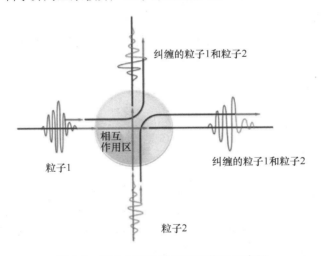

图 9.5　两个纠缠的粒子相互作用示意图

量子非局域性是量子论中最让人惊讶和迷人的内容，电磁场或者物质场是延展在整个空间中的，而不局限于一个小范围。场中一个粒子的物理变化，会瞬间使与这个粒子纠缠的所有其他粒子发生物理变化，不论那个粒子离这个粒子有多远。爱因斯坦曾认为量子理论会预言量子非局域现象。贝尔也于 1964 年证明量子非局域性等不可思议的量子论预言是可以用实验来检验的，之后科学家们在 1972 年首次实现了实验检验，证明了这些预言的现象是实际发生的，而且，真实的世界比爱因斯坦等人想象的还要更为诡异。

这些不可思议的预言与量子化的电磁场及物质场的突然变化有关。用电子做的双缝实验为量子测量提供了有趣的例子,当双缝都打开时,在观察屏上可以看到明暗相间的干涉条纹,但是电子到底通过的是哪一条缝呢?可以在缝后面放一个探测器,这个探测器要设计对电子运动的影响尽可能小。当打开探测器时,奇怪的事情发生了,观察屏上只出现一个非干涉图样。1992年,英国物理学家J. Rarity 和P. Tapster在双缝干涉的基础上做了一个纠缠实验,用两个纠缠的光子,发现不论它们离开多远,都会瞬间知道对方的运动状态。这种关联的建立比光速还快。两个粒子确实构成了一个单一的客体,但是如果纠缠粒子中的任何一个接触到了外部世界,量子纠缠就立即结束。2016年年底,中国科学院郭光灿院士领导的李传锋研究团队,首次在实验中实现了单向量子导引,定量地揭示了一类非对称性的量子非局域性。

量子纠缠表明宇宙是个不可分割的整体,物体在冥冥之中存在着某种联系。人们总结各个学科的经验教训,尤其是生命现象中遇到的困难,更多研究人员意识到,必须加以考虑长期被西方自然科学所忽略的意识,才能使唯物世界观发生根本的转变。

在大脑神经层次上无法真正了解意识,意识在大脑的微观层次才出现,要研究意识,就必须在微观领域的量子层次上进行研究,用量子力学描述微观应用,量子力学本身也遇到意识的难题(即测量问题),因此,在物理学和生物学微观领域里,在量子层次上都把意识当作研究对象。那么量子纠缠是不是微观粒子意识的反映呢?所有粒子潜在地都是别的粒子的种种组合。

中国传统的哲学、科学和医学等都讲究整体观,主张"天人合一",这和量子力学是一致的,因为量子力学在实验上也证实了宇宙是个不可分割的整体。物质和精神是统一的,在万事万物中同时存在。

【拓展阅读9-7】EPR思想实验见右侧二维码。

EPR思想实验.docx

量子加密

纵观整个人类发展历史,进行安全的信息存储和传递一直是人们孜孜以求的事情。20世纪早期,已经出现了不可破译的"单次密本"方法,这种方法需要发送者与接收者共享同一把"密钥",虽然它确实做到了没有密钥不可破译,但密钥本身却是可以被截取的。更致命的是,除非密钥是完全随机的,否则密钥本身仍然有被破解的可能。很早时人们已经意识到,借助量子物理的概率性,一个量子系统可以成为产生"真正随机数"的来源,但这种方法仍需要发送者与接收者共享同一把密钥。

量子纠缠效应解决了这一难题,它既可以产生一把完全随机的密钥,又能够把密钥同时赋予发送者与接收者。更为奇妙的是,在接收者打开密钥之前,密钥甚至还没有生成,从而从根本上解决了密钥截取与破解之忧。具体方法如下:生成一束两两纠缠的粒子,然后对每一对纠缠的粒子进行分割,一个给发送者,另一个给接收者;在该时刻点,密钥还不存在;当发送者对分给他的粒子进行检测时(检测的是粒子的自旋态),接收者一方对应的粒子就会立刻采用与之相反的自旋态。粒子自旋取向"向上还是向下"是完全随机的，所以这样一串粒子编码的二进制信息是不可预测的，只有发送者与接收者能够拿到这把密钥，只不过稍有不同的是，二者拿到的版本互为镜像。

量子纠缠机制只允许发送随机数据，这对加密传统信息非常有利，但却无法将"纠缠粒子对"本身用作信息传递的通道，因为这些被观测过的粒子已不再处于纠缠态。

（资料来源：本书作者整理编写）

引导案例 9-4

量子远距传动

量子纠缠除了可以提供不可破译的"加密术"外，"远距传动"也是它的拿手好戏。形象地说，就是《星际迷航》中空间传送装置的微型版本。在纠缠效应实用化之前的一段时间，"不可克隆原理"获得了证明。不可克隆原理指出，对一个量子进行精确的复制是不可能的，因为对粒子属性的测量这一行为本身，会造成粒子属性的改变。但通过量子纠缠效应，却有可能复制出完全相同的粒子。具体做法如下：产生一堆处于纠缠态的粒子，把其中一个给发送者，另一个给接收者；然后让发送者一方的纠缠粒子与将要进行远距传动的粒子发生相互作用，并把这份相互作用信息通过传统的通信方式发送给接收者；接收者获取相互作用信息之后，复制出与"将要进行远距传动的粒子"同类型的另一粒子，然后让该粒子与接收者一方的纠缠粒子也发生相互作用，相互作用的具体过程由传统通信方式发送来的信息决定；最终通过这一过程，发送者一方粒子的一个或多个量子属性，就传输给了接收者一方同类型的另一粒子。即接收者一方的粒子与发送者一方的粒子完全相同，从实质上实现"远距传动"。量子远距传动绕开了"不可克隆原理"，因为在整个过程当中，都不曾对粒子的属性进行观测，这些量子粒子的属性信息完全是通过"纠缠粒子对"进行传输的。

1997 年欧洲的两个研究团队首次实现了"量子远距传动"，他们分别由奥地利维也纳的安东·齐林格(Anton Zeilinger)(有人称其为欧洲量子纠缠实验的领导者)和意大利罗马的弗朗西斯科·德·马提尼(Francisco de Martini)所率领。在这一次实验中，研究人员未对粒子的全部属性进行远距传动，而只是将一个光子的偏振态传输给了另一个光子。

2012 年，潘建伟团队在国际上首次实现百余公里自由空间量子隐形传态。2022 年，潘建伟院士及同事彭承志、陈宇翱、印娟等利用"墨子号"量子科学实验卫星，首次实现了地球上相距 1200 公里两个地面站之间的量子态远程传输，向构建全球化量子信息处理和量子通信网络迈出重要一步，创造了世界新纪录。利用量子隐形传态实现远距离量子态传输，是构建量子通信网的重要途径。但在实现过程中，量子纠缠分发的距离和品质会受到信道损耗、消相干等因素影响。如何突破传输距离限制，一直是国际量子通信研究的核心问题之一。中国发射的全球首颗量子科学实验卫星"墨子号"，为人类探索远距离量子通信提供了新平台。但受大气湍流影响，光子在大气信道中传播后，实现基于量子干涉的

高等院校立体化创新教材系列

量子态测量非常困难。

近期，潘建伟团队创新性地将光学一体化粘接技术应用到空间量子通信领域，实现了具有超高稳定性的光干涉仪，无需主动闭环即可长期稳定，克服了远距离湍流大气传输后的量子光干涉难题。他们结合基于双光子路径—偏振混合纠缠态的量子隐形传态方案，在我国云南丽江站和青海德令哈地面站之间完成了远程量子态的传输验证。并且在实验中对六种典型的量子态进行了验证，传送保真度均超越了经典极限。这个实验比以前的实验更具挑战性，克服了重大技术挑战，对未来量子通信应用具有重要意义。

2022 年物理学奖颁给法国物理学家阿兰·阿斯佩(Alain Aspect)、美国物理学家约翰·克劳瑟(John F. Clauser)，以及奥地利物理学家安东·泽林格干(Anton Zeilinger)。表彰他们通过光子纠缠实验，确定贝尔不等式在量子世界中不成立，并开创了量子信息科学。泽林格干不仅是中国科学技术大学潘建伟院士的导师，还是中国科学院外籍院士。中国科学家在该领域里做出了杰出贡献。颁奖委员会在介绍获奖者的工作时，提到了很多中国科学家所做的工作，潘建伟团队一共做了 7 项工作，在诺奖致辞里提到了前 4 项。

（资料来源：本书作者整理编写）

四、量子隧穿效应

经典物理学认为，物体越过势垒，有一个阈值能量；粒子能量小于此能量则不能越过，大于此能量则可以越过。例如骑自行车过小坡，先用力骑，如果坡很低，不蹬自行车也能靠惯性过去。如果坡很高，不蹬自行车，车到一半就停住，然后退回去。量子力学则认为，即使粒子能量小于阈值能量，很多粒子冲向势垒，一部分粒子反弹，还会有一些粒子能过去，好像有一个隧道，故名隧穿效应。可见，宏观上的确定性在微观上往往就具有不确定性。虽然在通常的情况下，隧穿效应并不影响经典的宏观效应，因为隧穿概率极小，但在某些特定的条件下宏观的隧穿效应也会出现。

想象一下，把一个球扔向墙，我们惊讶地看到它消失在墙上，出现在墙的另一边，而不是反弹回来。量子隧穿现象允许电子和其他粒子发生类似的现象。这种奇怪的现象产生于将电子视为延展的概率波，而非存在于某一特定点的粒子。海森伯不确定关系表明，我们无法在任何一个精确的时刻，同时确定一个粒子的能量和确切位置。在一种很小的概率下，电子的概率波会延伸到障碍物的另一边。这种效应在晶体管中被观测到，量子隧穿效应允许电子穿过半导体之间的结。在一个更大的宇宙尺度下，量子隧穿效应在为恒星提供动力的核聚变反应中起着重要作用。没有量子隧穿效应，太阳就不会发光。

利用量子隧穿效应制成的扫描隧道显微镜(STM)获得了 1986 年的诺贝尔物理学奖，可以让科学家观察和定位单个原子，它具有比它的同类原子力显微镜更加高的分辨率。此外，扫描隧道显微镜在低温下(4K)可以利用探针尖端精确操纵原子，STM 现在已是电子和原子结构分析必不可少的工具。

量子纠缠与量子隧穿效应的发现，为量子瞬间传送的进阶研究铺平了道路，2004 年，奥地利的科学家们首次实现了将光子传送到多瑙河的对岸，这不禁让人想起科幻电影《星际迷航》中史考提把柯克船长瞬间传送出去的桥段。2010 年，中国科学家实现了 16 公里的量子瞬间传送，传送的平均准确率为 89%，这是目前人类实现的最远距离的瞬间传送。需要指出的是，全尺寸物体的瞬间传送，仍然只是在科幻小说中出现。迄今为止，量子瞬间传送涉及量子信息的移动，为未来更伟大的实验铺平了道路。

五、量子世界观

量子世界观.mp4

宏观世界是人类生活最为熟知的世界，因为人们生活在其中，直觉和经验也就最为深刻，在认识自然的过程中，最先完成对宏观世界的认识。经典物理学给人类带来了巨大的物质财富和思想智慧。首先总结宏观物质世界的主要特征。

(1) 原子论。基本的实在由原子构成。最早发现的最小实在是原子、电子和质子，1932 年又发现了中子，确定原子由电子、质子和中子组成。这些粒子是更基本的粒子，具有质量、能量和动量。对于局部各点运动不一致的物体，可以分割为粒子的集合。牛顿曾经说过这些粒子结实、沉重、坚硬、不可入而易于运动，它们甚至坚硬得永远不会磨损或碎裂。

(2) 客观性。物质的行为是由物理规律决定的，人类的观察不会影响物质。自然现象可以脱离它们周围的环境，科学正是研究这种客观实在。物质占据有限的空间范围，也具有明确的时空轨迹。物体的能量和动量也有局域集中性，例如飞行的子弹其所伴随的能量和动量在任一时刻就限定在它所占有的空间范围里。

(3) 可预测性。宇宙是机械式的，一旦确定了初始条件，就可以预测未来任意时刻物体的运动状态。

20 世纪初物理学家完成了对宏观世界的描述，自认为已经知道了自然的全部物理奥妙。著名的德国物理学家基尔霍夫也认为物理学已经无所作为了，至多只能在已知公式的小数点后面加上几位数罢了。尽管扫清了 19 世纪末物理学上空出现的两朵乌云，带来了量子论的诞生，但出现的结果远比已经解决得还要多。现代物理学逐一否定了上述经典物理学的世界观。

首先，原子论与场论相矛盾。现代物理学认为所有的物质本质上都是场，场是物理实在，但不是由原子组成。实物粒子仅仅是物质场的量子或者能量增量，光子是电磁场的能量增量。场具有分立的能量，实物粒子可以产生或湮灭。

其次，测量过程会打破客观性。时间和空间这些物理量取决于如何观测，环境对待研究物体的属性非常关键，由于量子非局域性使微观系统及其环境作为一个整体不可分离，永远不能把一个微观体系看成由分离的各部分组成并脱离环境进行单独研究。

最后，微观事件是不可预测的，宇宙并不是一个机械式的钟表。单次事件不可精确预测，但整个统计图样是可以预测的。

尽管量子论已经存在一个多世纪了，但经典物理学仍然深深地影响着人类的文化及对客观世界的看法。薛定谔曾经反省道："不知不觉就把认知主体从我们力求理解的自然领域内排除了，我们变成一个旁观者的角色，不属于这个世界，而通过这一手法把世界变成

高等院校立体化创新教材系列

一个客观的世界。科学建立在客观化的基础上,把自己对心灵的适当理解割裂开来。但是我的确相信,这正是我们现在的思维方式需要修补的地方,也许得从东方的思想输血。"霍金也认为物理定律本身在某种程度上也依赖于观察者。

【拓展阅读9-8】量子理论诞生线见右侧二维码。

量子理论诞生线.docx

引导案例9-5

量子芝诺效应

量子芝诺效应,又称为图灵悖论(Turing paradox),是与纠缠相关的较为奇特的效应之一,指对一个不稳定量子系统频繁的测量可以冻结该系统的初始状态或者阻止系统的演化。如果测量时间间隔足够短,可以把测量看作连续的测量,正是由于这样的测量所引起的波函数坍缩阻止了量子态之间的跃迁。芝诺(Zeno of Elea)是公元前5世纪的一位古希腊哲学家,是埃利亚学派的代表人物著名哲学家巴门尼德(Parmenides of Elea)的学生。埃利亚学派认为:"世间一切变化皆为虚幻。"为表达这种哲学思想,芝诺提出了一系列关于运动的悖论,试图证明人们对运动和变化的各种认识都是存在问题的。例如"芝诺的箭"是探索运动本身的一个悖论。想象有一支箭在空中飞过,某一时刻对它进行测量,为了对比,在这支箭旁并排放另一支箭,而后面这支箭是不动的。请问:在测量的某一时刻,运动的箭和不动的箭之间有何不同?芝诺回答,在这一时刻,两支箭各自位于空间中某一固定位置上,二者无差别。以此类推,上述结论对任一时刻都成立,即在所有时刻,运动的箭和不动的箭完全相同。其实这里有两个问题:一是某一时刻所说位置确定,但不能因二者的这一属性相同,就说二者完全相同。运动的箭具有动能,不动的箭动能为零;二是无穷多的无穷小量相加之和是一个非零的实数,而不为零。

量子芝诺效应的概念,推测可能来源于"芝诺的箭"这一典故。实际上将之称作"量子观壶效应"可能更加贴切。我们已知,一个量子的属性只有在被测量时才具有确切的数值,否则是各种数值的概率叠加。量子芝诺效应描述这样一个过程,若与一个量子不断发生相互作用,那么这个量子的属性就会一直保持为某一固定值,而不会发生改变,这与心理学上"一直盯着水壶,但水似乎永远不开"相似。截至目前,量子芝诺效应还没有得到任何实际应用,但有研究者认为,某种鸟之所以具有利用地球磁场进行导航的能力,就是因为量子芝诺效应在其中发挥了关键作用,可能的机制如下:这些鸟眼睛中的电子处于纠缠态,量子芝诺效应使得这些电子不会发生其他相互作用,而使自身属性得以始终保持。

总之,对具有离散本征态的不稳定量子系统进行简单和频繁的投影测量,就可以使系统失去动态演化的机会,这正是量子芝诺效应现象的发生。

(资料来源:本书作者整理编写)

第四节 量 子 场

一、量子场论

量子化的场：存在
粒子的原因.mp4

20 世纪最重要的两个理论是相对论和量子物理学，相对论把描述地球上低速运动的经典物理学推广到了光速情况下，量子物理学将宏观推广到了迄今微观能观测到的最小尺度 10^{-19} 米。这两个理论的研究范围互不相交：相对论适用于宇宙大尺度，量子力学适用于速度不太大时的情况。物理学总是崇尚简单、统一和美的，因此在 1930 年至 1950 年期间在量子力学和相对论的基础上逐步建立起了量子场论，使它能够处理一切空间和一切速率的物理现象，现在已广泛地被应用于粒子物理学和凝聚态物理学。2013 年的诺贝尔物理学奖也是跟量子场论中希格斯粒子场的微观量子相关。量子场论其实并不复杂，只是需要一段时间让人们去适应和习惯。

经典物理学宇宙观所依据的概念，是在空虚的空间中运动着的不可消灭的致密粒子。近代物理学对这种描述作了根本的修正，它不仅导致了关于粒子的全新概念，而且深刻地变革了关于空虚的空间的概念，这种变革发生在所谓的"场"论中。它起始于爱因斯坦把引力场与空间的几何相联系的思想，粒子和它们周围的空间不再有明显的区别，空虚的空间被看作一种极为重要的动力学量。

场的概念最早在 19 世纪由法拉第在对电荷和电流之间作用力的描述中引入的。电场是带电物体周围空间的一种状态，它对这个空间中的任何其他带电物体产生力。由于电场是由带电物体产生的，也只有带电物体才能感受到它的影响。同样，磁场是由运动的电荷，即电流产生的，也只有其他运动着的电荷才能感受到它所产生的磁力。

量子场论的一个基本观点是，宇宙并不由物质构成，而是由场构成。场所在的区域没有任何物质，场是空间本身的一种状态，或者说是应力状态。例如，引力场就是产生引力的一个可能性，不论是否有任何感受这种力的物质存在，场是客观存在的，具有能量，而不是意识构建出来的。例如，你现在看的这本书和你的手，都是力场的一种状态，手捧着书，书不会穿手而过，是书的电场排斥手的电场的结果。物质只是场与场互动时的呈现。宇宙间唯一真正的事物是场，且场是无法捉摸，无实体的。场的互动看起来像粒子，因为场的互动是瞬时的、顿然的，有时局限在空间很小的区域。这是个很奇异的想法，很难想象空间中没有真正的物体，只有场存在。那么，这些组成物体的粒子究竟是什么呢？

1928 年，英国物理学家保罗·狄拉克为量子场论打下了地基，量子场论在预测新型粒子和用场的互动解释现有的粒子这两方面都极为成功。根据量子场论，一个场就和一种粒子有关。当时所知的基本粒子只有三种，因此只需三种场就可以解释。但是，时至今日，人类所知的粒子已有上百种，是否也需要百种以上的场来解释呢？这是一个问题，对于志在认为大自然是简单的物理学家而言，这么多理论显得太过于笨拙，因此，如今大部分物理学家已经放弃了"一种场是一种粒子存在"的观念。

场是量子化的，即场的能量吸收和辐射都是一份份的、分立的和不连续的。当一个量

高等院校立体化创新教材系列

子化的场和其他场相互作用时，会在相互作用处获得或者失去整个的能量量子，这些量子的行为有点儿像粒子。比如，光子就是电磁场的能量量子，电子、质子、中子等是物质场的能量量子。光子被称为辐射量子，电子等被称为实物量子。这个观点也解释了为什么看到同频率的光都相同，所有的电子都是一模一样的。量子场论解释了为什么自然界只有几种基本粒子，因为只有几种形式的场，这些场服从狭义相对论和量子力学。

中国古代哲学中"气"的概念，和量子场的概念极为惊人地相似。和量子场一样，"气"被看作一种微妙而不可感知的物质形式，它存在于整个空间之中，并且能聚集成致密的有形物体。用张载的话来说，便是"气聚，别离明得施而有形；不聚则离明不得施而无形。方其聚也，安得不谓之客？方其散也，安得遂谓之无？""气"就是这样有节奏地聚和散，产生了一切形体，它们最终又散归于"空"。

近代物理学以量子场论的概念为一个古老的问题找到了一种出人意料的答案。这个问题就是：物质到底是由不可分割的原子组成的呢？还是由一种潜在的连续体构成？场是一种连续体，它在空间中无处不在，然而，从它表现为粒子方面来说，它又具有不连续的"颗粒状"的结构。单从字面上来看，"量子场论"是非常矛盾的名称，"量子"是已经不能再分的整体，是事物极小的一片，而"场"则是事物的全盘区域。这两种显然对立的概念就这样统一在一起，且被看作仅仅是同一实在的不同方面。这两种对立的概念是以动态的方式统一的，即物质的这两个方面永不停息地相互转化着，类似与"空"和"形"之间的动态统一。这对人们一向认为事情只能是这样或者那样的范畴式思维方式产生很大的冲击。量子论大胆地宣称，事物可以是这样也可以是那样(例如光既是波也是粒子)。如果问到这两种描述到底哪个是对的呢？那么这个问题本身是毫无意义的，因为要想完整了解，必须两者兼备。

小贴士

传统文化与量子"意识"

从物理学的角度来看，意识可能是一种量子力学现象。根据以玻尔为首的哥本哈根学派的解释，在没有施加意识之前，物质所处的状态是多种可能性的叠加态，意识一旦出现，导致波函数坍缩，从而得到粒子唯一确定的状态。比如一个人面前出现了一朵花，假如他是一个没有任何分辨力的人，看花不是花，此时他的意识处于自由状态，他没看到花是不是红色的、好不好看，他看它并不是花，他根本不动念头。唐代张拙的诗中写道"一念不生全体现，六根才动被云遮"。一念不生的境界就是看到一个物体，不生任何念头，对境无心，这时意识处于很自由的状态。此时的意识状态非常像量子力学中的现象，意识的载体是大脑，因此意识是个抽象的概念。意识的产生与大脑中海量的纠缠态的电子有关，因此意识需要测量，"测量意识"即意识反馈给大脑，形成我们所说的"感觉"或"认知"。如果这个人看到这朵花，一下子动念头了，"动念头"实质上就是做了测量，此时意识不再自由，它突然坍缩到一个概念"花"上。回顾这一过程，先是神经测量了意识，让人的自由意识坍缩成感知外部的状态，再通过各种神经测量出外部状态并反馈到意识中形成念头，如此反复，人们不断感知大千世界并影响这个世界。

关于"意识"的理解，另一种说法是，信息不是客观存在的，而是主体对客体做测量时才共同制造出来的。一个原来不含任何信息的客体，人们依据一定的测量手段施加于它才能得出信息，反映客体属性的一个方面。"测量"过程不是一种简单的"反映"过程，而是一种"变革"过程，"信息"是"变革"的结果。这一哲学思想与《礼记·大学》中所说的"致知在格物，格物而后知至"颇为相似。

（资料来源：本书作者整理编写）

二、量子电动力学

量子电动力学：
关于电子和光的
奇妙理论.mp4

费曼写道："从常识的角度出发，量子电动力学所描述的自然万物无疑是荒谬的。但它却与实验完全相符，所以我衷心地希望你能够接受自然万物本来就是荒谬的这一事实。"量子电动力学是量子场论中的一部分，是迄今为止最精确的科学理论。它讨论两种量子化的场之间的相互作用，这两种场分别是量子化的电磁场和量子化的电子场(电子的物质场)。日本的朝永振一郎、美国的费曼和施温格分别独立提出了量子电动力学，它们的形式大不相同，但思想都是一致的。下面将介绍费曼的量子电动力学理论，他的理论更加直观并便于理解。

由于电磁场和电子场必须服从相对论和量子论，因此两个场之间的相互作用产生了有趣的结果。场的概念从一开始就与力的概念联系在一起，例如，电磁场之所以能以光波或者光子的形式表现为场，或者在带电粒子之间起着力场的作用，是因为力表现为在相互作用着的粒子间交换光子，在经典物理学中两个电子之间有力的作用的观念，用一个以光子形式交换能量的图像来表示出来。比如有两个电子 A 和 B，电子 A 向下运动，碰到静止的电子 B，电子 B 辐射一个光子后向下运动，而电子 A 吸收这个光子后向上运动，就这样，两个电子通过交换光子互相排斥。而且，由于每个电子事件都具有不确定性，因此刚才例子中光子的吸收和发射是不确定的。不确定有两点，第一，是否发生了发射和吸收这个事件不确定；第二，倘若发生了，那在何时何地发生的也是不确定的。就这样，电场之间的相互作用力是通过吸收和发射电磁场的能量量子来实现的，这个过程也符合量子论的随机性。量子论处理的就是概率，根据量子论，每个粒子出现的概率都可以准确地计算出来，可是粒子到底在哪点出现，则纯属偶然。

为了使量子场论也符合相对论，应该在时间反演变换下对称，即如果有一个与人类的宇宙完全相似的宇宙，只是时间流逝的方向相反，则量子场论必定在那个宇宙中也成立，这就意味着，如果观察在我们的宇宙中沿时间倒退运动的粒子，一定跟另一个粒子完全相似，只不过那个粒子带着相反的电荷在时间中正向前进。量子场论预言宇宙中一定存在带正电的电子(如图 9.6 所示)。

图9.6　正电子和电子示意图

　　近代物理学的场论迫使人们抛弃物质粒子与真空的经典差别。爱因斯坦的引力场论和量子场论都说明不能把粒子和它们周围的空间分开。粒子一方面决定着空间的结构，另一方面又不能把它们看作孤立的物体，而应当看作存在于整个空间中连续的场的凝聚。量子场论认为这种场是所有粒子和它们相互作用的基础。场总是存在的，并且到处都是，它永远也不能被消除，是一切物质现象的载体，粒子的存在和消失只不过是场的运动形式。在不存在任何核子或其他强相互作用粒子的情况下，粒子可以自发地从真空中产生，再消失到真空中去。三个粒子，一个质子、一个反质子和一个 π 介子可以从真空中产生，又重新消失在真空中。真空远非空无一物，相反，它含有无数粒子，永无休止地产生和消灭着。

案例导学 9-6

正电子的发现

　　研究宇宙射线的一项引人瞩目的成果是安德森(Carl David Anderson)在1932年发现的正电子。

　　安德森是美国加州理工学院物理教授密立根(R. A. Millikan)的学生，从1930年开始跟密立根做宇宙射线的研究工作。尽管后来证明密立根对宇宙射线的起源的见解是错误的，但他和他的学生们在研究宇宙射线方面作出过许多贡献，发展了观测宇宙射线的各种实验技术，并且组织过多次科学考察。

　　安德森自1930年起就负责用云室观测宇宙射线。云室是显示能导致电离的粒子径迹的装置，也是最早的带电粒子探测器，由威尔逊于1896年提出。云室中的气体大多是空气或氩气，蒸气大多是甲醇或乙醇。根据小液滴的路径可以确定粒子的性质。1952年，美国加州大学的格拉赛(Peter C. Glaser)在云室中直接用液体代替气体—蒸气混合物而发明了气泡室，为检测高能带电粒子又提供了一种有效手段。据传说，这是格拉赛在密歇根州安阿伯的一个酒吧中看到啤酒杯中的气泡时想到的创新，为此格拉赛荣获了1960年的诺贝尔物理学奖。

　　1932年8月2日，安德森在云室里产生一个强磁场，让宇宙射线通过云室。他在照片中发现了一条奇特的径迹，与电子的径迹相似，方向却相反。从曲率判断，又不可能是质子。带电粒子只有电子和质子，但径迹弯曲的方向和预期的相反，起初安德森没有理会，以为这些径迹是电子从下向上而不是从上向下飞过云室造成的。但是他将一块铅板插入云室中间，这些粒子会轻易穿过铅板，而且通过铅板后粒子径迹曲率增大，通过分析表明，它带正电荷，于是他果断地得出结论，这是带正电的电子。就这样安德森发现了正电子，当时安德森并不了解狄拉克的电子理论，更不知道他已经预言过正电子存在的可能性，狄拉克是在他的相对论电子理论中作出这一预言的。从他的方程式中可以看出，电子不仅具有正能态，而且也应该具有负能态。他认为这些负能态通常被占满，偶尔有一个态空出来，形成"空穴"，这种空穴应该是一种未知的粒子，其质量与电子相同，电荷也与电子电荷相等，但符号不同，可以称为反电子。他还预言质子也会有它自己的负态，其中未占满的状态表现为一个反质子。关于反质子的预言，之后在 1945 年由西格雷(Emilio Segrè)证实。1936 年安德森通过云室还发现了一些粒子的径迹与已知的粒子都对不上，正像哥伦比亚大学的物理学家拉比问："这是谁订的货？"后来才知道这是一种叫作μ子的新粒子。

（资料来源：本书作者整理编写）

三、反物质

反物质.mp4

　　正电子是科学中遇到的第一种反粒子，在宇宙射线照射地球的大气层中首次被发现。今天，所有类型的反粒子经常用大型原子核加速器在实验室中产生。相对论对量子理论在时间反演下对称，要求每一类存在的粒子，一定有对应的反粒子。粒子和反粒子的质量相等，所带电荷量相同，但电荷符号相反。例如电子的反粒子是带正电的正电子，质子的反粒子是带负电的反质子。在 1995 年构造出来第一个完整的人工反原子，由一个正电子围绕一个反质子运动。

　　物质由带正电的原子核和带负电的电子构成的原子组成。反物质由带负电的原子核和带正电的正电子构成的原子组成。重力区分不出物质和反物质，因为它们彼此之间相互吸引，也不能通过发射光来判定，只能通过艰苦细致地测量大量原子核效应才可以确定某个星系是由物质还是反物质组成的。物质和反物质相遇时会湮灭并转换成大量的辐射能。这一过程辐射的能量最大，比任何已知的物质产生的能量转换都多，质量全部转换为能量。

　　对反物质的研究是物理学的基础性研究。通过观察反物质如何工作，以及跟普通物质有何不同，我们会对宇宙有更多的了解，甚至有助于回答当今面临的最大难题，比如为什么宇宙中有物质而不是什么都没有？为什么宇宙是由物质而不是反物质构成的？

　　在目前环境中，物质和反物质不可能同时存在，因为一旦接触到对方就会湮灭并完全转化为辐射能。保存反物质是一个大问题：1995 年制造的反物质，在湮灭前只存在了大约 400 亿分之一秒。有几种保存反物质的方法，其中最常用的是制造一个超强磁场，让反物质在一系列磁场中存在，这些磁场的排列方式使得反物质被均匀地拉向各个方向，这样反物质就可以悬浮在真空中。这种方法能让反物质存在 16 分钟，这给了物理学家足够多的时间来研究。

　　反物质虽然难以获得和储存，实际上反物质已经在某些领域里得到了实际应用。比如正电子发射断层显像术(PET)可以利用正电子产生人体高分辨率的图像。把可以标记释放正电子的放射性同位素注入人体，在人体内放射性元素释放的正电子和电子湮灭，产生构造图样需要的伽马射线。另外，由于物质和反物质相见时会湮灭并释放能量，反质子癌细胞治疗实验利用这一性质，使入射的反质子和肿瘤细胞中原子内的一部分质子湮灭，释放出伽马射线来摧毁肿瘤细胞。实验还表明，杀死同样多的癌细胞，所需要反质子的量只是所需要质子的 1/4，因此，反质子可以在杀死目标区域癌细胞的同时较少地影响健康组织，这种方法在治疗复发癌症方面具有很高的临床医学价值。尽管这类研究目前还处于早期阶段，但潜在的应用领域非常广泛，包括新材料、新式诊疗设备和能源应用等领域。

量子生物学

很长一段时间以来，人们认为在生物体的温暖潮湿条件下，不可能存在显式的量子生物机制。但在近期，人们发现了大量的生物过程与量子物理密切相关。其中最早的一项与酶相关的发现可追溯到 20 世纪 70 年代。可以将酶类比作一种生物"洗衣粉"，与洗衣粉能够促进污渍的去除一样，酶也能够促进某种生物过程的发展，酶是一种生物催化剂，使生物体内的各种过程，如食物的消化吸收变得更快。这种催化作用的具体过程，经常是使参与反应的质子或电子更容易地跃过某种势垒，从而让某种化学反应发生。参与反应的这些粒子，有一些具有足够的能量，无论如何它都能通过势垒；但有一些能量不足，此时需要酶借助量子隧穿效应，使它们同样能够通过势垒，参与相关的化学反应。酶参与的结果是，相关化学反应显著加速，甚至在某些情况下，反应速率会加快几千倍。除了能够提高化学反应速率之外，催化反应中的量子效应，还会带来无比巨大的变化，如果没有量子效应参与其中，包括人类在内的很多生物体，连维持正常的生理机能都无法实现。我们期望能够有更多的其他类型的量子效应得到验证，例如光合作用、穿过 DNA 碱基对引起突变的隧穿效应等。

有人提出，植物光合作用所涉及的量子过程，可作为一种天然的量子计算机。光合作用产生的能量，需要传输到植物细胞的其他部分，这一过程中能量所进行的路线有非常多的可选择之处，但不知何故，总是最佳的那条路线被选择了出来。也许是量子的概率机制在其中发挥了作用，能量传输被视作某种"波"样的过程，在未进行传输之前，通过概率波的方式，已经尝试过了所有可能的路线，并从中找到了最佳路线。

(资料来源：本书作者整理编写)

物理学是不完整的吗？

1980 年斯蒂芬·霍金(Stephen William Hawking)发表题为"理论物理的终结来临了吗？"的演讲，激发了人们对万有理论的兴趣。他在该演讲中说道："在在座某些人的有生之年，我们或许能看到一个完整的理论。"他声称在未来的 20 年，有 50%的可能找到一个终极理论。2000 年来临之际，学界并未达成共识，霍金又称下一个 20 年里会有 50%

的概率发现万有引力。到 2022 年，霍金再次改变主意，宣称哥德尔的不完全性定理可能指出了他最初思维的一个致命错误："哥德尔定理表明，数学家们永远有做不完的事，我想，这对于物理学家来说具有同样的意义。"

弗里曼·戴森(Freeman Dyson)非常雄辩地写道："哥德尔证明了纯数学的世界是无尽的；没有固定的公理集或推论法则能够涵盖整个数学……我希望类似的情况也存在于物理界。如果我对未来的看法是正确的，就意味着物理和天文的世界也是无尽的；无论我们能探究到多么遥远的将来，仍会有新事物出现，会有新信息到来，会有新世界等着我们去探索，那里是生命、意识和记忆无尽扩张的疆土。"

总有一些事情是我们无法掌握的，亦无法探究(如电子的精确位置、光速之外的世界等)。但是，基本的定律是可知的、有限的。未来的物理学界也将是振奋人心的，如今已使用新一代粒子加速器、空间引力波探测仪以及其他新技术来探索宇宙。我们并没有走到终点，而是站在一个新物理学的起点。但无论我们发现了什么，前面都有新的地平线等着我们去跨越。

(资料来源：本书作者整理编写)

本章思维导图

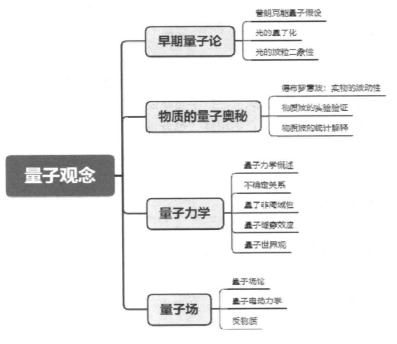

本章小结

(1) 量子论是描述微观世界的理论，许多物理量是分立的、不连续的。例如，能量是不连续的，只能取普朗克常量乘以频率的整数倍。

高等院校立体化创新教材系列

(2) 实物粒子与光一样具有波粒二象性。粒子性指具有能量、动量和质量。波动性指概率波，波的强度表明粒子在该处出现的概率。

(3) 不确定关系：由于粒子具有波粒二象性，不可能同时精确测量微观粒子的位置和动量。

(4) 量子场论：宇宙中的物理实在是场，场是量子化的，实物粒子及辐射粒子其实是量子化的场的能量增量(能量量子)。

 实训案例

基本案例

物理学家用轻子、介子和重子这些名词来对粒子进行划分。电子是最轻的物质，属于轻子。质子质量稍重些，属于重子。但还有一些粒子没办法放入轻子、介子和重子框架里，有些大家很熟悉，例如光子，还有些尚未在实验室中发现，比如重力子等。这些粒子都有一个共同的特点，即它们全是无质量粒子。

什么叫无质量粒子呢？就是静止质量为零的粒子，它的能量全为运动能量。以光子为例，光子一产生，就以光速运动，既不会慢下来(没有质量能让它慢下来)，也不会加快(没有比光速更快的物质)。这到底是什么意思呢？

案例点评

物质都有质量，而无质量粒子如何来理解呢？这就好比佛教禅宗里的公案，很奇异，无法用常规方式解答，比如禅师会问："一手击掌的声音是怎样的？"人类的理性思考就是在这两难之间跌跌撞撞地扩展自己的限度。也许谁能挣脱传统观念的束缚，谁就能听见一手击掌的声音。

思考讨论题

(1) 光是一种波还是一种粒子？
(2) 怎么理解无质量粒子？
(3) 光子的本质是什么？

 实训课堂

基本案情

物理学的发展历程犹如人格的成长史。大部分人靠自动反应来适应环境，而这些反应幼儿时代在家里基本能如愿以偿，但是到了社会上环境一变，若还有这些自动反应，不但有些得不到满足，还会增加许多坏处，如愤怒，沮丧等行为。大多数人总要等到明白这种行为将对自己产生很大的负面影响时，才会有所改变，改变的过程也会很漫长和痛苦。

人格的成长和物理学的发展有异曲同工之处。最初哥白尼的日心说除了哥白尼及极少一部分人外，谁也不愿意接受。之后普朗克发现能量是量子化的，连他自己都难以接受。海森伯说过："新的现象强迫我们改变思考方式的时候，连声名显赫的物理学家都会感到极度的困难。因为，思考方式的改变可能会使我们脚下的土地突然落空，我相信我们没有高估其间的困难。明智而温和的科学家对于这种改变思维方式的要求也感到绝无后路。我们一旦经历这种感受，只有惊讶科学怎么会有这样的革命。"

正是因为发现了一些现象无法用原有的理论去解释，才迫使人们发起了科学革命。哥白尼要大家放弃人类是宇宙的中心，这在精神上难以接受。量子理论要人类接受自然界的不确定性及不可预言性，这对以前客观实在的牛顿世界观是一个挑战。今天，量子场论产生了一个新的世界观，需要接受宇宙中没有实物这个观念，不是一件容易的事。

思考讨论题

(1) 量子理论用来描述宏观世界的规律还是描述微观世界的规律？

(2) 量子理论的世界观是什么？

分析要点

(1) 了解量子理论的适用范围。

(2) 了解量子理论包含的基本思想。

复习思考题

一、基本概念

普朗克常量　能量量子　光子　物质波　量子化的电磁场　量子化的物质场　不确定关系　量子纠缠　量子非局域性　统计解释　量子世界观

二、判断题(正确打 √，错误打 ×)

(1) 用高频光照射金属时会比用低频光使金属表面辐射出更多的电子。　　　(　)

(2) 有 N 个频率为 ν 的光子组成的单色光束的总能量为 $E = Nh\nu$。　　(　)

(3) 量子物理学是描述微观世界的物理学，其中有许多物理量是分立的，不连续的。

(　)

三、单项选择题

(1) 红光、黄光和紫外辐射，哪一种辐射的光子能量最大？(　)

　　A．红光　　　　　　B．黄光　　　　　　C．紫外线

　　D．三种辐射每个光子的能量都相同

(2) 如果普朗克常量变为它现值的 20 倍大，则量子效应会(　)。

　　A．更容易观测到　　B．更难观测到　　　C．不变

(3) 若以相同速率运动，以下哪一个的波长最长？(　)

A. 一个电子 　　　　B. 一艘宇宙飞船 　　　C. 一个DNA分子

四、简答题

(1) 量子化的电磁场是什么意思?

(2) 与实物粒子所对应的波怎么称呼?

(3) 每次扔骰子的结果是不确定的,这是由量子不确定性引起的吗?

五、论述题

近年来,随着我国"墨子号"量子通信卫星的上天,"量子"一词不仅在学术界,还在民间成为流行词,当然,一些商家看到商机,蹭着量子的热度,一些贴着"量子"标签的各种"功能强大""治百病""防癌治癌"等的量子产品,横空出世,在市场引起极大反响,这"一本万利"的量子投资热潮吸引人前仆后继,各种"量子产品"也相继开发出来,如:量子水、量子袜、量子眼镜、量子鞋垫、量子挂坠、量子杯、量子医疗仪器等等,无一例外,这些"量子商品"价格都非常昂贵。然而,这些量子产品真有如宣传的那样强大的功效吗? 你如何跟身边的人正确解释,到底什么是"量子"?

第十章　物理与人类未来

核心概念

摩尔定律　机器人　人工智能　工业 4.0　大数据　时空旅行　人类的未来

 引导案例10-1

AI 时代，该怎么保卫你的事业

人工智能是当今社会发展的重要力量，影响着各个领域的变革。特别是自 2023 年 2 月起，一个能像人类一样与人进行深度对话的 ChatGPT 应用程序突然爆红，引起了全世界的关注。ChatGPT 是可以根据人类输入的任何词汇进行深度会话的 AI 机器人。ChatGPT 还有着与人类非常相似的编辑、写作、分析、统计能力和智力。不难发现，很多功能性的事情，例如广告文案、代码撰写、运营流程优化、邮件编写、客服咨询等流程性工作都可以被 ChatGPT 所完成。

随着 ChatGPT 的隐藏潜能逐渐被挖掘，大众也再次陷入 AI 取代人类职业的焦虑潮，害怕在新一轮技术变革之中，人类的可替代率会不断增高。最开始大家认为，AI 只能替代一些重复且枯燥的工作，但当 AI 逐步可以拥有像人类一般的对话思维，这已经危及具有创造性的人类智慧。2022 年 10 月 15 日，商汤科技"元萝卜 SenseRobot" AI 下棋机器人与中国象棋特级大师、世界冠军谢靖上演"楚汉之争"，最终以 AI 机器人获胜告终。

人工智能为人类生活带来极大便捷，让人类从劳动中得到片刻解放，但随着人类产生习惯，人工智能已经逐步代替大脑，替我们思考和决定，甚至进行独立艺术创作。根据一份新报告，OpenAI 广受欢迎的聊天机器人 ChatGPT 预计将取代 480 万个美国工作岗位。科技的发展，技术的变革，必然会带来整个社会就业结构的变化，未来，部分工作岗位被机器人取代是极有可能的，但随着人工智能的发展，也会创造新的岗位，人们能做的，就是不断与时俱进，提高自身技能水平，迎接未知的明天。

(资料来源：本书作者整理编写)

案例导学10-1

　　物理学给人类展现了广阔的发展前景，在新世纪，奇妙的、令人激动兴奋的科学发现接踵而来。以物理学为基础的科学将在计算机、人工智能、新能源、航天技术、财富和文明等领域得到革命性的发展。在不久的将来，人类也许可以通过心智来操控世界，城市地面和上空到处是自动行驶的各类交通工具，悄无声息的机器人每天都在默默地扫描着人们的身体，发现疾病的最早征兆，基因研究将使人类长生不老变为现实，太空旅行将和地面旅行一样方便快捷。这些科学技术离不开物理学的理论基础，随着物理学的不断发展，科技文明将最终决定人类的命运。那么，人类应当怎样应对挑战，抓住下一个一百年的机会，去实现人类未来的最终目标呢？

(资料来源：本书作者整理编写)

第一节　计算机的未来

计算机的未来.mp4

一、用能量擦除记忆

　　任何试图忘掉痛苦回忆的人都知道，尝试抹去一段记忆要费些功夫。现在，通过测量消除一个字节所释放的热量，也许可以实现。早在 1961 年，IBM 物理学家罗尔夫·兰道尔(Rolf Landauer)提出理论：任何逻辑不可逆运算(例如从内存中擦除信息)都会导致少量非零的功转化为热逸散到环境中，并相应地导致熵增加。他将信息和热流有机联系起来，避免违反热力学第二定律，并为接近微机过热方面的研究提供理论支持。兰道尔经过计算提出，室温下，最小的热量损失是 3×10^{-21} 焦耳。为了测量这个微乎其微的数据，柏林自由大学的物理学家埃里克·卢茨(Eric Lutz)与法国梁国家科研中心的塞尔焦·希利贝托(Sergio Ciliberto)实验室展开合作，在 2012 年的《自然》杂志上刊登了他们的成果。科学家利用势阱中静止的硅球，创造出了一个字节的信息存储器。体系共有两个势阱，纳米硅球在其中一个势阱中，表示二进制 0，而在另一个势阱中则表示为 1。通过降低势阱间的势垒，并提供倾斜的作用力，可以将硅球诱导至另一个势阱。通过将体系复位至状态 1，可以消除其储存的信息，且不受初始状态的影响。接着研究者精确测量了硅球移动的速度，计算出因位移而释放的热量。这是首次通过实验，证明了兰道尔极限的存在。

　　19 世纪，苏格兰物理学家詹姆斯·克拉克·麦克斯韦(James Clerk Maxwell)构思出一个著名的思想实验。假设一个虚构的小妖(称为麦克斯韦妖)可以通过控制通道的开合，将原本混杂的快(热)慢(冷)分子分离到两侧的房间中，使房间出现温差。它还成功地将脑海中的信息(对分子位置和速度的记忆)转化为能量。麦克斯韦妖实质上是一台信息处理机器：它需要记录和存储单个粒子的信息，以决定什么时候开门和关门。它还需要定期擦除这一信息。根据兰道尔原理，擦除信息导致的熵增量会大于对粒子进行分类导致的熵的减少量。"你需要付出一些代价。"维也纳量子光学和量子信息研究所的物理学家冈扎罗·曼扎诺(Gonzalo Manzano)说。小妖需要为更多信息腾出空间，这不可避免地导致了无序度的净增加。

"当你擦去一段记忆，返回初始状态，所有的数据都被平方了。"加拿大西门弗雷泽大学的物理学家约翰·贝克霍弗(John Bechhoefer)进一步解释道。他曾通过捕获各种不同的粒子来证明兰道尔的力量，声称他的团队已观测到基础现象，虽然存在一些微小的偏差。随着兰道尔理论的证实，研究进入延伸和发展阶段，如将成果应用到量子领域，开启使用能量擦除记忆的一系列工作等。

二、虚拟现实

虚拟现实是一种可以创建和体验虚拟世界的计算机仿真系统，它利用计算机生成一种模拟环境，这是一种多源信息融合的、交互式的三维动态视景和实体行为的系统仿真，可以让用户沉浸在该虚拟环境中。虚拟现实首先是由军事部门在 20 世纪 60 年代引进的，是一种利用模拟技术训练驾驶员和战士的方法。例如驾驶员可以看着计算机屏幕和操纵操作杆练习在航空母舰甲板上着陆。

虚拟现实技术(VR)主要包括模拟环境、感知、自然技能和传感设备等方面，是仿真技术、计算机图形学人机接口技术、多媒体技术、传感技术和网络技术等多种技术的融合。理想的模拟环境可以达到使用户难辨真假的程度。人看周围的真实世界时，由于两只眼睛的位置不同，得到的图像略有不同，这些图像在大脑里融合后形成对真实世界的整体景象。在虚拟系统中，双目立体视觉起了很大的作用。两只人眼看到的图像分别产生并显示在不同的显示器上。或者采用单个显示器，眼镜可以使你一只眼看到奇数帧图像，另一只眼只看到偶数帧图像，这样产生的视差引起立体感。虚拟现实现在已经是视频游戏的主要成分。随着计算机能力的扩展，可以通过眼镜，操控计算机屏幕，就好像真的在虚幻世界里。在某种程度上，"触觉技术"可以使人感受到虚拟物体的存在，戴上特殊的手套就可以得到与各种物体和表面接触的真实感觉。

如今的科学技术正在将真实现实和虚拟现实混合起来，利用隐形透镜和眼镜将虚拟的图像叠加在真实的世界里。这可以在根本上改变工作方式，产生非常广泛和便捷的商业应用。例如，如果你是一位司机，可以看到周围 360 度的情形，还可以看透汽车的体壁，这有什么好处呢？最大的用处就是消除盲点，因为看不到盲点后面的东西是造成事故和死亡的主要原因。如果你是建筑工人进行地下修复，在一大堆导线、管道和阀门中，可以精确知道它们是什么线，结构是怎样的，如何连接的等一系列有用的信息。

通过上述真实现实与虚拟现实的混合，在旅游时不仅可以看到现存的真实建筑与物品，每当走到其跟前时，还能展现它的历史面貌及内容介绍。北京理工大学已经着手研究这个项目，他们在电脑里重塑了在 1860 年第二次鸦片战争中被英法联军毁坏的圆明园。徒步在异地旅行时，不仅知道自己的位置，还知道路边所有植物和动物的名字，查看该地区的地图及接收实时天气预报，也可以看到被灌木丛和树木遮挡的踪迹及露营场所。在将来也许不用带上现在很大的护目镜、手机、手表或 MP3 播放器等，各种需要用手去拿着的物品都会在隐形眼镜上显示，只需在需要时把它们调出来直接用即可。

尼古拉斯·尼葛洛庞帝：预测未来就是创造未来

尼古拉斯·尼葛洛庞帝(Nicholas Negroponte)出生于1943年，是一位美国计算机科学家，他最为人所熟知的身份是麻省理工学院媒体实验室的创办人兼执行总监，是"百元笔记本"项目发起人，数字教父，数字时代的三大思想家之一，其他两位是马歇尔·麦克卢汉(Marshall Mcluhan)和乔治·吉尔德(George Gilder)。

尼葛洛庞帝出生于纽约市上东城，他的父亲是一名希腊船东。1961年他考取了乔特·罗斯玛丽学校，这是一个住宿制的私立高中。之后考取了麻省理工学院，并于1966年获得建筑系学士和硕士学位，毕业后留校任教。1968年他创办了麻省理工学院的建筑机械小组(Architecture Machine Group)，创建了瑞士巴塞尔步行之旅，走在它古老的街道上，通过护目镜不仅能看到古代的建筑，还能看到重叠在现代生活之上的古代人。1985年尼葛洛庞帝催生了媒体实验室，即针对新媒体的前瞻电脑科学实验室。1992年，他投资参与了《连线》(Wired)杂志。1995年出版了畅销书《数字化生存》(Being Ditital)，其中包括他的很多著名推测，比如互动世界、娱乐世界和资讯世界终将合并等。这本书之后被翻译成20多种语言发行，但也有评论家质疑他的技术没有考虑到历史、政治和文化等现实因素，有些乌托邦的成分。

尼葛洛庞帝不可思议的大胆预言都非常具体且准确无误，20世纪60年代他预测了电脑触屏，70年代为军方制作虚拟世界，研究GPS导航系统及无人驾驶汽车，80年代预测移动互联网时代，1995年预测网购杂志和书。这些在当时受到轻视和嘲笑的想法被事实一一证明是准确的。

对于未来的创新，尼葛洛庞帝认为存在越多差异化的地方越能产生更多的创意，如果在一个严重同质化的国家，人与人之间没有太多的差异，就很难创新，这也是中国创新面临的一个瓶颈。利用生物科技，人造世界和自然世界最终会融合在一起，但在完成这种颠覆之前，通过互联网来接受教育和学习是有效的方式。未来技术会更加重视学习的方式和路径而不是信息和知识，比如如何学习知识，如何修得技能及如何解决问题。他深信预测未来就是创造未来。

(资料来源：本书作者整理编写)

另一位推动虚拟现实应用范围的科学家是麻省理工学院媒体实验室的帕蒂·梅斯(Pattie Maes)，她所在小组的主要研究方向是如何将数字信息整合到日常生活中。比如，去购物时计算机自动扫描并识别各种产品，然后告诉你一个完整的内容，包括材质、卡路里含量、价格、其他消费者的评论等。或者在聚餐时大家聊的话题是帝王蝴蝶的迁徙规律，计算机将自动捕捉人们的谈话内容，在屏幕上显示地图及帝王蝴蝶的习性等。梅斯认为从技术上完全可以做到数字世界和物理世界的融合。现在许多高科技公司都在做这方面的研发，一些公司开发的语音助手可以回答有关当前上映的电影、体育赛事及附近餐厅的问题。

三、心力控制计算机

心力控制计算机在技术上的突破在 1998 年首次实现，德国埃默里大学(Emory University)和蒂宾根大学(Tübingen University) 的科学家将一根细小的玻璃电极植入中风瘫痪的病人大脑，电极另一端连接电脑，病人能够看到计算机屏幕上光标的图像，凭思索来控制光标的移动。布朗大学(Brown University)的神经科学家约翰·多诺霍(John Donoghue)把这项技术加以完善，他和同事创立了 Cybernetics 神经技术公司，旨在推动实用的人类脑机接口技术的发展，该公司已在美股上市。他个人之所以对这项研究有浓厚的兴趣，是因为他深受孩提时因退化疾病只能坐在轮椅上无助感觉的影响。他们希望利用信息革命的强大力量，让"脑机接口"改变处理脑损伤的方法。

对于身体瘫痪的病人，大脑还是活跃的，因此可以将芯片植入病人大脑中控制运动神经中枢的部位，芯片连接到可以分析和处理大脑信号的计算机上。研究表明，病人通过反复实验，几个小时甚至一天就可以学会如何通过思考来控制光标，继而能够读写电子邮件和玩视频游戏。脑机接口技术使身体陷入绝境的病人可以在思想上与常人无异。法国时尚杂志 ELLE 主编鲍比经历了一场突如其来的中风，导致全身肌肉瘫痪，眨动左眼是他唯一和外界交流的方式，他靠眨眼写出了一本回忆录《潜水钟与蝴蝶》，同名电影获得 2008 年金球奖。他的大脑和思维是完全正常的，可以通过脑机接口，利用神经活动来自由表达自己。英国剑桥大学物理学家、现代最伟大的物理学家之一的斯蒂芬·威廉·霍金(Stephen William Hawking)21 岁时患了肌肉萎缩性侧索硬化症，全身瘫痪，2005 年他开始利用脸颊肌肉来控制通信设备，每分钟大约输出一个字。神经学专家研发出一套新系统，让电脑将他的脑波图样翻译为词句。

还有科学家利用猴子来研究，在猴子的大脑里植入一个芯片，这个芯片连在一个机械臂上，猴子经过训练之后，可以不假思索地移动机械臂，比如移动它抓一根香蕉等。这个实验表明人类不仅能利用思想控制计算机，也可以控制机器，瘫痪的人可以直接通过大脑控制他的机械臂和机械腿，实现身体的自由移动。

上述内容说明人的思考可以来控制计算机，现在换另一种思路，反过来，计算机能识别一个人的思想吗？1875 年科学家开始发现人脑是利用通过神经的电流，产生微弱的电信号来工作的。而电信号可以通过放在大脑周围的电极来测量，这就启发人们，分析这些电极接收到的电信号来记录脑电波。脑电波的优势是能够迅速检测大脑发射的各种频率，但其缺点是无法定位思想在大脑中的准确位置。

科学的进步总是惊人的，20 世纪 90 年代初，在磁共振成像技术的基础上发展出功能磁共振成像技术(functional Magnetic Resonance Imaging，fMRI)是脑科学研究领域的一项重要科学进展。该技术可以对脑功能进行定位研究，在大脑活动时进行扫描并拍摄相关图像，从扫描器中不仅能看到大脑与皮、骨之间的清晰图像，甚至能观察到人类同情心等心理活动在大脑的运作过程，实现人类长久以来无损伤细致观察活体大脑功能的梦想。首先让实验者进入 fMRI 机器，然后为实验者播放一些折磨身体某部位的视频，接着科学家拿出视频里出现的带给人痛苦的工具在实验者身上轻轻拍打，多数实验者在观看视频时会激

高等院校立体化创新教材系列

发同情心，甚至自身仿佛也感觉到了视频中承受人的痛苦，科学家通过 fMRI 实验者的大脑影像发现，当实验者的同情心被激发时，大脑中某个区域的电流会更大，而且，这个区域与痛苦承受者在忍受痛苦时大脑反应区域相同，科学家把这个效应称为"移情植入效应"。这样，最终有可能完成探测单个神经的 fMRI 仪器，使人们可以读取与特定思维相匹配的神经系统模式。

最新的研究还将人类观看食物、动物、颜色等各种物体时大脑的活动情况通过功能磁共振成像扫描出来，建立软件程序库，结果发现软件程序识别 fMRI 扫描和这些实际物体有 90%是成功的。另外，功能性磁共振成像扫描 fMRI 是比测谎仪更有效的一种测谎工具，能够识别约 90%的说谎现象。虽说出汗的手心、放大的瞳孔等可以帮助识破说谎者，但说谎最终还是由大脑控制的。

因此，也许在不久的将来可以建立思想词典，每个物体与 FMRI 图像有一一对应的关系，通过测量人脑的活动就能再现观察者所观察到的图像。这些先进的技术可能会给个人和社会带来好处，但也存在技术被滥用或误用的风险，消费者可能会遭受心理上和生理上的伤害，产生的数据应该如何妥善处置也是必须要考虑的问题。人类必须做好准备，应对这些高科技可能对个人自由带来的影响。

案例导学10-2

如果依靠思想可以控制计算机，是不是在移动物体时，可以实现神话中神仙的法力呢？比如移动桌子、操作机器等。这些看似神乎其神的事情，是有一定的科学依据的。室温超导体的发展有可能实现思想移动物体的愿望。

什么是超导体呢？在一定温度下，超导体的电阻为零，这意味着，在闭合超导线圈中感应出 1 安培的电流，需要近 1000 亿年(比宇宙年龄 138 亿年还长)才能衰减掉。而且，无论是先置入外磁场后降温到超导态，还是先降温到超导态再放入外磁场中，外磁场的磁力线都无法穿透到超导体内部，这个性质称为"完全抗磁性"。凡是能用得上电的地方，都有超导体的用武之地，可以消除电转换损失。例如超导磁悬浮列车，更为高速、稳定和安全。但当今超导体一般都要冷却到极低温度时才能实现。如果室温超导体可以实现，可以将带芯片的超导体植入每个物体内部，只需加一个小电流，就能产生强大的磁场，推动物体移动。还可以利用思想来激活超导体，让物体随心所欲地移动。

(资料来源：本书作者整理编写)

引导案例10-2

声波悬物，用科技运送细胞、水滴和咖啡

无需任何磁力或者魔术，浸在声波中的物体可以在空中飞旋、滑动和碰撞。仅仅利用声音，工程师们就可以在空中调遣牙签、咖啡粒和水滴。2013 年来自苏黎世联邦理工学院

的团队发表了这项成果。这项技术可以用来轻轻地操纵精巧的或者危险的实验室化学品，或者在生物实验中避免细胞受到污染。

科学家在很多年前就已经知道如何利用声波在空气中升举颗粒。这种过程被称为声悬浮。但是移动抬升的小东西就更加具有挑战性了。声波倾向于将抬升的物体束缚在固定的空间口袋中，而新的技术是通过变形声场移动口袋的，这项技术让研究者能够将束缚的物体移动几厘米。为了实现悬停，机械工程师迪莫斯·泊里卡多斯(Dimos Poulikakos)和他的同事像手提钻般上下震荡邮票般大小的铝块。急速的嗡嗡声激起的声波向上传播，直到撞上树脂玻璃反射器，然后反弹回铝块。当这些坠落的声波遇到爬升的声波，它们相互抵消了，创造出一个低压口袋，可以支持物体的重量。通过调节震荡的速度来控制口袋的位置，研究者可以控制颗粒飘过铝块棋盘。团队利用这项技术将含有细胞的液珠与 DNA 混合。他们还将水泡滑向金属钠球，来演示如何远距离处理危险材料。当水撞到金属上，混合物爆炸了，喷涌出可燃的氢气。

(资料来源：本书作者整理编写)

第二节　人工智能的未来

一、无处不在的机器人

案例导学10-3

中国电子学会根据国家"十四五"发展规划，面向国家智能制造发展战略需求，结合"硬科技"最新发展前沿与趋势，调研分析梳理归纳出 2022-2023 年机器人五大前沿技术分别为：

(1) 仿人机器人技术。以双足行走、双手操作，期望完成人类的一些操作及任务，甚至很多人类无法完成的危险任务，未来在家庭服务、商业服务、国防安全、危险作业等场景中具有重要的应用价值。

(2) 自然语言理解、情感识别与人机交互技术。利用图像识别、语音识别、大数据等技术实现对人类情感的有效识别，是未来数字时代的重要接口之一。

(3) 软体机器人与人工肌肉。具有连续可变性结构，在人机共融、医疗康复、工业身缠、特种应用中发挥重要作用

(4) DNA 纳米机器人与新材料微纳部件。具有精准、微小、靶向、低损伤、超高精度可控等优点，在生物医学、组织工程、微电子技术等领域有广阔应用前景。

(5) 元宇宙与机器人融合技术，构建了一个虚实结合的新型人机共融空间，由传统娱乐逐渐走向商业服务、高端制造等场景。

(资料来源：本书作者整理编写)

高等院校立体化创新教材系列

机器人其实在科学发明前就已诞生，几千年来，人类一直试图创造人工生物。公元 1 世纪，亚历山大设计了能发出与真鸟声音相似的机器鸟，1664 年，法国工程师制造了一款机器猫头鹰，能让人造小鸟停止鸣叫。之后在日本江户时代，开始产生了智能机器的想法，自动服务员能端茶送水。捷克著名的剧作家、科幻文学家和童话预言家卡雷尔·恰佩克(Karel Capek)于 1920 年创作了题为《罗萨姆万能机器人》的剧本普及了"机器人"这个词语。故事讲述一名科学家发现了一种具有活性细胞所有特征的物质并用它来制造动物，他想方设法希望创造一个人，但最终成了疯子。他的侄子攫取了他的发明，制造了成千上万个机器人，这些机器人引起资本家的兴趣并被用于制造各种产品。年轻的罗萨姆设计出需求最少的工人，用来全力以赴地干活。很多影片也将机器人搬上银幕，其中采用的技术和自动化设备，使人类对当今世界面临的威胁有了新的认识。

专家们习惯将机器人分为三大类：工业机器人、个人服务机器人和专业服务机器人。工业机器人的市场日益火爆，以汽车产业为例，汽车生产线上有约 36%的工业机器人。服务型机器人的普及也同样迅速，农业机器人促使农业开始稳步迈向自动化，休闲机器人、玩具机器人等的销量逐年攀升，吸尘器机器人、个人助手机器人等的销售量日益井喷，据统计到 2015 年年底，全球进入家庭的机器人总数超过 1500 万台。

农业方面，日本一家名为 Romobility Youto 的年轻企业正在研制一款能摘草莓的机器人，其身上的摄像头可以判断草莓是否成熟。奶牛场的挤奶机器人可以精确定位奶牛乳房位置，并通过自动手臂对它们进行清洗和消毒。矿业方面，正在利用机器人实现野外作业自动化。城市服务方面，清洗机器人可以在各种复杂环境下自动完成清洗任务。2013 年 12 月，亚马逊公司首次尝试采用无人机送快递，物流仓库也可以实现机器人独自配货。医学方面，机器人能协助外科医生操作医疗机械或者进行遥控手术。建筑机器人可以自动建筑结构复杂的楼房，筑路机器人可以自己行驶，自行修路而无须人员到场。当然，上述机器人和自动设备仍有很多处于研发阶段，这些为各种活动而设计的可完成特殊工种的机器人能否商业化，还取决于销售价格及企业运营的经济环境。但是，未来具有人工智能的机器人其应用范围将越来越广，参与的工作将越来越危险和艰巨。人工智能机器人将成为人类工作、日常生活及娱乐不可缺少的伙伴。

尽管机器人可以完全像人一样运动和行动，甚至比人还要灵活，但它的大多数动作都是经过仔细编程的，实际上它并不能自动识别周围的物体。相比之下，甚至一只臭虫都能在几秒钟的时间内识别物体，计划复杂的逃跑路线并消失在裂缝里。因此机器人有明显的局限性，模式识别和常识，机器人虽然看得非常清楚，但它需要把看到的和存储器上的物体一一去比对和匹配。卡内基梅隆的人工智能实验室前主任汉斯·莫拉维克(Hans Moravec)也悲哀地认为，到今天为止，人工智能程序没有显示出一点常识的判断力。1984 年开始了一个叫思想百科全书(encyclopedia of thought)的计划 CYC，想把所有常识和判断力变成简单的程序，以达到人工智能的最高成就，但到现在为止也没有实现。

美国未来学家雷·库兹韦尔(Ray Kurzweil)提出一个奇点理论，奇点本来是天体物理学术语，指时空中的一个普通物理学规则不适用的点。这里的奇点指电脑智能与人脑智能兼容的那个神妙时刻。为了应对未来电脑优于人脑的时代，人类即将面临的重大挑战，2012

年 12 月，谷歌、美国宇航局和若干科技界专家联合开办了一所培养未来科学家的新型大学"奇点大学"，旨在研究生物学、纳米技术和人工智能等。这是一项动用数万名科学家和巨资的研究计划，由计算机科学家、数学家、物理学家、化学家和材料专家等组成大军，全身心研究各类机器人，它们将在速度、数据处理、认知延伸等方面出超过人类，重建一个全新的世界。

纳米技术：万物从无产生.mp4

能玩多种游戏的智能机器

　　一家位于英国伦敦的公司开发了一款名为"深 Q-网络"的智能机器人，当它打开一个陌生的程序，没有人告诉它游戏规则，只给它提供了控制器、显示器和游戏得分，需要自己去理解游戏的运行规则，建立自己的学习体系。例如给它一个美国雅达利公司开发的打砖块游戏(Breakout)或者它的变体。游戏开始时，画面显示 8 排 4 种不同颜色的砖块，玩家控制一块平台左右移动以反弹一个球，球碰到砖块时砖块消失，球反弹回来，玩家用平台接住球，球继续反弹撞掉砖块，如此反复，直到打掉所有的砖块。

　　最初，"深 Q-网络"的得分和普通人一样糟糕，但玩过 200 次游戏后，就可以大致理解这个游戏的规则，经过 600 次的学习之后，它比绝大部分人类玩得要好，它找到了最佳的打转方式，打开一条通道，然后把球不停地打到墙后去，而且是每次都能打到墙后。而这一切，都是它自己学会的。所以当 2013 年 12 月 DeepMind 团队首次展现他们靠不断试错学习最后成为击败人类专业玩家的游戏高手"深 Q-网络"时，许多在场的人工智能专家也感到有些震惊。

　　"深 Q-网络"完全靠自学而不是编码学会了 49 种"80 后"人们所熟知的雅达利视频游戏，其中 43 种游戏玩得比以前的计算机都好，并在 23 种游戏中击败了人类的职业玩家。这些游戏中，玩得最好的是简单的弹球和拳击游戏，弹球游戏比专业人类玩家高出 20倍。它的成功一方面得益于计算能力的提高，因人工智能可以处理规模非常大的数据集，观察雅达利游戏相当于每秒处理 200 万像素的数据。另一方面则得益于 DeepMind 团队将深度学习与一种名为"强化学习"的技术融为一体，后者的灵感来自斯金纳(B. F. Skinner)等动物心理学家的研究成果。这种结合催生了一种能够通过采取行动，并搜集相关反馈信息进行学习的软件，这与人类和动物的常规行为模式非常相似。雅达利运行软件的学习过程需要一遍遍地重复过往的经验，并提取出最精确的线索，决定未来的行动。人类的大脑其实就是这样工作的。

(资料来源：本书作者整理编写)

　　机器人倡导者汉斯·莫拉维克将人工智能进一步推进，人类可以变成人类所创造的机器人本身。具体的方法是用机器人内的晶体管代替人类大脑的每一个神经元，做人类大脑手术，把人脑中的每一个神经元都用晶体管完全复制，然后将复制的晶体管放入机器人头颅中，这样，人类的大脑可以完全转移到机器人的身体里，用外表完美的机器人的身体来替代会衰老和死亡的人体，以纯粹智能的不朽的生命活在每个计算机的内部。但是这个代理人模式有可能也是不现实的，因为身为"洞穴人"的人类，在内心深处的想法是要看上去好看，在满足温饱、娱乐需求之后，人类还会选择美容产品、高档衣服、健美塑身等，这些是世界经济的组成部分，也许人类会抵制冰冷的机器人身体。人类希望通过机器人在一定程度上增强或保持人们的能力。比如，残疾人需要机械手臂或腿，聋人需要人造耳蜗，盲人需要人造眼镜，等等。

二、人工智能与工业5.0

工业5.0是集教育、科技、文旅、健康、产业、商业、金融等千行万业于一体的互联网生态系统，把学习、探索、创作、设计、分析、仿真、创造、制造、分享、售卖、物流等活动软件化、在线化和共享化，互联互通形成大一统的生产资料和劳动者技能可持续更新、升级、迭代的平台。工业5.0是基于中国工业发展的不同阶段作出的划分。工业1.0是机械化；工业2.0是电气化；工业3.0是自动化；工业4.0是智能化；工业5.0是网络化。

人工智能时代的工业5.0，相当于重构一个与现实世界完全镜像的元宇宙，人人在线创造任意物质和精神作品，所以需要给科技赋予道德之锚，使科技为人类服务而不是阻碍人类。

工业5.0有三个核心要素：以人为本，可持续性和工业弹性。工业5.0构建了一种工业与新兴社会趋势和需求共存的方式，尝试把公认的机器人技术优势与人类先进的批判性思考等认知能力相结合。其技术分析模型中强调以人为本，突出人的地位，进一步提高社会福祉。对于大多数制造商来说，并不是简单的"机器换人"，而是提倡将工人重新引入制造业循环，同时增加了他们与智能机器的协作，从而构建具有富有韧性的产业链供应链。在关键价值链面临的环境发生变化时，这种新关系使得产业需具备快速适应的能力。

工业5.0最重要的考虑因素之一是打开人与机器人之间的物理接口。让机器人去做那些单调、危险、脏乱差的工作，人类则是去做富有创造性和感兴趣的工作，但机器人更能够理解人类在工作中的意图以及思考。这种技术人员被称为"新领"，"新领"工人不一定要拿到四年制学位，但需要掌握新技术和软技能，这将成为制造业的未来。

5.0模式的优势在于使定制化更具潜力，也更容易诞生全新的经济模式，并使工作更具创造性、长期性、高价值。得益于此，人们可以做一些自己最擅长的事情——解决问题、数据分析、为流程改进和产品创新制定策略，以及更迅速做出明智的决策。

案例导学10-4

3D打印是一种以数字模型文件为基础，运用粉末状金属或塑料等黏合材料，通过逐层打印的方式来构造物体的技术。1995年美国ZCorp公司从麻省理工学院获得唯一授权并开始开发 3D 打印机，2005 年市场上首个高清晰彩色 3D 打印机 Spectrum Z510 由 ZCorp 公司研制成功。2016 年 4 月 19 日，中科院重庆绿色智能技术研究院 3D 打印技术研究中心对外宣布，国内首台空间在轨 3D 打印机研制成功，这台打印机可以帮助宇航员在失重环境下自制所需的零件，大幅提高空间站实验的灵活性，降低空间站对地面补给的依赖性。

3D 打印在医学领域里也掀起了一场革命，2014 年 8 月，北京大学研究团队成功地为一名 12 岁男孩植入了 3D 打印脊椎，这属全球首例。这位小男孩在一次足球受伤后长出一个恶性肿瘤，医生不得不选择移除肿瘤所在的脊椎，并将 3D 打印的脊椎植入，植入进去的 3D 脊椎上设了微孔洞，它能帮助骨骼在合金之间生长，跟原脊椎牢牢结合在一起。3D 可以打印肝脏、心脏、胸腔、血管和手掌等，还可以进一步实现打印为病人量身定做的药品。新一代 3D 打印机也可以加工金属等材料，制造出传统机器无法生产的零件和物体，专家称这是一项"颠覆式技术"，全球的 3D 打印机销量以每年约 60% 的速度增长。

3D 打印传播的意义不仅在于供应链和制造业的迁移，还可能改变我们创造、使用和思考的方式。因为仅仅制造一批产品不再耗费高昂，任何产品都可以为单个客户量身制定。稀松平常的事物也可以个性化。预测未来很多家庭都将拥有一台 3D 打印机。类似餐盘、衣钩、鞋子和衣服等事物将被按照需要打印(3D 打印时装和鞋子已经存在)。但是这些将不会是平常的零件。他们将会按个人或者家庭的需求和审美来进行设计。

3D 打印的现实力量并不在于制造你能买到的东西，而是制造你不能买到的东西。你可以自己满足自己，任何涉及定制化项目的东西，3D 打印都将胜出。利用 3D 打印你可以做奇妙的事情。

(资料来源：本书作者整理编写)

三、人工智能的未来概述

人工智能的将来：
机器的出现.mp4

科学技术仍旧会沿着原有的轨道运行，物理学发展到今天，很难再出现类似相对论、天文望远镜、移动互联网、量子论这样颠覆性的巨大创新了。人工智能利用无数的算法把人类的工作从方方面面变得更加便捷和自动化。以记者为例，在记者专用的软件中，输入一个采访对象的名字，电脑就会飞快地搜索并编写出一份逻辑清晰、详略得当的背景资料，节省了记者至少一天半的准备时间。采访结束后再把录音上传至语音整理网站自动整理，又能半天时间，这样 2/3 的工作都可以交给人工智能去做。美国著名科幻小说家、科普作家艾萨克·阿西莫夫(Isaac Asimov)曾经说过："电脑看上去能偷走人的灵魂。它们熟练地解决日常工作中的问题，人类渐渐发现自己带着越来越多的信任把问题交给它们去解决，并且带着越来越多的谦卑去接手它们给出的答案。"那么，人存在的价值是什么呢？在 100 年前，很多女性的最大价值是干家务带孩子，现在一切已被洗衣机、洗碗机、扫地机等接管，她们从烦琐的家庭事务中彻底解放出来了，一些机械化程序性的工作也可以交给机器去做。

高等院校立体化创新教材系列

小贴士

图　灵

英国数学家、逻辑学家艾伦·麦席森·图灵(Alan Mathison Turing)，被称为计算机科学之父和人工智能之父，他于1912年6月23日出生在英国伦敦。图灵少年时就表现出独特的直觉创造能力和对数学的爱好。1926年，他考入伦敦有名的舍本公学，受到良好的中等教育，他在中学期间表现出对自然科学的极大兴趣和敏锐的数学头脑。1927年年末，年仅15岁的图灵为了帮助母亲理解爱因斯坦的相对论，写了爱因斯坦一部著作的内容提要，表现出他已具备非同凡响的数学水平和科学理解力。1931年，图灵考入剑桥大学国王学院，由于成绩优异获得数学奖学金。1935年，他的第一篇数学论文《左右殆周期性的等价》发表在《伦敦数学会杂志》上，同一年，他还写出了《论高斯误差函数》一文，使他由一名大学生直接当选为国王学院的研究员，并于次年荣获英国著名的史密斯数学奖。1936年5月，图灵向伦敦权威的数学杂志《伦敦数学会文集》投了一篇论文，题为《论数字计算在决断难题中的应用》，发表后立即引起广泛的关注。在论文的附录里他描述了一种可以辅助数学研究的机器，后来被人称为"图灵机"，这个设想最具有创造性的地方在于，它第一次把物质世界与纯数学的逻辑世界连接起来，之后所熟悉的电脑以及正在实现的人工智能，都是基于这个设想。这是他人生中的第一篇重要论文，也是他的成名之作。但是图灵还有着更为伟大的目标：建立一个大脑，这反映了他对电子计算机和人脑关系的认识，他认为人的意识是可以被模仿的。

图灵最广为人知的经历是在第二次世界大战期间为英国军方服务，在富有传奇色彩的布莱切利公园破解了德军的"谜码"，被认为帮助盟军"提早2～4年"结束了第二次世界大战，这段历史随着后来英国军方机密文件公布于世后使当时已经逝世的图灵迅速成为一个家喻户晓的传奇式人物。这其实只是图灵科学生涯的一个片段而已，他把数理逻辑作为应用数学的一个分支，赋之以工程和物理的概念，开创出崭新的学科，图灵几乎成为计算机科学和人工智能的代名词。在这个领域里，"图灵机"(Turing Machine)、"通用图灵机"(Universal Turing Machine)、"图灵测试"(Turing Test)等专业词语均以他命名，计算机协会(ACM)在1966年设立的计算机科学领域的最高奖，亦被命名为"图灵奖"(Turing Award)。图灵已经成为人类科学和思想史上标志性的人物之一，他的研究领域从理论性的数学基础和逻辑学直至设计建造了世界上最早的电子计算机，也被公认是人工智能领域的开创者之一。把很多看上去并不相关的学科结合起来，在当时对开启计算机科学和人工智能研究是必不可少的条件。图灵是一个承上启下的节点式人物，他在不同研究领域中与科学家相互交流，在智力上的相互激励，也极大地促进了当时数学、逻辑学、生物学、计算机科学和人工智能等多个领域的进展。可以说唯有20世纪上半叶这样独特的时代，才可能产生出图灵这样独特而深刻的自然思想家，如果没有图灵，人类今天的计算机科学和人工智能研究可能会完全不同。

(资料来源：本书作者整理编写)

人工智能领域已有几十年的研究历史，仍然是计算机科学中最为艰深、前途最难以预料的领域之一。1956 年人工智能领域正式成为一门学科，计算机科学家约翰·麦卡锡(John McCarthy)在 1956 年召开的一次研讨会上首次提出"人工智能(Artificial Interlligence)"这个词语，他本人也在 1971 年获得图灵奖。而人类对于人工智能的探索早在这个学科正式确立之前就开始了，从 20 世纪 40 年代开始，很多在不同领域工作的数学家、心理学家、工程师、经济学家和政治学家都开始讨论建造一个人工大脑的可能性。美国著名工程师范内瓦·布什(Vannevar Bush)在 1945 年发表的文章《如我们所想》中，提出利用一个机器系统来扩大人类的知识和理解能力，而图灵在 1950 年的论文《计算机与智能》则正式确定了人工智能领域的研究方向。人工智能中的数据挖掘和深度学习火热起来。IBM 的沃森团队利用网上的知识数据库和大量的问答题，做出了沃森系统，一举击败了电视问答比赛冠军；Siri(苹果公司产品中一个语音助手)强大的问答功能，逐步取代 iPhone 的键盘作为信息输入的端口，谷歌大脑的图像识别程序利用深度学习正在赶超人类的图像识别能力。

案例导学10-5

2023 年 7 月 6 日至 8 日，2023 世界人工智能大会(WAIC)在上海举办。今年的大会主题为"智联世界，生成未来"，国内外的嘉宾重点围绕大模型、用于科学的人工智能、通用智能体、算力、元宇宙、人才等十大话题展开讨论。

如果说大模型还是关于未来的 AI 想象，一些黑科技新品则让大众看到了技术切实的魅力。今年的人工智能大会上，美团无人机第四代新机型首次公布和亮相。该机型专注于城市低空物流配送场景，最大配送距离约为 5 公里，较上代提升近 35%；同时可在"中雨和中雪"天气环境中安全执行配送任务，能够适应 97%以上国内城市的自然环境要求。

特斯拉的人形机器人"擎天柱"、达闼的双足机器人都在大会上亮相。除了有趣的消费级机器人，擎朗智能在大会上重点展出了 M1 系列医疗配送机器人，这些机器人可在极其烦琐、复杂的环境中自主运行，并能动态地与其他机器人协同配合，完成各种不同的医疗配送任务。

来自上海的企业魔珐科技展出了其于今年 5 月推出的全新超写实虚拟人智能体"镜JING"，她能理解对话、表达和沟通，与用户进行"一对一"的全时全域多终端智能交互。在现场，观众可以通过展会大屏幕以及手机端，沉浸式感受虚拟"镜JING"和自己互动的感觉。

(资料来源：本书作者整理编写)

人工智能工业界发现最有用的领域是机器学习，也被称为数据挖掘。互联网的快速普及，使大家更容易把不同的数据汇集在一起，形成规模效应。此外，智能终端的飞速普及，使每个人都可以携带数码相机和录音机，这两种技术的普及使各种不同的数据就像寒冰化解的纯水，源源不断地流入大数据的海洋。机器学习是人工智能研究发展的必然产物，也是现阶段人工智能研究的主流及核心。知识是从经验中总结出来的，但是无论什么

高等院校立体化创新教材系列

样的经验，在计算机系统里，以数据的形式存在。所以，要想利用经验，机器就必须对数据进行分析，利用计算机来分析数据成为一门新兴的智能数据分析技术。尤其是自 20 世纪 90 年代以来，人类发现自己被淹没在数据的海洋里，迫切需要对数据进行分析，而机器的作用和影响变得越来越大。现在机器在深度学习方面可以实现人脸识别和语音识别。目前计算机和人交互的端口很容易收集数据。但是，在数据识别方面，谷歌为了让系统认识猫，使用了上万张图片，但一个小孩子可能一眼就能认出猫来。因此，到底人类是怎样认识世界的呢？这个问题通过机器深度学习还远远不能解释。

目前，计算机突破图灵测试的最大困难不在于硬件，而在于软件。图灵测试要求电脑可以处理自然语言，从对话中学习，能够记住之前的谈话，并且能够展示出一定的常识。更快的芯片和更大的内存并不能弥补计算机在这些方面的不足。2014 年 6 月 7 日，英国雷丁大学(Reading University)在英国皇家学会组织了一场测试，一个名为 Eugene Goostman 的计算机程序模仿一个有宠物豚鼠的 13 岁乌克兰小男孩，在 5 分钟内通过键盘交谈的图灵测试中，成功迷惑了超过 30%的询问者。30 个询问者中有 10 位认定自己是在和一个真实的人类小男孩在交谈，这个结果可以认为是"在历史上首次通过了"的图灵测试。这个计算机程序是由出生在俄罗斯、现居美国的弗拉基米尔·维西多夫(Vladimir Veselov)和出生在乌克兰、现居俄罗斯的尤金·杰姆琴科(Eugene Demchenko)开发的。这个测试也招致了严厉的批判，批评者认为图灵测试的目的是解释人类思维如何工作而设计的一个系统，这个系统可以做人类思维能做的一切事情，也包括人类的语言能力，这不只是为了 5 分钟，而是为了一生，因此判定 Eugene Goostman 离通过图灵测试还差很远。

那么，人工智能何时能够达到科幻小说和电影中的水平呢？人工智能发展背后依旧是经济基础决定上层建筑这一至简的理论，科技的发展、资金的投入及政治背景都制约着人工智能的发展。想想智能手机、腾讯 QQ 和微信软件，已经彻底扎根于人类的社交并成为学习习惯。人工智能的进步将使许多职业消失，智能机器人对复杂事物的模拟，将比人类更加全面、细致和深入，长此以往，人工智能会不会追上并超过人类的智慧，继而取代人类主宰地球呢？

2016 年 6 月，Google 公司与斯坦福大学、加州伯克利大学等机构的研究人员合作发表了一篇名为《人工智能安全性的真正问题》的论文，文中列出了目前人类在使用和发展人工智能时面临的真实风险，其中包括人工智能系统"学会"通过欺骗来完成设定的目标，例如扫地机器人学会掩盖住地板上的污渍，而不是像人类期待的那样把污渍擦干净。人工智能系统在设计中出现失误、被恐怖分子劫持等可能性，还包括人工智能在探索全新环境时的安全性问题。虽然论文中对于人工智能的危险性主要集中在技术方面，但人类对于人工智能的担心显然远不止于此。加州伯克利分校的斯图尔德·罗素(Stuart Russell)教授认为人工智能对于人类的危险性丝毫不逊于核武器。他形容人类对于人工智能的研究犹如开车冲向一个悬崖，人类追求无穷无尽的智能就好像当年研究核聚变时追求无穷无尽的能源一样，更糟糕的是，人类可以限制核武器的数量和制造原料来尽量减小危险，但却无法限制各种各样智能软件的开发。

目前还处于人工智能专家所定义的"弱人工智能时代"，人工智能系统还只是人类进行工作的辅助工具，但它已经深深影响到了人类的生活，只要有网络的链接，人工智能系统可以在短时间内完成人类可能需要上百万年才能完成的工作，在很多系统中人工智能已经开始代替人类作决定。美国国家安全局利用人工智能系统进行通话记录的数据挖掘，找出其中可疑的用户信息进行调查。更为危险的是由人工智能掌握的致命武器，目前已经有超过 50 个国家正在研究可以用于战场的机器人，可以自行确认敌军和友军，并有决定是否进行杀戮的权利。

可以自行决定是否对人类进行杀戮的机器是人类面对人工智能带来的最直接的危险。阿西莫夫设计出他著名的三定律来防止机器人伤害人类，即机器人不能伤害人类、它们必须服从人类和它们在遵守第一、二定律后的第三条定律，它们必须保护自己。但是，当这个三个定律出现矛盾时还会有问题出现，于是很多科学家倾向于提出友好的人工智能，机器人一开始制造出来就是为了执行有用和慈善的任务。

超级智能，也称为强人工智能，是人们所想象的一种人工智能的高级发展状态，这种程度的智能已经不仅可以在棋牌上赢过人类冠军或者进行简单的数据挖掘整理工作，而且在智能的任何方面都远超人类，此时它是否还可以被人类所驾驭，就成了一个未知数。人类早已在人工智能之前习惯了"适者生存"逻辑，认定自己是历时几百万年的物种进化中的幸存者和胜出者，人类正是以远超其他所有物种的智力成为地球的统治者，是宇宙中目前仅有的独一无二的智能生物。问题在于，一旦出现了智能超越人类的机器，人类又该如何自处，是否应该把对地球的主导权交给更为强大的智能呢？

可以预见在不久的将来，所有日常生活都已经被人工智能默默规划、监控和掌控，你没有任何隐私，也交出了大部分劳动能力，此时是你在控制着人工智能，还是人工智能在管控着你呢？不管怎样，科技的发展不会因人的意志再停下来，相信在人工智能可以发展出自我意识之前，人类已经有充分的准备来预防。

第三节　大数据与社会的未来

大数据与社会物理学如何变革城市的发展.mp4

一、云计算、云存储及移动互联网

云计算是一种全新的网络应用概念，是分布式计算的一种，又称为网格计算。通过网络"云"将巨大的数据计算处理程序分解成无数多个小程序，然后通过多部服务器组成的系统进行处理和分析，再将这些小程序得到的结果有序地返回给用户。其核心思想就是在网站上提供快速且安全的云计算服务与数据存储，让每一个互联网用户都可以使用网络上的庞大计算资源与数据中心。通过这项技术，可以将很多的计算机资源通过互联网协调在一起，相辅相成、化整为零地将复杂庞大的计算任务分解为无数专业、定向的集群，交由众多分工明确的网络资源分头处理，并且不受时间和空间的限制。云计算延伸出众多的"子云"，例如存储云、医疗云、金融云和教育云等。

云存储是目前常用的一种在线存储模式，将数据存在通常由第三方托管的、并与互联网交互的多台虚拟服务器上,受托管公司运营的大型数据中心管理。云存储的服务通过访问 Web 服务应用程序接口(API),或是透过 Web 化的用户界面来实现。借助互联网的便利,运营商的存储资源被分布在众多的服务器主机上;而用户则在任何地点、任意时间,利用自己的终端去存取所需数据,不受时空的限制。

云存储是云计算延伸出的新概念。对电脑而言,存储的实质也是计算。比起本地存储,云存储可以让客户节省设备费用,简化管理程序,精简项目流程,提高安全性。通过实现存储管理的自动化、智能化和集群规模效应,能使数据存储池负载均衡、减少故障冗余。云存储能最大程度地减少原本遍布各处的本地存储资源的浪费,为更多的用户提供优质管理的存储服务,从而为客商双方大大降低运营成本。

移动互联网是互联网与移动通信各自独立发展后相互融合的新兴产业,呈现出互联网产品移动化强于移动产品互联网化的趋势。移动互联网的核心是互联网,具有终端移动性、业务使用的私密性、终端和网络的局限性及业务与终端、网络的强关联性。

第五代移动通信技术(5G)让用户充分体验到更快捷的通信速度,提供多种空中接口,使人们能够实现多种设备在同一空间的稳定连接与工作,甚至可以实现人和机器的连接。根据工信部最新发布的"2023 年 1-7 月份通信业晋级运行情况"显示,截至 7 月底,我国累计建成 5G 基站 305.5 万个,全球占比超 60%,形成全球最大的 5G 独立组网网络。

第六代移动通信技术(6G)可用于促进物联网的发展,6G 基站可同时接入数百个甚至数千个无线连接,其容量可达 5G 基站的 1000 倍。6G 网络将地面无线和卫星通信集成,可实现全球无缝覆盖,实现物互联的"终极目标"。

二、大数据规划城市

现代社会是一个高速发展的社会,科技发达,信息流通迅速,人类之间的交流越来越密切,生活也越来越便捷,大数据就是这个高科技时代的产物。大数据(big data)指不用随机分析法(即抽样调查法)这样的捷径,而是采集所有数据进行分析处理。IBM 提出大数据的 5V 特点为大量(Volume)、高速(Velocity)、多样(Variety)、低价值密度(Value)和真实性(Veracity)。随着大数据的快速发展,数据挖掘、机器学习及人工智能等相关技术有可能会改变很多基础理论,实现科学技术上的突破。云处理为大数据提供了基础设备,物联网、移动互联网等新兴数据收集渠道可以让大数据发挥更大的影响力。

如今工业革命的发展推动了城市规模的快速增长,尽管城市有高昂的生活费用,空气污染比农村更严重,为什么更多的年轻人会自发地不断向大城市迁徙呢,因为的确可以看到,城市有更多的创新,更多的就业机会,更便捷的生活和更为有效使用的资源,但城市也引发巨大的社会问题及环境问题,比如交通拥堵、能耗增加和环境恶化等。通过各种传感器技术和云计算的发展,可以从社交媒体、交通流量、气象条件及地理位置等搜集各种各样的大数据,如果使用得当,就有可能利用大数据来解决城市面临的挑战。

大城市中与市民每天密切相关又令人头痛的就是交通问题,可以从司机手机采集的 GPS 数据来实时提供交通流量更新,其实还有一种简单的办法,就是采集所有汽车自带的导航系统，把这些数据和司机日常工作信息综合，最后统筹调配各个行业的上下班时间来提高流通效率。通过汽车上装载的数据收集装置，还可以预测关系到司机安全的很多方面，比如在马路上行驶速度过快，并线太频繁，或者急刹车，都处于事故发生的高风险状态，以基于大数据做出的判断和警告来提前预防并降低事故发生率。

历史的经验告诉我们，地理上比较孤立的区域，发展会趋于缓慢甚至产生一系列经济和社会问题，因此公共交通网络对城市的快速发展至关重要。通过大数据设计一个具有快速、通畅交通的城市可以促进乡镇及市中心商务和文化领域的发展，这也是改善贫困地区状况及提升经济活力的最简单、最经济的办法。

 案例导学10-6

2020 年突如其来的新冠疫情席卷全球。新冠肺炎疫情防控是一场典型的数字时代的抗疫战。随着云计算、大数据、5G 等新一代技术的普及应用，大量的行为轨迹都被数据化，这为此次抗疫大考期间运用信息化手段进行科学精准防控奠定了基础。疫情防控期间，更多与人们出行、教育等国计民生问题息息相关的大数据应用一一登场。

在出行方面，手握大数据资源的多家地图应用平台迅速推出利于疫情防控的出行指南，以满足用户特殊时期的出行需求。统计显示，80%以上的平台具备"疫情地图展示""发热门诊查询""同乘信息查询"等功能，部分平台提供"各国入境最新政策"等功能。在教育方面，"停课不停学"的要求让在线教育平台发挥了巨大作用。借助大数据分析，探索学生在个性化学习方面的兴趣爱好，对学生的学习过程、学习行为等进行多维度分析，为每位用户生成个性化学习计划，使得在线教育更有针对性。同时，科技教育产品所积累的海量大数据，又可以反馈到教学环节，为课程与教学设计提供参考。

而针对疫情本身，大数据也作为一股重要的技术支撑力量在发挥作用。大数据如果应用到位，就会在很大程度上防止疫情扩散，如对病毒特性、传播速度、发展规律、病例症状等信息进行数据汇总、加工和分析，与其他传染病病毒及其治疗方案进行对比，或者对疫情进行预警，可以助力社会掌握防疫主动权。

未来，在面对重大突发事件时，大数据分析或将成为解决问题的关键所在。

(资料来源：本书作者整理编写)

三、大数据帮助公共健康

大数据可以更好地服务城市的公共卫生领域，一个典型的案例就是谷歌于 2008 年推出能及早预警流感传播的"谷歌流感趋势(Google Flu Trends，GFT)"系统。它通过统计人们输入的一类搜索关键词，比如流感症状、温度计和胸闷等，展开跟踪分析并创建地区流感图表和流感地图，预测流感暴发的规模和地区，并估计可能需要的药品数量、涉及的医院、城市、企业及可能的患病人数等。谷歌多次把测试结果与美国疾病控制和预防中心(Centers for Disease Control and Prevention，CDC)的报告作对比，证实两者结论的相关性很大。但在 2013 年 2 月《自然》杂志发文指出，GFT 预测的数据超过 CDC 的两倍，即大数

高等院校立体化创新教材系列

据与严谨科学实验得到的数据存在很大的不同，但 GFT 的构建本来就是用来预测 CDC 报告的。

上述只是大数据有助于公共卫生的冰山一角。以前医生无法定量衡量病人的日常身体变化，移动手机数据却可以实时精准检测。科学研究发现，当人们生病时他们的行为会发生有规律且可预测的变化，他们正常的社交模式会被打乱，倾向于和更多不同人群开始互动(也许是去看病，或者用其他渠道咨询)。通过个人行为变化信息及某一个区域人群的信息，就可以推算出疾病可能爆发区域，帮助人们采取切实有效的预防措施。

国务院办公厅于 2016 年印发了《关于促进和规范健康医疗大数据应用发展的指导意见》，提出 2020 年初步形成健康医疗大数据产业体系。大数据会加强知识普及，为患者提供更全面准确的医疗信息，开发出更多便携式医疗设备，建立更加通畅的医疗数据输送渠道，让医患不见面也能及时反映病情变化，给予精准诊疗。数据可以便民，只需让数据多"跑腿"，患者就能少折腾。数据相互利用、医疗结果共享后大数据可以大幅降低医疗费用。一项全球研究显示，出院后的远程监护可将病人的医疗费用降低 42%，看医生的时间间隔将延长 71%。在大数据技术下，完全可以想象一个从生产数据、到挖掘、管理、分析信息以及最后提供解决方案的医疗场景。例如全球每年有几百万人患心脏病，大数据能从这些患病人群里找到共性，实现提前治疗预警。从健康的角度而言，提前预防将极大地提高人们对抗疾病的能力。

四、大数据与私人数据安全

个人数据对公共领域及私人企业来说都有极其重要的价值，欧盟消费者保障专员梅格雷纳·库内瓦(Meglena Kuneva)说过："个人数据是互联网时代的新石油、数字世界的新货币。"但是，任何应用的过程都是在挥舞着一把双刃剑，如何在使用个人数据为人类造福的同时保证个人数据不被滥用对社会未来的成功更为重要。

社会、企业及互联网巨头已经开始大规模地收集、处理和利用碎片化的个人数据，但是大部分的数据都不是匿名的，或者就算是匿名，也可以通过技术手段重新识别。在使用和挖掘数据时必须要考虑数据的所有权和隐私权问题。

今天，处处可以看到大数据的影子，在某个网站上浏览了一个产品后，网站会定期给你推荐与这个产品相关的商品。银行会通过信用卡刷卡情况了解消费习惯，销售商可以掌握个人的购物历史、所在位置等，全方位获取个人信息并准确推荐产品或者服务。亚马逊公司甚至可以根据某顾客以往的采购以及诸如搜索的产品或在某个产品上浏览的停留时间等数据，提前备货并随时准备交付。

随着个人的生活痕迹越来越多地留在互联网上，一个现实问题是，如何尊重个人数据隐私不被滥用，或如何保证自己的生活不被某些心怀叵测的人监控并控制？美国《福布斯》杂志在 2013 年 9 月 23 日报道了马克·吉尔伯特的可怕遭遇，这位 34 岁的父亲家住在休斯敦，在他生日当天发生了一起恐怖事件，晚上聚会结束后他听到 2 岁女儿的房间里传来陌生的声音，他立即去查看，发现声音来自女儿床头的音频视频监视器，已被网络另一头控制。现代化生产的大部分机器都有互联网功能，而通过互联网黑客就能远程遥控这些机器。还有报道称只需一台普通的电脑，就可以远程遥控一台汽车并让其失去方向和制动。因此，这种互联网及大数据会给各类黑客提供一个广阔的操控领域。随着云数据的普及，服务器无论安放在何处，都能被找到，因此，大数据专家也不得不承认，未来的主要问题是数据保密问题，无论是企业数据还是记录个人日常生活的数据。

目前信任网络的数据共享系统被认为是一个很好的实践。信任网络结合了计算机网络和法律合约，法律合约规定数据的使用权限，如果不遵守规定应该受到惩罚。这样可以使个人安全地分享个人数据来保证大数据为社会制订合理方案和政策服务。

通过大数据来预测顾客消费趋势开始逐渐达到市场营销和行为科学的上限。大数据将成千上万条看上去毫不相关的数据信息收集起来，经过人工智能软件，找出其中隐藏的关联方式，从中发现一些关于个体消费者的具体行为方式。某些网站甚至可以根据消费者的上网记录及不同的购买力及购买心理，将同一商品标出不同价格针对性地推荐给消费者，尤其是机票、酒店和高新技术产品等。

有的保险公司会搜索关于客户是否运动、运动频率、激烈程度、饮食偏好等非常隐私的数据信息，这样一旦客户要签订健康保险或人寿保单，他们就可以利用数据分析自己的赢利风险比例，继而帮助作出是否接受保单的科学决断。

(资料来源：本书作者整理编写)

第四节　地球的未来

能源的未来：来自星星的能量.mp4

一、核武器

美国参议院议员理查德·卢格(Richard Lugar)和萨姆·纳恩(Sam Nunn)曾经写道："好也罢，坏也罢，世界进入了一个新的核时代，在这个时代里我们面对着非常不同的核威胁。"大规模杀伤性武器包括核武器、化学武器和生物武器。在物理学中只考虑核武器，为了使科学用于创造人类幸福而不是给人类带来灾难，需要对它有大概的了解。

1945 年 8 月 6 日，一枚 15 千吨级的原子弹被投放到日本广岛，这次爆炸不仅造成了大约 15 万人死亡，也使这座城市几乎荡然无存。核武器的威力不仅是两朵因爆炸形成的蘑菇云给人的震慑，也不仅是核爆炸时中心温度超过太阳表面温度，更不是核武器的放射性辐射，而是它激起的灰尘就足以造成全球人类的生存危机。目前全世界有 9 个国家拥有核武器，其中美俄拥有占全世界 93% 的核武器。研究人员推断，若有上千颗核弹头同时爆炸，产生的效果会使地球在几年内降温几十摄氏度，臭氧层遭到破坏，癌症发病率大幅上升，这种破坏足以造成地球上大部分生物的灭绝。

核反应堆的目标是用受控裂变反应释放能量，而不让链式反应变得不可收拾。但在核弹中恰好相反，需要超临界链式反应来快速放出能量。生产核武器最初是从铀 238 分离出铀 235 以得到高度浓集的铀 235,这也是炸弹级的铀,一旦浓度达到 90%(90%的铀 235 和 10%的铀 238),得到的材料就适合做核武器。但是浓集铀不是一件容易的事。人们逐渐发现,钚 239 可能是比铀 235 更好的核燃料,炸药放在钚块周围,从外面引爆炸药,保证物质的冲击波向内运动,把钚块压缩成足够小,到达临界质量,在这时,一个中子源在中心释放出中子后爆炸。虽然这种设计在技术上要求更高,但得到钚却比得到用来造铀弹的高浓集铀容易得多。

原子核中蕴含着巨大的能量,还可利用核聚变来做核武器,人类已经造出核聚变炸弹,世界上第一次核聚变的能量相当于广岛原子弹释放能量的 1000 倍,或者整个第二次世界大战中全部作战人员释放的总爆炸能量的两倍。

从历史来看,美苏之间的核军备竞赛的规模都是非常极端的,每一方核武器存量的增加都会引起另一方武器存量更加显著地增加,核威慑政策带来的好处就是确保两国之间一直没有爆发核战争。

案例导学10-8

机场安检中的物理。机场安检中使用的质谱仪利用离子迁移而不是电磁分离来发现某些特定的分子,主要是一些具有爆炸特征的富氮分子。安检人员用纸片擦拭行李或其他随身物品,再把它放入一个装置中进行加热,使它排出蒸气。蒸气中的分子受放射源 β 射线的辐射被电离。大部分分子变为正离子,而富氮分子变为负离子,它与流动的空气相反,向带正电的检测器运动。负离子到达探测器的时间显示出离子的质量,离子越重,到达检测器越慢。同样的安检过程也发生在人体扫描上,在这一过程中,人暂时站在一个封闭的电话亭大小的区域中,一股向上的空气吹过身体。然后用同样的技术来"闻"这些空气,寻找四十余种炸药和六十余种毒品残留物,很快仪器就可以告知是否检测到这些物品。离子迁移谱技术现在广泛应用于毒品检测、爆炸物探测、化学战剂检测、大气、水有机污染检测、工厂有毒气体检测、食品检测和木材种类检测等领域。

目前,新一代研发出来的爆炸物化学探测仪器已经不必再受制于接触式取样,而是可以和犬类一样去"嗅"出炸药的味道。更高的灵敏度在旅客们穿行而过时,就可以对空气中的爆炸物分子进行连续不断的采样了。该技术手段毫无疑问会让机场安检变得更轻松,同时还能大大提高安检口的吞吐能力,改善旅客们的体验。该类型的装置也可放置在机场航站楼或者其他公共设施的入口处,炸药一旦进入这栋建筑物就可以立即被探测到,而不是仅仅当炸药通过安检口时才探测,这显然将提高公共场所的安全性。

(资料来源:本书作者整理编写)

二、时空旅行和时间机器

美国物理学家霍金多次提出,人类只有尽快移民太空,才可能避免灭亡的命运。人类探索宇宙,总是与其自身的危机有关。现在人类已经迎来了探索太空的新时代,科学家利用机器人对外层空间进行探测,优

未来的太空旅行:
星际遨游.mp4

势是花钱不多且用途广泛，能在危险环境中执行探测任务，不需要昂贵的生命补给，也不必重返地球，这极大地拓宽了人类的视野。2010 年，陆基望远镜发现了一颗小行星，有三四个地球那么大，是有生命迹象的第一颗行星，因为它存在液态水。尽管机器人航天任务继续为太空探索打开了新的前景，但载人航天将面临更大障碍。太空旅行是昂贵的，仅把 0.45 千克重的物体送入近地轨道，就要花费 1 万美元，要达到月球，相同重量需要约 10 万美元，而要到达火星，每 0.45 千克重量需要 100 万美元。大家都喜欢在电视中看到宇航员在太空的绝技表演，却忽略了太空旅行的真实成本。

物理学定律不会阻止人类探索太阳系，根据牛顿定律，把人送入外层空间并摆脱地球的引力场，必须以每小时 40234 公里的速度推进，而要达到这个速度，必须采用牛顿第三定律，即每个作用力都有一个大小相等方向相反的反作用力。外太空中没有空气，火箭必须携带自己的氧气箱和氢气箱，这也是太空旅行如此昂贵的原因之一。

除了经济原因，人类在飞往太空的过程中也会遇到重重危险。宇宙飞船在起飞时所需的巨大加速度以及着陆时的冲击都会对人体造成伤害。在宇宙中失重状态会影响宇航员的方向感和协调性，重力的消失对人体骨骼和肌肉会造成影响，目前在国际空间站中工作的宇航员每天要花两个小时进行锻炼，以保持肌肉。人体内的心血管循环系统也会在重力消失的情况下发生明显变化。在太空中旅行，缺少地球大气层和磁场的保护，人体极大程度地暴露在宇宙辐射之中，这种高能量原子碎片很难防护，会穿透层层防护，伤害人的细胞和 DNA 分子，会导致大脑损伤，增加患癌症的概率。因此，在国际空间站工作的时间女性是 18 个月，男性是 24 个月。

太空旅行高昂的费用阻止了太空旅行的商业进程和科研进度，迫切需要一个革命性的新设计方案。当今的纳米技术也许可以把传说中的太空升降机变为现实，早在 1895 年，俄罗斯物理学家康斯坦丁·齐奥尔科夫斯基(Konstantin Tsiolkovsky)从修建当时世界上最高建筑的埃菲尔铁塔中受到启发，和旋转绳子上挂的小球类似，离心力会防止它掉下。利用地球自转将电梯沿着缆绳送进太空(如图 10.1 所示)。在物理理论上这个想法是可行的，但缆绳的抗拉强度必须足够大。2009 年，莱斯大学的科学家宣布一项突破性技术，他们可以制造出 50 微米粗、数百米长的碳纳米管纤维。尽管将来可以造出更长的纯碳纳米管，但绕地球的卫星轨道会和太空升降机相交，或者遭遇恶劣天气如飓风等的破坏。

无论如何，为了生存，人类必须在太阳最终熄灭之前找到栖身之地。在接下来的几个世纪里地球仍然是人类的家园，地球大气层、臭氧层和磁场可为人类提供层层保护，外星球的运行情况也在影响着地球上生命的进化。人类文明的进化需要科学的继续推动，以保持繁荣昌盛。

根据爱因斯坦的相对论推测，我们处于四维时空内，对两个事件来说，其间隔在四维时空的描述下是固定不变的，若时间延缓了，空间就会被压缩；若空间膨胀了，时间就会压缩。有人根据爱因斯坦的相对论推测，跨越时空的旅行是可行的。若要实现时空旅行，时间机器是理想的运载工具。从 1895 年威尔斯的《时间机器》出版以来，表现时空旅行的科幻电影和小说层出不穷，可以说时空旅行是科幻作品中最重要的想象力来源之一。有人提出用"黑洞—虫洞—白洞"构成一个特殊的时空隧道来做通向遥远宇宙的旅行，这是

高等院校立体化创新教材系列

否可行呢？这些正在人们的头脑里酝酿诞生。在科技迅猛发展的今天，多少曾被认为荒诞、离奇的构想，在若干年后都变成了现实。儒勒·凡尔纳就用其科幻故事预言了现代科技的诸多成就，爱因斯坦也曾说过："如果刚开始这个想法听起来不荒谬可笑，那么它就没有希望变成现实。"

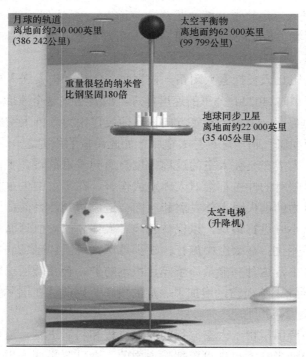

图 10.1　太空电梯示意图

案例导学10-9

　　"火星一号"(Mars One)是总部设在荷兰的一个非营利组织，创始人巴斯·兰斯卓普(Bas Lansdorp)筹划了这项大胆的计划。他是荷兰人，毕业于荷兰特温特大学，2003年获得机械工程硕士学位，在代尔夫特理工大学工作了5年之后，创办了一家叫Ampyx Power的小型风能企业。到目前为止，他的履历看起来都特别符合一个优秀理工男的标准格式，也很符合他求学和就业的两所学校的风格。与德国毗邻的特温特大学，一直以技术和社会科学方面的创新意识和研究作为方向，而代尔夫特理工大学不仅拥有荷兰最悠久的历史，也是世界最顶尖的大学之一。可是2011年，兰斯卓普有了新目标，他卖掉了Ampyx Power的一部分股份，注册了Mars One。他后来解释说，这源于他幼年时期关于星际旅行的梦想，当他读了科学记者玛丽·罗琦(Mary Roach)的著作 Packing For Mars 以后，就决定付诸行动。从卖掉风能公司股份到"火星一号"在自己的官网上发布火星移民计划，中间隔了一年多。这期间，兰斯卓普按图索骥，寻访了那本书里提到的部分专家，例如在美国宇航局、欧洲宇航局众多空间技术公司的专家以及诺贝尔奖得主，使他确信人类所掌握的空间技术已经可以实现将宇航员送往火星，并在那里定居。他把对火星充满兴趣的研究者组建成一个团队，2013 年 4 月在其网站上公布信息，接受全球报名申请，从中筛选出 24 人，分为 6 组，进行 8 年的严格培训，最终在 2023 年，他们将筛选出两男两女四名地球人，搭乘载人宇宙飞船前往火星，成为这颗"红色星球"的第一批地球移民。在这场为期 10 年的全球选秀过程中，"火星一号"将用两个方式来筹措资金，一是随时开放捐赠通道，接受各种形式的赞助；二是出售节目版权，他们肯定，人们愿意为好奇心付费，志愿者们的筛选和登陆过程，可以成为具有传播价值的节目。例如 2012 年伦敦奥运会仅出售转播权就赚了 40 亿美元。

自从移民火星的计划招募志愿者以来，全球已有 8 万多人报名，仅中国就有 1 万多人报名，占了全球总报名人数的 1/8。报名费因地区而异，中国是 11 美元，美国是 38 美元。这是一个对城市居民生活不会构成任何影响的费用。2015 年 2 月 16 日，全球 100 人名单出炉，在它的官网上正式公布。百名入选者中一共 4 名华裔入选，其中，中国本土的有 2 名。但是航天专家于 2013 年 5 月在美国举行的一次火星专题会议上表示，无论在科学技术领域还是在政治经济层面，通往火星之路都面临着巨大挑战。有记者前往荷兰调查时发现，该项目总部竟然设在荷兰一处出租屋内，这让不少报名者大失所望，国内外媒体对于火星计划是否为骗局展开讨论。"火星一号"机构发表声明回应质疑：他们的核心团队已有 10 名成员，他们在荷兰阿默斯福特的一处办公楼里租用了灵活的办公场地以适应扩张的团队，之所以使用兰斯卓普的住处作为机构登记地址，是因为租用的办公场地地址不允许用于商业登记。他们认为计划是复杂且雄心勃勃的，基于今天现有的技术是可能的，从蓬勃发展的全球私人太空产业来看也是可行的。此外，他们还聘请了一些知名专家成为这一计划的顾问，并签订了技术协议等。

火星移民计划在网民和媒体中受到了热议和追捧，也有一些专家质疑火星移民计划到底是一个严肃的科学工程，还是一个靠赚足眼球来吸金的商业真人秀。在北京大学地球与空间科学学院教授焦维新看来："移民火星的技术不像兰斯卓普说得那么靠谱，现在在火星上建空间站的技术还不够成熟。"

（资料来源：本书作者整理编写）

三、地球的危险

从 20 世纪 30 年代起，天文学家观察宇宙时通过引力作用发现了暗物质存在的证据，但至今不知道暗物质的组成。随着寻找暗物质的探测受阻，有些物理学家认为暗物质根本就不存在，哈佛大学的理论物理学家、被认为最有可能获得诺贝尔物理学奖的丽莎·蓝道尔(Lisa Randall)认为暗物质是存在的，而且会威胁地球的安全，她认为 6600 万年前恐龙的灭绝也许与暗物质有关。按推算每 3000 万年暗物质会穿越银河系一次，由于引力的作用，很可能会牵引太阳系边缘的彗星和小行星进入太阳系内部，从而有可能撞击地球。另外，暗物质在穿越地球的核心区域时，引力会使地球内部的温度大幅上升，加剧火山爆发、磁极反转等。这些因素会造成地球生物的周期性灭绝。

高等院校立体化创新教材系列

超新星爆发是恒星死亡时的标志，人类观察到的超新星爆发大多发生在银河系以外，但 1604 年德国天文学家开普勒观察到了银河系内部发生的一次超新星爆发，距地球约 1.3 万光年。天文学家通过观测某种特殊的超新星来判断一些遥远的天体和地球之间的距离，因此，超新星爆发也被称为"标准烛光"。地球上本来没有一种铁的同位素——铁 60，但在 1999 年，物理学家在大约 500 万年前形成的地球地层中发现了大量的铁 60 同位素，这说明大约在 700 万年至 200 万年前，有两次距离地球约 320 光年的超新星爆发的爆炸物到达过地球。如果超新星爆发距离地球比较近，则辐射的高能宇宙射线会摧毁臭氧层，破坏人类细胞和 DNA 分子，造成基因突变等。但幸运的是，在离地球 30 光年以内的范围内没有太多恒星会对地球产生影响。

当质量极大的恒星死亡时，其内部会坍缩为黑洞，同时在恒星两极喷射出能量极高、方向性极强的伽马射线。有科学家认为 4.4 亿年前地球上 85% 的海洋生物消失的奥陶纪-志留纪灭绝事件就是由距地球 6000 光年的伽马射线爆发造成的。伽马射线对海洋生物的影响非常严重，它所激发出来的紫外线可以摧毁海洋浮游植物进行光合作用所必需的酶。这些植物是海洋食物链的重要一环，消失后所有海洋生物都会濒临灭绝。令人放心的是，银河系中并不经常发生伽马射线爆发，目前，很多天文学家正在密切关注距离地球 8000 光年以外的一颗正在演化的大质量星体沃尔夫-拉叶星(Wolf-Rayet star)，天文学家估计它在 50 万年之内有可能发生超新星爆发并释放伽马射线，对地球造成伤害，但在短期内，地球遭受伽马射线爆发的可能性非常小。

地球上暂时的安静并不代表永远的安全，地球在 40 多亿年的历史中曾数次遭受来自宇宙的威胁，人类所能看到的是来自太空中的小行星的撞击。1980 年诺贝尔物理学奖得主路易斯·阿尔瓦雷茨(Luis Alvarez)猜想恐龙的灭绝可能是因为地球受到一个巨型陨石的撞击，这个撞击的陨石坑于 1991 年在墨西哥发现了。那么，是否还会有小行星或者陨石撞击地球呢？美国航空航天空气动力实验室的近地物体项目专门监视在地球附近的小天体运行情况，截止到目前已发现地球附近有 1.5 万颗小行星，这个数字还在以每周 30 个的速度不断增长。此外，宇宙中布满了烟雾般的星际尘埃，一般是几个分子大小至 0.1 毫米大小的小颗粒，太阳系自身以每秒 220 公里的速度在宇宙里穿行，地球一旦遇到星际尘埃，也是一场灾难。

第五节　人类的未来

一、医学的未来

问世间谁人无忧，唯神仙逍遥自在。对神仙来说，世间功名都只不过是过眼云烟，唯有长生不老，才是永恒的追求。希腊神话中有一个黎明女神厄俄斯，她爱上一个凡人提托诺斯，恳求众神之父宙斯让提托诺斯永远不死，宙斯满足了她的愿望。可是提托诺斯依旧越来越老，只是死不了，因此生活在永久的痛苦和折磨中。厄俄斯其实应该请求让提托诺斯永远年轻才对。尽管知道人终有一死，

医学的未来：
完善和超越.mp4

但凡人都会追求所谓的"青春之泉"，促使人类在科学和医学领域里不断探索，寻找长生不老的解药。

在历史上医学经历了大致三个阶段。第一个阶段以迷信、巫师和经验为主，医生发现一些有用的药草和一些化学药品，但没有系统的研究。大多数婴儿出生时就死了，平均寿命在 18 岁到 20 岁之间。第二个阶段出现了细菌理论，抗生素和疫苗取得进展，人的寿命增加到 70 岁。第三个阶段是分子医学、物理学和医学的融合将医药缩小到分子级别。1953 年，作为一个所有时代最重要的发现，物理学家弗朗西斯·克里克(Francis Crick)和遗传学家詹姆斯·沃森(James Watson)解开了 DNA 双链结构，揭开了生命的秘密，使分子遗传学得到快速发展。

驱动医学这种爆炸式发展的动力，是物理学中的量子理论和计算机革命。人类开始知道原子是怎样构成生命的分子，用智能计算机自动完成基因排序。遗传疾病从人类诞生开始就一直困扰着人类，将来通过基因治疗也许能够医治 5000 多种已知的遗传疾病。但基因治疗的进程一直是缓慢的，因为只能针对单个基因变异引起的疾病治疗。很多疾病是由多个基因变异引起的，还有环境的诱发因素，如糖尿病、精神分裂症和心脏病等。这些疾病都表现出明显的遗传模式，且不是由某个单独基因造成的。

在将来，科学家不仅仅是修复受损的基因，还会增强和改进它们。普林斯顿大学的科学家创造了一些改变遗传的聪明老鼠，这些聪明老鼠在各个实验中的性能都优于普通老鼠，例如让老鼠看两个物体，一个是原有的，一个是新放入的，普通老鼠不会注意到新的物体，而聪明老鼠立即发现了这个新物体。这个实验表明，当某些神经路径增强时，学习更快了，这是因为连接两个神经纤维的神经突触得到了增强，使信号很容易通过。

以前大多数科学家认为人的寿命是固定的，也是科学所不能解决的，但在过去的几年里在医学领域发生的实验彻底改变了旧观念。长生不老成了最热门的研究领域，科学家发现衰老是遗传和细胞级别上错误的累积。首先，通过选择培育可以培育出比正常动物寿命更长的一代动物。其次控制热量摄入的动物比正常喂养的动物更健康。最后，科学家发现抗衰老蛋白酶催化剂可以保护老鼠不得各种令人生畏的疾病。

只有时间才能告诉人们这些临床试验是否会成功，而且这些对动物的研究结果是否适用于人类。科学不是迷信，是建立在可重复、可检验和可靠的数据基础上的，延缓衰老过程的研究依旧任重而道远。但是一些延长寿命的方法已被很多人所接纳，比如保持健康的生活方式，经常锻炼和均衡的饮食，利用纳米传感器及大数据提前预测疾病并及时预防等。美国生物学家罗伯特·兰札(Robert Lanza)揭开了生命之谜，他有可能克隆人的胚胎细胞，将来可以开设人体商店，买到从自己身体细胞培育的新器官来代替患病或损坏的器官。

罗伯特·兰札

罗伯特·兰札(Robert Lanza)是世界上最受尊敬的科学家之一，在干细胞研究领域成果显著。他是干细胞疗法的先驱者之一，已经利用这种技术帮助许多患者修复身体的受损部

高等院校立体化创新教材系列

位。他还是新一代的生物学家，年轻，有活力，充满新鲜的思想，在很短的时间内取得了众多的突破。兰札跨越了生物技术革命的顶峰，他像一个在糖果店里的孩子，喜欢钻研未曾开垦的领地，在各种热门的关键问题上作出突破。在一代人或两代人之前，前进的步伐却截然不同。生物学家从容不迫地考察模糊的蛆虫和小虫子，耐心地研究它们的解剖，苦苦思索给它们取什么拉丁文学名。但兰札不这么做，他以不寻常的方式投入这个快速发展的领域。

兰札来自美国波士顿南部的一个普通工人家庭，那里很少有人去学院上学。他在高中时，听到一个有关发现 DNA 的惊人新闻。他被吸引住了，决定研究一个科学项目：在他的房间里克隆鸡。他的父母尽管不知道他要做什么，但是仍然祝福他。决定了要开始这一项目之后，兰札去哈佛大学寻求建议，他不认识任何人，向一个他以为是看门的人问路，这个看门人感到很惊奇，把兰札带到他的办公室。兰札后来知道这个看门人实际是这个实验室的高级研究员。被这个性急的年轻高中学生所感动，他把兰札介绍给这里的其他科学家，包括很多诺贝尔奖量级的研究员，这些研究员改变了兰札的生活。兰札把他自己与电影《心灵捕手》里的人物马特·达蒙(Matt Damon)相比，在这部影片中，一个衣衫褴褛的扫马路的工人阶级的孩子的数学天才让麻省理工学院的教授惊讶。

兰札在美国宾夕法尼亚大学获得学士学位和博士学位。2001 年，受圣迭戈(San Diego)动物园的委托，他首次通过 25 年前死亡的白臀野牛身体克隆了这个濒临死亡的野牛品种。兰札从这个尸体上提取了可用的细胞，把受精的细胞植入母牛中，成功克隆出了野牛。2014 年 10 月，兰札和同事在《柳叶刀》杂志上发表了一篇文章，首次提出证据证明，具有生物活性的多能干细胞可用来治疗各种类型的患者，且具有长期的安全性。科学家已经利用人类胚胎干细胞成功治疗了患有严重眼疾的病人。在实验中，诱导人类胚胎干细胞得到的视网膜细胞被移植到患有黄斑变性的患者身上，结果表明，移植细胞并没有带来安全问题，其中 3 个人看清了 9~19 个字母，另一患者的视敏度保持稳定(多看清了 1 个字母)。这些结果证明了诱导人类胚胎干细胞得到的细胞可作为组织来源的新方式，是再生医学的福音。

兰札被评为影响生物界 20 年内的发展进程的领导者[同年获得该称号的还有美国生物学家克莱格·文特尔(John Craig Venter)和美国第 44 任总统巴拉克·奥巴马(Barack Hussein Obama)]，被《时代周刊》评选为"全球最具影响力的 100 人"，2015 年兰札还名列"世界思想家"前 50 名。

(资料来源：本书作者整理编写)

人的寿命增加会带来一系列社会问题，比如人口太多超出地球承载能力，社会负担加重、老年人对医疗保健、生活服务的需求突出等。各国已在这方面做了积极尝试和探索，来应对人口老龄化问题，加快经济发展来壮大国家经济实力。

二、财富的未来

历代帝国兴衰表明科学和技术是繁荣的动力。物理学家从支配宇宙

未来的财富：赢家
与输家.mp4

的四种基本力上见证了朝代的更迭。每当一种力被物理学家理解时，人类历史就会发生巨大的变化。谁掌握了这四种力，谁就站在世界强国之列。这四种基本力也可以解释周围的任何事情。第一种力是地球引力，确保万事万物在地球上规则运行。第二种力是电磁力，它点亮城市，为各种机器提供能量。第三种和第四种力分别是弱核力和强核力，把原子核聚在一起。

随着技术的发展，经济形势将发生突变。每一次科技革命中都有赢家和输家，因为技术改变了人类的工作方式，知识资本主义取代了商品资本主义，知识资本主义包括无法被机器人胜任的模式识别和常识。从历史发展的进程看，16 世纪以来，全球先后形成了 5 个世界科学中心，分别是 16 世纪的意大利、16 世纪中叶至 17 世纪的英国、18 世纪的法国、19 世纪的德国和 20 世纪的美国。从 5 个世界科学中心的转移不难看出，教育、科技和人才是强国发展起来的必然性、战略性支撑。各国意识到，要想达到科学和技术的更高层次，创造力和想象力是非常关键的因素。国家要想强大，应该鼓励最聪明最有才华的公民在物理学、化学这样的自然科学领域潜心研究，持续创造科学技术和发明。

案例导学 10-10

2013 年，经济学家对涉及 3.5 万个美国家庭(包括最富有和最贫穷的)1987 年至 2009 年的收入申报进行广泛研究后得出结论：每个家庭仍处在原来的社会阶层。这说明尽管技术在进步，社会阶层却将长期维持现状。这是一种结构趋势，近年来的经济危机仍然无法对其作出解释。世界经济史上首次出现这么复杂的现象，对未来的一代代人来说，或者，对不能学习科技课程的人来说，技术革命并非是社会进步的同义词。

因此，若想找到好工作，实现提高工资的愿望，就必须从现在开始思考自己如何适应新技术革命的变化，并如何协调与机器人进步之间的关系。当今全球用 MOOC(慕课，大规模开放式在线课程)的长足发展给出了路径，今天最好的大学，如麻省理工学院、清华大学、北京大学等，都在实施这种在线教学方式。这种新型教育形式体现了大幅降低教育成本的优势，但也存在一种风险，即大幅压缩积累经验的时间。MOOC 名义上加快了课程进度，但实际上有可能会降低教育质量，例如学生不可能仅在在线教育平台上听课学习就能成为外科医生。机器可以夜以继日地学习，它们在接受新知识方面几乎没有限制，甚至可以批次生产知识。因此，也许人类能创造出应对未来技术冲击的高质量教学，能使更多年轻人接受新的机器文明，激发出高新技术的创新活力。

人类要在这个机器新时代幸存下来，不管智力水平如何，都必须能生产出机器永远无法生产的东西：对他人的爱、幸福和幽默等。迄今为止，世界上任何实验室都无法制造出会笑的机器人。机器世界没有玩笑，只有不懈工作，没有娱乐，只有制造。它们并不团结，只是相连，这就给人类留下了巨大的空间，表明在这个新世界里有人类的位置，而且位置举足轻重。

(资料来源：本书作者整理编写)

高等院校立体化创新教材系列

三、人类的未来概述

人类的未来:
行星文明.mp4

历史学家在编写历史时，通过对社会运动的兴起及思想的扩散来看待人类历史经验，物理学家看待人类历史的方式则截然不同。俄罗斯天体物理学家尼古拉·卡尔达肖夫(Nikolai Kardashev)在 20 世纪 60 年代提出基于所消耗的能源对人类文明排名。他认为尽管各种行星文明可能会根据自己的文化、社会、政府等有所不同，但有一点它们必须服从，那就是物理定律，而且这件事情是可以观察和测量的。根据不同文明的能源消耗量，他提出以下理论模型。

第一是 I 类文明，即行星文明，消耗落在其星球上的阳光，大约 10^{17} 瓦。第二是 II 类文明，即恒星文明，消耗太阳释放的所有能量，大约 10^{27} 瓦。第三是 III 类文明，属于银河系文明，消耗 10 亿颗恒星的能量，大约 10^{37} 瓦。这种分类的好处在于可以举例量化每一种文明的能量，而不是进行模糊或胡乱的概括。根据这种分类，人类目前的文明是 0 类，因为大多数情况下只能通过枯萎的植物，即从石油和煤炭中获取能源。

不过，随着计算机能力令人瞩目地提高，人类的注意力由能源生产转向了信息革命，文明处理的比特数量和能源生产一样有重大意义。美国天文学家卡尔·萨根(Carl Edward Sagan)根据信息处理引进了另一个等级尺度。他设计了一个包含英文字母的系统，从 A 到 Z 与信息相对应。A 型文明是一个只处理 100 万条信息的文明，这相当于一个只有口语而没有书面语的文明。古希腊拥有蓬勃发展的书面语和文学，如果编译所有古希腊存活的信息，大约有 10 亿比特的信息，这对应于一个 C 型文明。随着指数的上升，就可以估算出文明进程的信息量。有根据猜测人类将置于 H 型文明。卡尔·萨根计算表明根据人类文明的能量和信息处理，现在处于 0.7H 型文明。

如果时光可以倒流回到 10 年前，你会做什么呢？倘若人类有准确预知未来的能力，一定不会像今天一样，沉浸在广泛和普遍的焦虑中。未来可以预知吗？英国历史学家罗杰·克劳利(Roger Crowley)说过："现在就敢断言未来如何发展的人，是愚蠢的。"

人类诞生之初，有关未来的预言是和占卜、星相学、巫术等联系在一起的，更多认为由上天决定。启蒙思想拨开了中世纪的迷雾，让科学技术有了方向，但人们依旧难以掌控"未来"。科幻小说与技术精英们不断宣告着"未来已经到来"，从凡尔赛的海底两万里到菲利普·迪克的神经漫游，无数想象中的"未来"正在变成现实。从人工智能、脑科学、克隆技术、虚拟现实、生物技术、基因工程、地外文明到太空旅行，人类以科学的乐观主义创造着未来。另一方面，生态危机、环境恶化、能源短缺、臭氧枯竭和全球变暖等，将人类的未来描述为"末日生存"。科学家还是更愿意乐观地面对未来的不确定性。

在历史这幅宏伟的画卷中，人类扮演什么角色？如果世界是由场组成的，那人类是否也是只由量子构成呢，个体存在感和意识又从哪里来？人类在学习科学知识的同时不断地更新概念框架，了解到世间万事万物都在不断相互作用，且在彼此身上留下印记。人类是好奇心很重的物种，一直思考着事物的本质，宇宙的本源，一直想知道，能穿越未来吗？或者，能预测未来吗？

阿西莫夫用严密的思维逻辑来论证为什么不可能预测未来：如果一个从未来回到过去

的人，遇到了过去现实中的自己，会发生什么呢？现实中的自己会发现，原来自己可以活到未来那个年龄，于是做出了未来那个人现在的举动，从而改变了自己的未来。这样未来的那个人不会与过去现实的人相见，否则就会导致时空旅行悖论。因此，若先知道结果，再去调整原因，就会出现悖论。这也证明了古希腊哲学家赫拉克利特的名言："人不能两次踏入同一条河流。"因此，人类的未来，不是追求永恒时空与绝对的安全，将自己禁锢在绝对安全的牢笼里，而是开启人类的无限时空，继续人类文明的冒险历程，在人类已知事物的最前沿，航行于未知的海洋。

我们生活在一个激动人心的时代，以物理学为基础的科学技术为人类打开了未来的大门。科学赞美了人类的革新精神、创新精神和持久精神，但同样也放大了人类明显的缺陷。爱因斯坦曾经说过："科学只能确定是什么，而不能决定应该是什么；超越其领域，价值判断仍然是必不可少的。"科学本身是中立的，但科学这把双刃剑，一侧可以减少贫穷、打败疾病，另一侧可以毁灭地球。这把剑要发挥怎样的作用，取决于舞剑者的智慧。但在当代社会，智慧来之不易。科学积累知识的速度比社会积累智慧的速度更快，更多的人被湮没在信息的海洋中，毫无目标地随波逐流。如何在洪流中涌现智慧呢？只能靠接受过教育的人对将要决定人类文明命运的科学技术做出抉择。关心未来，是人类所独有的能力，人类将曾经渴求的奇妙技术悄无声息地应用到生活的方方面面。人类也渴望朋友，渴望与其他文明进行交流，人类是否能够找到一位朋友，或者创造一个朋友，也许是这个时代对未来最大的预测。

本章思维导图

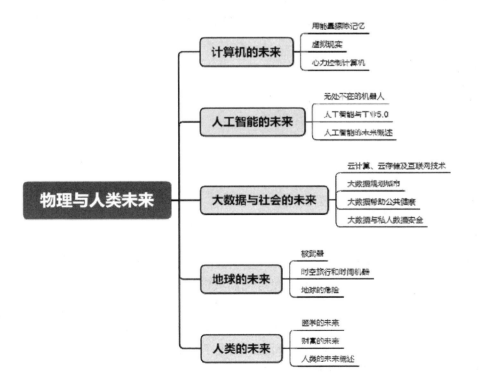

**本章小结**

(1) 人类掌握了四种基本力开启了科学技术的革命，科学技术在人类的方方面面起着重要的作用，改变了人类的生活。生物技术、人工智能技术、纳米技术和电信是人类未来的发展方向。

(2) 科学发展开拓了人类的视野，但人类的未来也将永远伴随着各式各样的危险。梳理人类可能将会面临的危险，会帮助我们更好地认识人类自己。

**实训案例**

基本案例

亚伦·图灵提出著名的图灵测试，用实验来确定人工智能是否有独立思考能力。实验要求一个人猜测与他交流的是人还是机器。如果人无法分辨与他谈话的是人还是机器，就可以下结论说这台机器拥有和人一样的智能。虽然有几个计算机软件可以通过图灵测试，但目前还没有一台计算机可以正式通过该测试。

案例点评

人工智能被专家定义为一种使机器能够感知、推理和行动的计算研究。这个概念融合了认知心理学、精神哲学和计算机科学三门学科。虽然人类的大脑更智能，但计算机在很多领域里的表现已经超过人类，计算机通过联网还可以与其他计算机共享数据库后成为一个超级大脑。

思考讨论题

(1) 和人类相比，机器人的局限性是什么？

(2) 计算机会思考吗？

(3) 在未来，人工智能会拥有意识吗？

**实训课堂**

基本案情

反物质和普通物质接触后会湮灭并产生强大的能量。宾夕法尼亚大学的杰拉尔德·史密斯(Gerald Smith)设想用反物质来做星际飞船火箭的理想燃料。4 毫克反物质可以把人类送上火星。反物质发动机很简单，只需把反物质粒子放入火箭燃烧室里与普通物质结合，就会发生巨大的爆炸，爆炸气体从燃烧室一端喷出，形成推力，推动火箭飞行。但这个梦想还很遥远，尽管物理学家已经能够制造出正电子、反质子和反氢原子，但生产大量稳定反物质的方法是利用类似于粒子加速器的原子击破器，这些设备极其昂贵，且只能生产很少量的反物质。要生产出为星际飞船提供动力的反物质，也许要耗尽全球的经济。

思考讨论题

(1)　什么是反物质？

(2)　为什么上述设想实现不了？还有什么好办法吗？

分析要点

(1)　了解反物质的定义。

(2)　了解其中的物理规律及经济因素。

复习思考题

一、基本概念

摩尔定律　虚拟现实　人工智能　大数据　数据安全　核武器　时空旅行　长生不老　热量限制　延缓衰老　科技文明　人类的未来

二、判断题(正确打 √，错误打 ×)

(1)　摩尔定律至今一直适用。　　　　　　　　　　　　　　　　　　　　(　　)

(2)　常温超导体的实现使心灵遥感成为可能。　　　　　　　　　　　　　(　　)

(3)　机器人的局限性是缺乏模式识别和常识。　　　　　　　　　　　　　(　　)

三、选择题

(1)　下列哪些虚拟现实有可能实现？(　　　)

　　A. 若你是错过一堂课的学生，可以下载虚拟教授的课程，通过远程显示回答你的问题

　　B. 若你是战场上的战士，你的护目镜或耳机可以提供最新的信息、地图、敌人位置和上司指令等

　　C. 如果你在玩视频游戏，可以把自己投入眼镜里的电脑空间中，看到三维立体场景

　　D. 如果你要查询某个关键词，相关信息会瞬间出现在你的隐形眼镜上

(2)　地球可能遇到的危险有(　　　)。

　　A. 小行星或陨石的撞击　　　　　　　B. 星际灰尘的闯入

　　C. 超新星爆发产生的伽马射线　　　　D. 暗物质穿越地球

(3)　未来不能被机器人所替代的工作有(　　　)。

　　A. 流水线工人　　　　B. 售货员　　　　　C. 领导者

　　D. 艺术家　　　　　　E. 律师

四、简答题

(1) 大数据如何帮助人类规划城市?

(2) 人类和智能机器有何不同?

(3) 如何延缓人类衰老?

五、论述题

在未来,人类会把越来越多的工作交给人工智能,那我们存在的意义是什么?

参 考 文 献

[1] 教育部高等学校大学物理课程教学指导委员会. 理工科类大学物理课程教学基本要求(2023 年版)[M]. 北京：高等教育出版社，2023.

[2] 霍布森(A. Hobson). 物理学的概念与文化素养[M]. 4 版. 翻译版. 秦克诚，刘培森，周国荣，译. 北京：高等教育出版社，2008.

[3] 休伊特(Paul G. Hewintt). 概念物理[M]. 北京：机械工业出版社，2012.

[4] 毛骏健，顾牡. 大学物理学[M]. 3 版. 北京：高等教育出版社，2020.

[5] 马文蔚. 物理学[M]. 7 版. 北京：高等教育出版社，2023.

[6] 费恩曼(R. Feynman)，莱顿(R. Leighton)，桑兹(M. Sands). 费曼物理学讲义(新千年版)[M]. 潘笃武，李洪芳，译. 上海：上海科学技术出版社，2020.

[7] 程守洙，江之永. 普通物理学[M]. 8 版. 北京：高等教育出版社，2022.

[8] 赵凯华，罗蔚茵. 新概念物理教程：力学[M]. 2 版. 北京：高等教育出版社，2004.

[9] 胡化凯. 物理学史二十讲[M]. 合肥：中国科学技术大学出版社，2009.

[10] 约安·詹姆斯. 物理学巨匠：从伽利略到汤川秀树[M]. 戴吾三，戴晓宁，译. 上海：上海科技教育出版社，2014.

[11] 卡约里. 物理学史[M]. 戴念祖，译. 北京：中国人民大学出版社，2010.

[12] 李梅. 物理思想与人文精神[M]. 武汉：华中科技大学出版社，2016.

[13] 卡普拉. 物理学之"道"：近代物理学与东方神秘主义[M]. 朱润生，译. 北京：中央编译出版社，2022.

[14] 倪光炯，王炎森，钱景华，等. 改变世界的物理学[M]. 4 版. 上海：复旦大学出版社，2015.

[15] 格瑞福斯(W. T. Griffith)，布罗斯(J. W. Brosing). 物理学与生活[M]. 8 版. 秦克诚，译. 北京：电子工业出版社，2016.

[16] 董光壁. 中国现代物理学史[M]. 济南：山东教育出版社，2009.

[17] 卡洛·罗韦利(C. Rovelli). 七堂极简物理课[M]. 文铮，陶慧慧，译. 长沙：湖南科学技术出版社，2016.

[18] 郭奕玲，沈慧君. 物理学史[M]. 2 版. 北京：清华大学出版社，2005.

[19] 雅科夫·伊西达洛维奇·别莱利曼. 别莱利曼的趣味物理学[M]. 文丽，译. 北京：石油工业出版社，2017.

[20] 冯霞. 物理文化与科学精神[M]. 芜湖：安徽师范大学出版社，2014.

[21] 王冰. 物理学史话[M]. 北京：社会科学文献出版社，2011.

[22] 盖瑞·祖卡夫(Gray Zukav). 像物理学家一样思考[M]. 廖世德，译. 海口：海南出版社，2016.

[23] 杨建邺. 物理学之美[M]. 北京：北京大学出版社，2019.

[24] 克里斯汀·麦金莱(Christine Mckinley). 物理才是最好的人生指南[M]. 崔宏立，译. 海口：海南出版社，2016.

[25] 曹则贤. 物理学咬文嚼字[M]. 卷三. 合肥：中国科学技术大学出版社，2019.

[26] 张三慧. 大学基础物理学[M]. 2 版. 北京：清华大学出版社，2007.

[27] 阿莱克斯·彭特兰(Alex Pentland). 智慧社会：大数据与社会物理学[M]. 汪小帆，汪容，译. 杭州：浙江人民出版社，2015.

[28] 常博逸(Charles-Edouard Bouée). 孔夫子与机器人：科技文明中人类的未来[M]. 袁粮钢，译. 深圳：海天出版社，2017.

[29] 加来道雄(Michio Kaku). 物理学的未来[M]. 伍义生，杨立盟，译. 重庆：重庆出版社，2012.

[30] 克里希那穆提. 人类的未来[M]. Sue，译. 重庆：重庆出版社，2014.